税务干部业务能力升级学习丛书

信息技术
岗位知识与技能

本书编写组 编

中国税务出版社

图书在版编目（CIP）数据

信息技术岗位知识与技能 / 本书编写组编. -- 北京：中国税务出版社，2024.8. -- （税务干部业务能力升级学习丛书）. -- ISBN 978-7-5678-1536-0

Ⅰ. TP3

中国国家版本馆 CIP 数据核字第 2024YY3537 号

版权所有·侵权必究

丛 书 名：	**税务干部业务能力升级学习丛书**
书 名：	**信息技术岗位知识与技能**
	XINXI JISHU GANGWEI ZHISHI YU JINENG
作 者：	本书编写组　编
责任编辑：	张　敏
责任校对：	姚浩晴
技术设计：	林立志
出版发行：	**中国税务出版社**
	北京市丰台区广安路 9 号国投财富广场 1 号楼 11 层
	邮政编码：100055
	网址：https://www.taxation.cn
	投稿：https://www.taxation.cn/qt/zztg
	发行中心电话：(010)83362083/85/86
	传真：(010)83362047/49
经 销：	各地新华书店
印 刷：	北京天宇星印刷厂
规 格：	787 毫米×1092 毫米　1/16
印 张：	20.5
字 数：	422000 字
版 次：	2024 年 8 月第 1 版　2024 年 8 月第 1 次印刷
书 号：	ISBN 978-7-5678-1536-0
定 价：	60.00 元

如有印装错误　本社负责调换

编者说明

为落实打造效能税务要求，持续深化依法治税、以数治税、从严治税一体贯通，不断提升税务干部税费征管、便民服务、风险防范的能力和水平，我们结合税收工作实际，组织编写了"税务干部业务能力升级学习丛书"，分为《通用知识》《综合管理岗位知识与技能》《纳税服务岗位知识与技能》《征收管理岗位知识与技能》《税务稽查岗位知识与技能》《信息技术岗位知识与技能》及配套习题集。

《信息技术岗位知识与技能》旨在帮助信息技术岗位税务干部快速掌握业务知识，系统提升专业能力。本书具有以下特点：一是紧贴实际工作，注重提升税务干部从事税务信息技术工作所必须具备的专业知识与技能，特别是运用有关基本理论、基本知识和基本方法分析解决信息技术工作中相关实际问题的能力；二是内容条理清晰，全书以知识点的形式展开，对信息技术知识进行筛选、整合，力求内容精练、重点突出，便于读者提高学习效率；三是注重与时俱进，根据网络技术发展，对相关原理、技术应用等内容进行更新。

由于时间及能力所限，书中疏漏在所难免，不妥之处恳请读者批评指正。具体修改意见和建议，请与编辑联系（邮箱：bjzx@taxation.cn，QQ：1050456451），以便修订时更正。

编　者

C ONTENTS 目 录

第一章 信息化建设与管理　　1

知识架构　　3
第一节　IT 治理　　4
第二节　项目管理　　8
第三节　ITIL　　28

第二章 计算机终端设备　　51

知识架构　　53
第一节　计算机组成　　53
第二节　计算机常见故障诊断与排除　　57
第三节　终端安全管理　　60

第三章 通信与网络　　63

知识架构　　65
第一节　计算机网络基础　　66
第二节　局域网基础知识　　70
第三节　数据通信基础　　73
第四节　Internet 基础　　81

第五节　网络互联技术与设备　　　　　　　　　　90
第六节　网络管理　　　　　　　　　　　　　　　100
第七节　物联网　　　　　　　　　　　　　　　　105
第八节　区块链　　　　　　　　　　　　　　　　108
第九节　网络规划与建设　　　　　　　　　　　　113

第四章　网络安全　　　　　　　　　　　　　　　121

知识架构　　　　　　　　　　　　　　　　　　　123
第一节　网络安全基础　　　　　　　　　　　　　123
第二节　安全管理　　　　　　　　　　　　　　　130
第三节　安全技术　　　　　　　　　　　　　　　137
第四节　网络安全技术　　　　　　　　　　　　　142

第五章　数据库管理与应用　　　　　　　　　　　149

知识架构　　　　　　　　　　　　　　　　　　　151
第一节　数据库技术　　　　　　　　　　　　　　152
第二节　结构化查询语言 SQL　　　　　　　　　　158
第三节　税务系统常用数据库　　　　　　　　　　172
第四节　数据挖掘　　　　　　　　　　　　　　　185
第五节　大数据　　　　　　　　　　　　　　　　192
第六节　人工智能　　　　　　　　　　　　　　　201

第六章　软件开发　　　　　　　　　　　　　　　207

知识架构　　　　　　　　　　　　　　　　　　　209
第一节　软件开发基础知识　　　　　　　　　　　209
第二节　Web 应用开发　　　　　　　　　　　　　222
第三节　中间件　　　　　　　　　　　　　　　　233

第七章　计算与存储　　　　　　　　　　　　　　　　　　249

　　知识架构　　　　　　　　　　　　　251
　　第一节　主机　　　　　　　　　　　251
　　第二节　存储　　　　　　　　　　　258
　　第三节　虚拟化　　　　　　　　　　271

第八章　云技术与云平台管理　　　　　　　　　　　　　　279

　　知识架构　　　　　　　　　　　　　281
　　第一节　云计算基础　　　　　　　　281
　　第二节　云技术架构与关键技术　　　284
　　第三节　云平台管理与运营　　　　　297
　　第四节　云计算应用　　　　　　　　299

第九章　基础设施保障　　　　　　　　　　　　　　　　　　301

　　知识架构　　　　　　　　　　　　　303
　　第一节　基础设施概述　　　　　　　303
　　第二节　基础环境　　　　　　　　　304
　　第三节　支持环境　　　　　　　　　309
　　第四节　运行监控　　　　　　　　　319

第一章 信息化建设与管理

第一章 信息化建设与管理

>> 知识架构

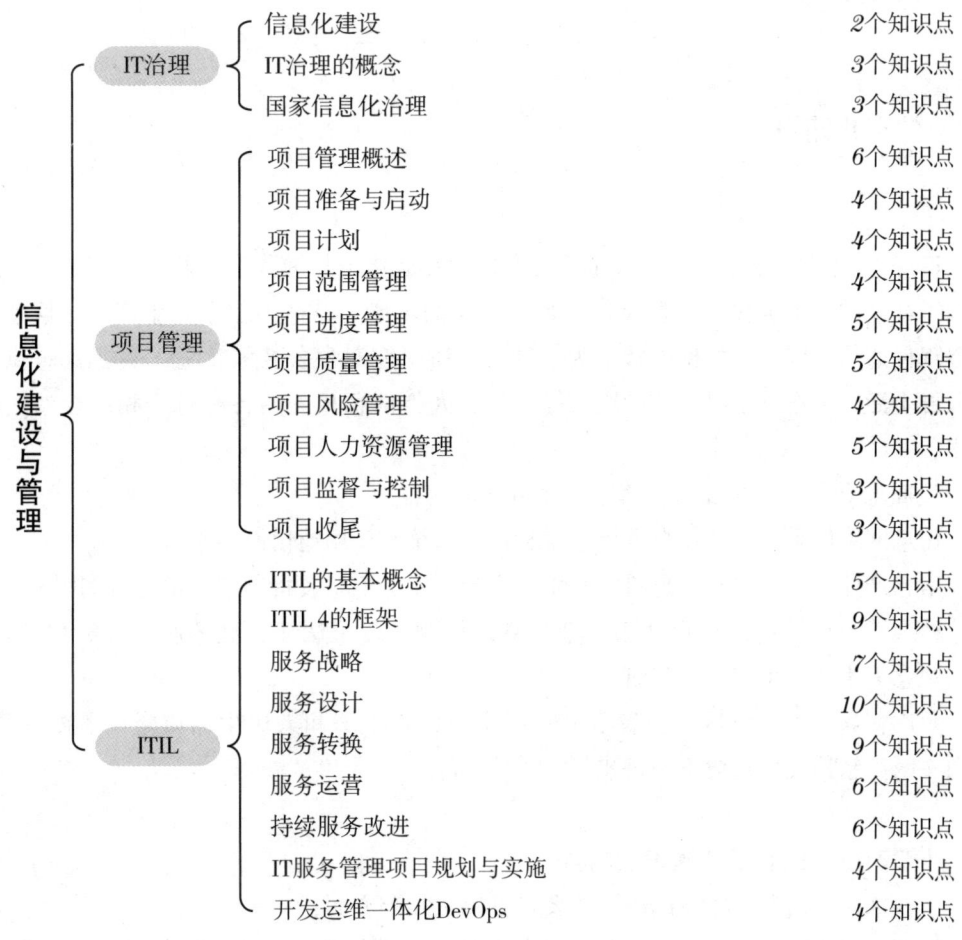

第一节 IT 治理

一 信息化建设

【知识点1】信息化

1. 信息化是指培养、发展以计算机为主的智能化工具为代表的新生产力，并使之造福于社会的历史进程。与智能化工具相适应的生产力，称为信息化生产力。信息化是以现代通信、网络、数据库技术为基础，将所研究对象各要素汇总至数据库，供特定人群生活、工作、学习、辅助决策等，是和人类信息相关的各种行为相结合的一种技术。

2. 信息化的内涵主要包括以下四个方面的内容。

信息网络体系：包括信息资源、各种信息系统、公用通信网络平台等；

信息产业基础：包括信息科学技术研究与开发、信息装备制造、信息咨询服务等；

社会运行环境：包括现代工农业、管理体制、政策法律、规章制度、文化教育、道德观念等生产关系与上层建筑；

效用积累过程：包括劳动者素质、国家现代化水平和人民生活质量的不断提高，物质文明和精神文明建设不断进步等。

【知识点2】信息化建设的内容

一般来说，信息化建设的内容主要包括以下几个方面：

1. 信息化基础设施建设。包括计算机机房（包括场地、空调、通风、供电、供水、通信线路、安保等）、信息化设备（网络设备、服务器设备、终端设备等）的建设。

2. 信息化软件系统建设。包括支撑各种业务的业务信息系统、加强组织（企业、政府、机构、单位）管理的管理信息系统、支持组织决策的决策信息系统、服务于信息系统管理的运维管理系统等的建设。

3. 信息化的组织体系建设。为了组织信息化的持续有序，需要建立信息化组织架构，并经常进行优化调整。

4. 信息化系统安全体系、灾难备份与恢复体系建设。为了应对各种人为或自然的灾难、攻击等，需要对组织的信息化体系建立安全管理体系；为了业务连续性，需要建立灾难备份与恢复体系。

5. 组织的信息化与业务连续性管理意识的培养和强化。经常地强化组织的信息化与业务连续性管理意识，形成一个持续的信息化管理机制，以支撑组织战略目标和业务的持续发展。

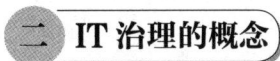 IT 治理的概念

【知识点1】 IT 治理的定义

美国 IT 治理协会对 IT 治理的定义是：IT 治理是一种引导和控制企业各种关系和流程的结构。这种结构安排，旨在通过平衡信息技术及其流程中的风险和收益，增加价值，以实现企业目标。

在我国，IT 治理的定义是：IT 治理是描述企业或政府是否采用有效的机制，使得 IT 的应用能够完成组织赋予它的使命，同时平衡信息化过程中的风险，确保实现组织的战略目标的过程。IT 治理的使命是：保持 IT 与业务目标一致，推动业务发展，促使收益最大化，合理利用 IT 资源，适当管理与 IT 相关的风险。

【知识点2】 IT 治理基础

IT 治理关注的问题有：组织如何从其信息系统投资中获得真正的价值；如何将信息技术战略与组织战略相融合；如何从组织治理的高度，对组织数字化能力做出制度安排；如何从战略投资、组织管理变革的角度，降低 IT 的风险；如何利用国内外信息技术开发利用的最佳实践和重要成果，加快组织的信息化、数字化工作推进等。

IT 治理是描述组织采用有效的机制对信息技术和数据资源开发利用，平衡信息化发展和数字化转型过程中的风险，确保实现组织的战略目标的过程。

IT 治理的主要目标是：与业务目标一致、有效利用信息与数据资源、风险管理。

好的 IT 治理实践需要在组织全部范围内推行。管理层次大致可分为三层：最高管理层、执行管理层、业务与服务执行层。

【知识点3】 IT 治理体系

IT 治理的核心是关注 IT 定位和信息化建设与数字化转型的职责权利划分。IT 治理体系的具体构成包括：IT 定位，IT 应用的期望行为与业务目标一致，IT 治理架构，业务和 IT 在治理委员会中的构成、组织 IT 与各分支机构的 IT 权责边界，IT 治理内容（投资、风险、绩效、标准和规范等），IT 治理流程（统筹、评估、指导、监督），IT 治理效果等。

有效的 IT 治理必须关注五项关键决策：IT 原则的决策、IT 架构的决策、IT 基础设

施决策、业务应用需求决策、IT 投资和优先顺序决策。

IT 治理体系架构具体包括 IT 战略目标、IT 治理组织、IT 治理机制、IT 治理域、IT 治理标准和 IT 绩效目标等,这几项形成一整套 IT 治理运行闭环。

IT 治理本质上关心以下方面:①实现 IT 的业务价值;②IT 风险的规避。

IT 治理的核心内容包括六个方面:组织职责、战略匹配、资源管理、价值交付、风险管理和绩效管理。

三 国家信息化治理

【知识点 1】 习近平总书记关于网络安全与信息化建设的重要论述

2018 年 4 月 20 日,习近平总书记在全国网络安全和信息化工作会议上指出:

1. 信息化为中华民族带来了千载难逢的机遇。

2. 要提高网络综合治理能力,形成党委领导、政府管理、企业履责、社会监督、网民自律等多主体参与,经济、法律、技术等多种手段相结合的综合治网格局。

3. 没有网络安全就没有国家安全,就没有经济社会稳定运行,广大人民群众利益也难以得到保障。

4. 核心技术是国之重器。要下定决心、保持恒心、找准重心,加速推动信息领域核心技术突破。

5. 网信事业代表着新的生产力和新的发展方向,应该在践行新发展理念上先行一步,围绕建设现代化经济体系、实现高质量发展,加快信息化发展,整体带动和提升新型工业化、城镇化、农业现代化发展。

6. 要发展数字经济,加快推动数字产业化,依靠信息技术创新驱动,不断催生新产业新业态新模式,用新动能推动新发展。

7. 要推动产业数字化,利用互联网新技术、新应用对传统产业进行全方位、全角度、全链条的改造,提高全要素生产率,释放数字对经济发展的放大、叠加、倍增作用。

8. 要推动互联网、大数据、人工智能和实体经济深度融合,加快制造业、农业、服务业数字化、网络化、智能化。

9. 要运用信息化手段推进政务公开、党务公开,加快推进电子政务,构建全流程一体化在线服务平台,更好解决企业和群众反映强烈的办事难、办事慢、办事繁的问题。

10. 网信事业发展必须贯彻以人民为中心的发展思想,把增进人民福祉作为信息化发展的出发点和落脚点,让人民群众在信息化发展中有更多获得感、幸福感、安全感。

11. 推进全球互联网治理体系变革是大势所趋、人心所向。国际网络空间治理应该坚持多边参与、多方参与，发挥政府、国际组织、互联网企业、技术社群、民间机构、公民个人等各种主体作用。

12. 要加强党中央对网信工作的集中统一领导，确保网信事业始终沿着正确方向前进。

【知识点2】 国家层面信息化建设

我国于2016年7月发布实施的《国家信息化发展战略纲要》是规范和指导2016—2025年国家信息化发展的纲领性文件，是国家中长期战略规划的重要组成部分。明确国家信息化发展战略总目标是建设网络强国，分"三步走"：第一步到2020年，核心关键技术部分领域达到国际先进水平，信息产业国际竞争力大幅提升，信息化成为驱动现代化建设的先导力量；第二步到2025年，建成国际领先的移动通信网络，根本改变核心关键技术受制于人的局面，实现技术先进、产业发达、应用领先、网络安全坚不可摧的战略目标，涌现出一批具有强大国际竞争力的大型跨国网信企业；第三步到21世纪中叶，信息化全面支撑富强民主文明和谐的社会主义现代化国家建设，网络强国地位日益巩固，在引领全球信息化发展方面有更大作为。

2021年12月发布的《"十四五"国家信息化规划》明确，"十四五"时期要建设泛在智联的数字基础设施体系，建立高效利用的数据要素资源体系，构建释放数字生产力的创新发展体系，培育先进安全的数字产业体系，构建产业数字化转型发展体系，构筑共建共治共享的数字社会治理体系，打造协同高效的数字政府服务体系，构建普惠便捷的数字民生保障体系，拓展互利共赢的数字领域国际合作体系，以及建立健全规范有序的数字化发展治理体系。

【知识点3】 税务总局层面信息化建设

2016年10月，金税三期工程在全国上线，建成了税收业务处理"大平台"，处理90%以上的税收业务服务，着力打造大数据云平台，首次实现了税收征管数据的全国集中；2018年，伴随国税地税征管体制改革顺利推进，金税三期国税、地税并库上线工作分批顺利进行；2019年3月，金税三期全国并库上线，为构建优化高效统一的税收征管体系奠定了坚实的信息化基础；2021年3月，伴随中办、国办印发的《关于进一步深化税收征管改革的意见》落地，以金税四期建设为主要内容的智慧税务建设正式启航；2021年12月，全面数字化电子发票试点工作开始，全国统一的电子发票服务平台建成。2024年，全国统一规范的电子税务局全面上线。

第二节 项目管理

一、项目管理概述

【知识点1】项目管理的定义

项目是为创造独特的产品、服务或成果而进行的临时性工作。

项目管理,是指在项目活动中运用专门的知识、技能、工具和方法,使项目能够在有限资源限定条件下,实现或超过设定的需求和期望的过程。项目管理是对一些成功地达成一系列目标相关的活动(譬如任务)的整体监测和管控,包括策划、进度计划和维护组成项目活动的进展。

【知识点2】项目基本要素

1. 开展项目是通过可交付成果达成目标。项目的"临时性"是指项目有明确的起点和终点。项目驱动组织进行变更。项目的业务价值是指特定项目的成果能够为干系人带来的效益。组织领导者启动项目是为了应对影响该组织持续运营和业务战略的因素。

2. 时间、成本、范围和质量等项目管理测量标准,被视为确定项目是否成功的最重要的因素,确定项目是否成功还应考虑项目目标的实现情况。

3. 项目集管理指的是在项目集中应用知识、技能与原则来实现项目集的目标,获得分别管理项目集组成部分无法实现的利益和控制。项目集组成部分指项目集中的项目和其他项目集。

4. 项目组合是指为了实现战略目标而组合在一起管理的项目、项目集、子项目组合和运营工作。项目组合管理是指为了实现战略目标而对一个或多个项目组合进行的集中管理。项目组合中的项目集或项目不一定存在彼此依赖或直接相关的关联关系。

5. 项目经理的角色不同于职能经理或运营经理。一般而言,职能经理专注于某个职能领域或业务部门的管理监督。运营经理负责保证业务运营的高效性。项目经理则由执行组织委派,负责领导团队实现项目目标。项目经理需要重点关注三个方面的关键技能,包括项目管理、战备和商务、领导力,为了最有效地开展工作,项目经理需要平衡这三种技能。

第一章 信息化建设与管理

【知识点3】 项目管理基本方法

项目管理方法在项目管理方法论上可以分为三类：

1. 阶段化管理。阶段化管理指的是从立项之初到系统运行维护的全过程。根据工程项目的特点，可将项目管理分为若干个小的阶段。

2. 量化管理。量化管理针对影响项目成功的因素制定指标、收集数据、分析数据，从而完成对项目的控制和优化。量化管理方法是尽量通过数据说明问题、解释问题，找出问题产生的根本原因，然后解决问题。通过量化管理，可以更精确地预估工作量、所需资源（人力、物力等），更好地控制项目的成本和进度。

3. 优化管理。优化管理就是分析项目每部分所蕴含的知识、经验和教训，更好地总结项目进程中的经验，吸取教训，在全公司传播有益的知识。

【知识点4】 项目生命周期

1. 项目生命周期是一个项目从概念到完成所经过的所有阶段。通用的项目生命周期都可以划分为启动、准备、执行、收尾四个阶段。

2. 生命周期结构具有以下特征：

（1）成本与人力投入在开始时较低，在工作执行期间达到最高，在收尾时回落。

（2）风险与不确定性在项目开始时最大，在项目的整个生命周期中随着决策的制定与可交付成果的验收而逐步降低。

（3）项目变更和纠正错误的成本，随着项目的完成而显著提高。

3. 项目生命周期的基本类型有预测型生命周期和适应型生命周期。

预测型生命周期，也称完全计划驱动型生命周期，是指事先详细定义项目可交付成果，尽量预测以后需要开展的项目工作，编制出详细的项目计划，通过各阶段来执行计划。在收尾阶段验收并移交已完成的项目可交付成果。如有新增范围，需要重新计划和正式确认。

适应型生命周期，也称变更驱动方法或敏捷方法。随着用户需求的不断变化，通过短期迭代来逐步完善项目产品，直到生产出最终产品。适应型生命周期应对大量变更，获取干系人的持续参与。

【知识点5】 项目管理过程组

项目管理过程组，是指为了达成项目的特定目标，对项目管理过程进行的逻辑上的分组。项目管理过程组不同于项目阶段：项目管理过程组是为了管理项目，针对项目管理过程进行逻辑上的划分；项目阶段是项目从开始到结束所经历的一系列阶段，是一组具有逻辑关系的项目活动的集合，通常以一个或多个可交付成果的完成为结束标志。

项目管理过程可分为以下五个项目管理过程组：①启动过程组，定义新项目或现有项目的新阶段，启动过程组授权一个项目或阶段的开始；②规划过程组，明确项目范围、优化目标，并为实现目标制订行动计划；③执行过程组，完成项目管理计划中确定的工作，以满足项目要求；④监控过程组，跟踪、审查和调整项目进展与绩效，识别变更并启动相应的变更；⑤收尾过程组，正式完成或结束项目、阶段或合同。

一个过程组的输出通常成为另一个过程组的输入，或者成为项目或项目阶段的可交付成果。

【知识点6】 软件项目管理

1. 软件项目管理，是指由软件开发技术、软件工程技术和项目管理方法和理论相结合的一门综合性学科。软件项目管理的对象是软件工程项目，涉及的范围覆盖了整个软件过程。

2. 软件项目管理具有以下特点：项目可交付成果不明确；项目进度难以界定；项目中的变更难以控制；软件项目对开发人员的依赖性极大。

3. 软件项目管理生命周期是软件从产生直到报废或停止使用的生命周期。一般来说，软件生命周期由软件定义、软件开发和软件维护三个时期组成，每个时期又可进一步划分成若干个阶段。软件生命周期内有问题定义、可行性分析、总体描述、系统设计、编码、调试和测试、验收与运行、维护升级到废弃等阶段，也有将以上阶段的活动组合在内的迭代阶段，即迭代作为生命周期的阶段。典型的软件项目生命周期模型包括瀑布模型、快速原型模型、迭代模型、增量模型等。

4. 软件需求管理。软件需求管理是软件项目管理的一个重要内容，贯穿软件项目实施的全过程。需求获取：运用科学的方法以及相关的项目经验库通过调研掌握软件项目的实际需求。需求的类型主要包括业务需求、用户需求和功能需求。需求分析与验证：主要包括需求分析建模、需求规格说明书编写和需求评审三个阶段。需求变更管理包括：建立变更控制委员会、实现变更描述、变更分析和变更实现。

5. 软件项目成本管理。软件项目成本是完成软件所需付出的代价，是软件项目从启动、计划、实施、控制到项目交付收尾的整个过程中所有的费用支出。软件项目规模是影响软件项目工作量和成本的主要因素。常见的度量软件规模的方法是代码行（Lines of Code，LOC）和功能点（Function Point，FP）。

6. 软件项目进度管理。项目进度管理也称项目时间管理、工期管理，是指在项目实施过程中，对各阶段的工作进展程度和项目最终完成的期限所进行的管理，是为了确保项目按期完成所需要的管理过程。

项目进度管理在内容上可概括为以下六个主要部分。

（1）活动定义：确定为完成各种项目可交付的成果所必须进行的各项具体活动。

(2) 活动排序：确定各项活动之间的依赖关系，并形成文档。

(3) 活动资源估计：估算执行各项活动所需的人员、设备等资源的种类和数量。

(4) 活动历时估计：估算完成单项活动所需要的时间长度。

(5) 制订进度计划：在分析活动顺序、活动持续时间和资源需求的基础上编制项目进度计划。

(6) 进度控制：监督项目活动状态，控制项目进度计划的变化，保证项目按时完成。

7. 软件项目质量管理。软件质量是软件与用户需求一致的程度。质量成本是指企业为了保证和提高产品或服务质量而付出的所有努力的总成本。

代码评审也称代码复查，是指通过阅读代码来检查源代码与编码标准的符合性以及代码质量的活动。代码评审的内容主要有：编码是否规范，程序结构是否合理，算法和程序逻辑是否正确。

软件测试是用来促进鉴定软件的正确性、完整性、安全性和质量的过程，通过执行软件来发现软件的不足和缺陷。

软件过程改进，是指根据实践中对软件过程的使用情况，对软件过程中的偏差和不足之处进行不断优化。

缺陷跟踪，是指从缺陷被发现开始到被改正为止的整个跟踪流程。缺陷跟踪一般需要软件工具支持。常用的工具有 Bugzilla、ClearQuest、JIRA 等。

软件质量的常用度量有：

(1) 初期故障率：指软件在初期故障期（软件交付用户后 3 个月内为初期故障期）内单位时间的故障数。

(2) 偶然故障率：指软件在偶然故障期（软件交付用户后 4 个月以后为偶然故障期）内单位时间的故障数。

(3) 平均失效前时间（Mean Time To Failure，MTTF）：指软件在失效前（两次失效之间）正常工作的平均统计时间。

8. 软件配置管理。软件配置管理（Software Configuration Management，SCM）是指一套管理软件开发和维护过程中所产生的各种中间软件产品的方法和规则。

软件配置管理贯穿整个软件生命周期，它为软件研发提供了一套管理办法和活动原则。软件配置管理可以提炼为三方面内容：Version Control——版本控制；Change Control——变更控制；Process Support——过程支持。配置管理的主要内容包括制订配置管理计划、配置项识别、建立配置管理系统、基线化、建立配置库、变更控制、配置状态统计、配置审计等。

9. 软件项目风险管理。软件项目风险是指在软件开发过程中遇到的预算和进度等方面的问题以及这些问题对软件项目的影响。软件项目风险管理包括风险规划、风险识别、风险评估、风险应对和风险监控。

（1）风险规划：对风险管理进行系统规划和顶层设计，制订项目风险管理计划。

（2）风险识别：识别出项目中的风险，并对其进行描述和分类。

（3）风险评估：采用定性或定量的方法对风险发生的概率和产生的影响进行分析和评估。

（4）风险应对：确定应对风险的方案和措施。

（5）风险监控：在整个项目生命周期中跟踪已识别的风险，监测残余风险、识别新风险、实施风险应对方案并对其有效性进行评估。

10. 项目收尾和验收。收尾过程是项目干系人和客户对最终软件产品进行验收，使项目有序地结束的过程。项目收尾和验收的主要内容有以下六点。

（1）范围确认：项目结束前检查项目的各项工作范围是否完成。

（2）质量验收：依据合同等相关质量标准或质量计划进行验收。

（3）费用决算：对整个项目过程中的全部费用进行核算，编制项目决算表。

（4）合同终结：整理并存档各种合同文件。

（5）项目资料检查和归档：检查项目过程中所有文件是否齐全，并进行归档。

（6）项目后评价：对已完成的项目，从效益、作用、影响等方面进行系统、客观的分析。

二 项目准备与启动

【知识点1】 项目可行性分析

1. 可行性分析是通过对项目的主要内容和配套条件，从技术、经济、工程等方面进行调查研究和分析比较，并对项目建成以后可能取得的财务、经济效益及社会环境影响进行预测，从而提出该项目是否值得投资和如何进行建设的咨询意见，为项目决策提供依据的一种综合性的系统分析方法。

2. 可行性分析的目的是：计划项目开发和实施活动；估计可能浪费的时间、人员和设备要求；确定投资新项目的可能成本和结果。

3. 可行性分析的主要内容一般包括以下四个方面：

（1）投资必要性。在投资必要性的论证上，一是要做好投资环境的分析，对构成投资环境的各种要素进行全面的分析论证；二是要做好市场研究，包括市场供求预测、竞争力分析、价格分析、市场细分、市场定位及营销策略论证。

（2）技术可行性。主要从项目实施的技术角度，合理设计技术方案，并进行比选和评价。各行业不同项目技术可行性的研究内容及深度差别很大。

（3）组织可行性。制订合理的项目实施进度计划、设计合理的组织机构、选择经验丰富的管理人员、建立良好的协作关系、制订合适的培训计划等，保证项目顺利执行。

(4) 风险因素及对策。主要对项目的市场风险、技术风险、财务风险、组织风险、法律风险、经济及社会风险等风险因素进行评价，制定规避风险的对策，为项目全过程的风险管理提供依据。

【知识点2】 项目招投标

招标投标是在市场经济条件下进行工程建设、货物买卖、财产出租、中介服务等经济活动的一种竞争形式和交易方式，是引入竞争机制订立合同（契约）的一种法律形式。

1. 要约邀请：又称询价，在招投标过程中，业主发布招标文件就是要约邀请。
2. 要约：投标商的投标是要约，用于表明投标者愿意按投标文件所列的条件与业主签订合同的意思，对投标商有法律上的约束力。
3. 承诺：业主的授标就构成承诺，授标是业主在投标有效期内向某个投标者发出的、通知接受其投标的意思表示。
4. 招投标主要步骤：招标，业主发出要约邀请；投标，投标商发出要约；评标，业主进行要约分析；授标，业主发出承诺；投标商签收授标信，合同成立。

【知识点3】 项目启动过程

1. 启动过程包含定义一个新项目或现有项目的一个新阶段，授权开始该项目或阶段的过程。在启动过程中，定义初步范围和落实初步财务资源，识别那些将相互作用并影响项目总体结果的内外部干系人，选定项目经理（如果尚未任命）。这些信息应反映在项目章程和干系人登记册中。一旦项目章程获得批准，项目也就得到正式的授权。

2. 项目边界指的是一个项目或项目阶段从获得授权的时间点到得以完成的时间点。项目启动过程的主要目的是：保证干系人期望与项目目的的一致性，让干系人明了项目范围和目标，同时让干系人明白他们在项目和项目阶段中的参与，有助于实现他们的期望。

3. 项目正式开始有两个明确的标志：一是任命项目经理、建立项目管理班子；二是下达项目许可证书。

4. 项目选择不仅应该基于项目的经济分析和财务分析，还应该从非经济投资的角度来选择项目。从经济投资角度的项目选择，主要采用量化分析方法，用定性分析方法作为辅助；而从非经济投资角度的项目选择，则主要采用定性分析和评价的方法。

定性的项目选择方法有：质疑委员会法，组建专门的质疑委员会来挑项目的毛病，促使人们进一步完善项目方案，从而作出项目的选择；同行评议法，由相关方面的同行专家对项目进行评审，来评选出合理的项目；Q 分类法，由专家对一系列项目进行分组评价；配对比较法，对所有备选项目进行配对比较分析；多标准决策分析，用多个标准对多个备选项目进行比较分析；综合评分法，综合考虑多种因素，对每个项目综合评价。

定量的项目选择方法有：投资回收期分析，项目投资多长时间能收回；投资回报率分析，项目产品在整个产品生命周期所获得的平均利润与项目投资额之比；净现值法，收入的现值减去支出的现值所得到的余额；内部报酬率法，计算项目累计净现值等于零时的贴现率；保本点分析，计算利润为零时的产品销售量；成本效益分析，计算总效益与总成本的比值。

【知识点4】 项目干系人

1. 项目干系人就是在项目的任何方面有利益，或者能够影响项目的任何方面、会受项目的任何方面的影响，或者自认为会受项目的任何方面的影响的个人、群体或组织。

2. 项目干系人分为三类：项目组织类，专门为某个项目而组建的临时性组织，包括领导者和管理项目工作的项目经理、协助项目经理的项目管理团队，以及实施项目活动的项目团队；项目治理类，包括授权项目启动的项目发起人和为项目提供高层指导的项目指导委员会；其他类，包括客户、供应商、项目管理办公室等。

3. 分析干系人，按干系人的共同特点划分群体来分析，主要采用定性的方法。在对干系人进行分析的基础上，进一步对干系人进行归类和排序。常见的归类方法有：权力和利益矩阵、权力和影响矩阵、影响和作用矩阵、认知和影响矩阵、认知和态度矩阵、凸显模型、参与评估矩阵。

4. 编制项目干系人管理计划，应该是一份正式的文件，可以与项目沟通管理计划交叉引用。

三 项目计划

【知识点1】 项目计划的概念

项目计划是根据对未来的项目决策，项目执行机构选择制定包括项目目标、工程标准、项目预算、实施程序及实施方案等的活动。

【知识点2】 项目计划的内容

项目计划内容主要包括项目范围计划、项目进度计划、项目成本计划、项目质量计划。

1. 项目范围计划。为了确定项目范围，项目经理需要组织团队成员对项目干系人的需求做详细调查，并编制项目范围说明书、工作分解结构和工作分解结构词典，这三项组成项目范围计划。

项目范围说明书是根据项目章程和项目干系人的需求编制的，旨在描述项目的高层级可交付成果，定义项目的范围边界，以便项目干系人对项目范围边界达成共识，项目团队可据此编制工作分解结构和工作分解结构词典。

工作分解结构词典是工作分解结构必不可少的配套文件，对工作分解结构中的每一个要素进行解释。

2. 项目进度计划。在确保合同工期和主要里程碑时间的前提下，对设计、采办和施工的各项作业进行时间和逻辑上的合理安排，以达到合理利用资源、降低费用支出和减少施工干扰的目的。

3. 项目成本计划。项目实施前就需要对各项活动及整个项目的成本进行分析和估算，进而编制出完成项目所必需的成本的预算。成本预算是项目成本计划的最终表现形式，成本预算既要按项目的分项工作来编制，又要按项目的时间段来编制。

4. 项目质量计划。为确定项目应该达到的质量标准和如何达到这些项目质量标准而做的项目质量的计划与安排。项目质量计划是质量策划的结果之一。它规定与项目相关的质量标准，如何满足这些标准，由谁及何时使用哪些程序和相关资源。项目质量计划工作的成果包括项目质量计划、项目质量工作说明、质量核检清单、可用于其他管理的信息。

【知识点3】 项目计划工具

1. 计划评审技术（Program Evaluation and Review Technique，PERT），是指用网络图来表达项目中各项活动的进度和它们之间的相互关系，在此基础上，进行网络分析和时间估计。该方法认为项目持续时间以及整个项目完成时间长短是随机的，服从某种概率分布，可以利用活动逻辑关系和项目持续时间的加权合计，即项目持续时间的数学期望计算项目时间。

构建PERT图需要明确三个概念：事件、活动和关键路线。事件表示主要活动结束的那一点；活动表示从一个事件到另一个事件之间的过程；关键路线是PERT网络中花费时间最长的事件和活动的序列。

2. 图形评审技术（Graphical Evaluation and Review Technique，GERT）是一种网络模型。引入完工概率和概率分支的概念，显示一项工作的完成可能有多种结果，主要用于处理超出PERT/CPM能力的更为复杂的模型情况。具体使用步骤如下：①将项目活动计划的定量描述转化为网络。②收集必要数据以标注网络弧线，不仅集中在需要模型化的特定活动上，还要关注活动的其他一些特性。③确定网络的对等函数形式。

④将网络的对等函数形式转化为两个绩效维度：特定节点实现的概率、弧线时间的瞬间生成函数。⑤分析结果，对系统进行进一步说明。

【知识点4】 项目计划方法

1. 对于小项目，适用于头脑风暴。头脑风暴，是指由价值工程工作小组人员在正常融洽和不受任何限制的气氛中以会议形式进行讨论、座谈，打破常规，积极思考，畅所欲言，充分发表看法。

2. 对于大项目，适用于工作结构分解（Work Breakdown Structure，WBS）。WBS分解的0层、1层可以作为网络计划的基础，分解的2层、3层可以作为详细计划的基础。WBS分解的一般步骤：总项目—子项目或主体工作任务—主要工作任务—次要工作任务—小工作任务或工作元素。WBS分解的方法：自上而下与自下而上地充分沟通、一对一个别交流、小组讨论。

四 项目范围管理

【知识点1】 项目范围的定义

1. 项目范围管理包括确保项目做且只做所需的全部工作，以成功完成项目的各个过程。上述过程包括：规划范围管理、收集需求、定义范围、创建WBS、范围确认、范围控制。

2. 规划范围管理是创建范围管理计划，书面描述将如何定义、确认和控制项目范围的过程。该过程的主要作用是在整个项目中对如何管理范围提供指南和方向。

3. 收集需求是为实现项目目标而确定、记录并管理干系人的需要和需求的过程。该过程的主要作用是为定义和管理项目范围奠定基础。收集需求可以采用访谈、焦点小组、引导式研讨会、群体创新技术、群体决策技术、问卷调查、观察、原型法、标杆对照、系统交互图、文件分析等方式。

4. 定义范围是制定项目和产品详细描述的过程。该过程的主要作用是，明确所收集的需求哪些将包含在项目范围内，哪些将排除在项目范围外，从而明确项目、服务或成果的边界。

【知识点2】 工作结构分解

1. 创建WBS是把项目工作按阶段可交付成果分解成较小的、更易于管理的组成部分的过程。WBS对所要交付的内容提供一个结构化的视图。

2. 工作包是WBS最底层的组件，也是管理WBS最关键的一层，工作包对相关活动进行归类，以便对工作安排进度、进行估算、开展监督与控制。一般的工作包是最小的可交付成果，这些可交付成果很容易识别出完成它的活动、成本和组织以及资源信息。

3. 分解是一种把项目范围和项目可交付成果逐步划分为更小、更便于管理的组成部分的技术。分解的程度取决于所需的控制程度，以实现对项目的高效管理。工作包的详细程度因项目规模和复杂程度而异。WBS 的分解可以采用以下三种方式进行：按产品的物理结构分解、按产品或项目的功能分解、按实施过程分解。

【知识点3】 范围确认

1. 范围确认是正式验收已完成的项目可交付成果的过程。该过程的主要作用是：使验收过程具有客观性；同时通过验收每个可交付成果，提高最终产品、服务或成果获得验收的可能性。

2. 确认范围的方法有：检查、开展测量、审查与确认等活动，来判断工作和可交付成果是否符合需求和产品验收标准；群体决策技术就是为达成某种期望结果而对多个未来行动方案进行评估的过程。

3. 确认范围的输出有：验收的可交付成果，由客户或发起人正式签字批准；变更请求，对可交付成果提出变更请求以进行缺陷补救；工作绩效信息，主要包括项目进展信息；项目文件更新，作为确认范围过程的结果，可能需要更新的项目文件包括定义产品或报告产品完成情况的任何文件。

【知识点4】 范围控制

1. 范围控制是监督项目和产品的范围状态，管理范围基准变更的过程。该过程的主要作用是在整个项目期间保持对范围基准的维护。

2. 偏差分析是一种确定实际绩效与基准的差异程度及原因的技术，可利用项目绩效测量结果评估偏离范围基准的程度。

3. 变更请求是对范围绩效的分析，可能会导致对范围基准或项目管理计划其他组成部分提出变更请求。变更请求一般包括预防措施、纠正措施、缺陷补救或改善请求。变更请求需要经实施整体变更控制过程的审查和处理。

五 项目进度管理

【知识点1】 项目识别

1. 项目识别就是面对客户已识别的需求，承约商从备选的项目方案中选出一种可能的项目方案来满足这种需求。项目识别以项目的承约商为主体。

2. 项目识别阶段包含三个层次的活动：①识别项目需求；②提出项目设想或构思；

③对项目是否上马进行初步筛选。

3. 项目识别需要综合考虑以下几个方面的影响因素：市场需求、商业机遇、消费变化、科技进步、法律要求。

4. 排列活动顺序是识别和记录项目活动之间的关系的过程，定义工作之间的逻辑顺序，以便在既定的所有项目制约因素下获得最高的效率。

【知识点2】 关键路径管理方法

1. 关键路径（CPM）是项目中时间最长的活动顺序，决定着可能的项目最短的工期。关键路径上的活动称为关键活动，进度网络图中可能有多条关键路径。计算关键路径的长度时，需要将路径上的所有活动的持续时间、提前量（负的）和滞后量（正的）加总在一起。最长路径的总浮动时间最少，通常为零。长度仅次于关键路径的路径称为次关键路径，次关键路径也可能有多条。

2. 关键路径法用于在进度模型中估算项目最短工期，确定逻辑网络路径的进度灵活性大小。这种进度网络分析技术在不考虑任何资源限制的情况下，沿进度网络路径使用顺推法与逆推法，计算出所有活动的最早开始（ES）、最早结束（EF）、最迟开始（LS）和最迟结束（LF）日期。

【知识点3】 项目里程碑概念内涵

项目里程碑是完成阶段性工作的标志，不同类型的项目里程碑不同。里程碑是项目中的重大事件，是一个时间点，通常指一个可支付成果的完成。里程碑事件往往是一个时间要求为零的任务，即它并非一个要实实在在完成的任务，而是一个标志性的事件。检查点是指在规定的时间间隔内对项目进行检查，比较实际进度与估算计划之间的差异，并根据差异进行调整。基线则是指一个配置在项目不同时间点上通过正式评审而进入正式受控的一种（里程碑）状态。三者的关系是：重要的检查点是里程碑，重要的需要客户确认的里程碑，就是基线。实施里程碑管理要求：划分为若干个子项目，设立里程碑检查点；每个具体的里程碑应与具体角色相关联；确保里程碑有可验证的标准；里程碑应标明交付成果的进度。强制日期：项目发起人、客户或其他外部因素对完成特定的事项所要求的日期，被认为是一个强制日期。

【知识点4】 项目进度计划编制

1. 项目进度计划编制，就是要在工作分解结构的基础上，列出为完成项目而必须进行的所有活动，然后分析这些活动之间的逻辑关系和各自所需要的工期，制订出项目的进度计划。编制项目进度计划，是为了让可以同时进行的活动尽量同时进行，并找出关键路径上的活动，从而找出完成项目可行的最短时间。

2. 工期估算有几种常见的方法：类比估算法，根据以前类似活动或项目的实际工期，凭经验来推测当前活动或项目的工期；德尔菲估算法，是一种典型的专家判断法，由许多专家运用结构化的方法来作出主观判断；参数估算法，根据历史资料，在一个因变量（活动工期）与一个或几个自变量（影响活动工期的因素）之间建立某种统计关系，并据此预测因变量的值；三点估算法，估算三种可能的工期，然后加权平均，得出活动的平均工期和标准偏差；模拟估算法，根据各活动的可能工期的概率分布及活动之间的逻辑关系，在计算机上模拟项目实施很多次，并最终画出项目可能工期的概率分布图。

3. 编制项目进度计划可以运用进度网络分析技术，常见的进度网络分析技术包括关键路径法、资源平衡法、进度压缩法。关键路径法，在不考虑资源限制和时间强制的情况下，编制出理论上可行的进度计划；资源平衡法，根据资源限制去调整运用关键路径法所编制出的项目进度计划，使项目进度计划在实际上也可行；进度压缩法，进度计划优化，寻找总成本最低时的最短工期。

【知识点5】 项目进度管理工具

1. 甘特图（Gantt chart）。甘特图又称横道图、条状图。其通过条状图来显示项目、进度和其他时间相关的系统进展的内在关系随着时间进展的情况。甘特图是一个展示简单活动或事件随时间或费用而变化的方法。一个活动代表从一个时间点到另一个时间点所需要的工作量。

甘特图的特点是突出了生产管理中最重要的因素时间，它的作用有以下几点：

（1）显示计划产量与计划时间的对应关系；

（2）显示每日的实际产量与预计计划产量的对比关系；

（3）显示一定时间内实际累积产量与同时期计划累积产量的对比关系。

甘特图的优点：图形化概念，易于理解；可以方便地扩展以确定提前或滞后于进度的具体要素。甘特图的缺点：没有表明活动间的相互关系，也不能表示活动的网络关系；不能表示活动较早或较晚开始的结果；没有表明在执行活动中的不确定性，因此也没有敏感性分析。

2. 里程碑图。里程碑图是一个目标计划，它表明为了达到特定的里程碑，去完成一系列活动。里程碑计划通过建立里程碑和检验各个里程碑的到达情况，来控制项目工作的进展和保证实现总目标。

3. 项目进度网络图。项目进度网络图用来展示项目各个计划活动、持续时间、逻辑关系的图形。它显示项目的网络逻辑关系，以及项目关键路径上的进度活动。

六 项目质量管理

【知识点1】 项目质量管理的概念

1. 项目质量管理包括执行组织确定质量政策、目标与职责的各过程和活动,从而使项目满足其预定的需求。项目质量管理在项目环境内使用政策和程序,实施组织的质量管理体系,并以执行组织的名义,适当支持持续的过程改进活动。项目质量管理确保项目需求,包括产品需求,得到满足和确认。

2. 项目质量管理的过程。

(1)规划质量管理,识别项目及其可交付成果的质量要求或标准,并书面描述项目将如何证明符合质量要求的过程。

(2)实施质量保证,审计质量要求和质量控制测量结果,确保采用合理的质量标准和操作性定义的过程。

(3)控制质量,监督并记录质量活动执行结果,以便评估绩效,并推荐必要的变更的过程。

【知识点2】 质量保证

质量保证是所有计划和系统工作实施达到质量计划要求的基础,为项目质量系统的正常运转提供可靠的保证,它应该贯穿项目实施的全过程。

1. 质量审核是确定质量活动及其有关结果是否符合计划安排,以及这些安排是否有效贯彻并适合于达到目标的、有系统的、独立的审查。通过质量审核,评价审核对象的现状对规定要求的符合性,并确定是否需要采取改进、纠正措施。

2. 质量审核包括质量体系审核、项目质量审核、过程(工序)质量审核、监督审核、内部质量审核、外部质量审核。

3. 质量改进包括达到目的的各种行动,增加项目有效性和效率以提高项目投资者的利益。在大多数情况下,质量改进将要求改变不正确的行动以及克服这种不正确行动的过程。

【知识点3】 质量计划

质量计划是质量管理的基础。现代质量管理的基本原则是:质量不是检查出来的,而是依靠计划及严格按计划执行得到的。编制项目质量计划就是制定项目质量标准,并确定将如何达到这些标准。

项目质量计划应该包括以下主要内容:项目质量政策、项目质量标准,以及项目质量保证与控制体系。

质量计划的制订方法有：成本利益分析，综合考虑利益成本的交换；基准，通过与其他相类似项目的实施过程来提供一个实施的标准；流程图，包括原因结果图和系统流程图，原因结果图主要用来分析和说明各种因素和原因如何导致或者产生各种潜在的问题和后果，系统流程图主要用来说明系统各种要素之间存在的相互关系。

【知识点4】 项目质量控制

项目质量控制是指对项目质量实施情况的监督和管理。

项目质量控制的主要内容包括：项目质量实际情况的度量，项目质量实际与项目质量标准的比较，项目质量误差与问题的确认，项目质量问题的原因分析和采取纠偏措施以消除项目质量差距与问题等一系列活动。这类项目质量管理活动是一项贯穿项目全过程的项目质量管理工作。

项目质量控制的结果是项目质量控制和质量保障工作所形成的综合结果，是项目质量管理全部工作的综合结果。这种结果的主要内容包括：项目质量的改进，通过项目质量管理与控制所带来的项目质量提高；对于项目质量的接受；返工；核检结束清单，这也是项目质量控制工作的一种结果；项目调整和变更，项目质量控制的一种阶段性和整体性的结果。

【知识点5】 质量管理工具

1. 因果图，又称鱼骨图、石川图或依西卡娃图。问题陈述放在鱼骨的头部，作为起点，用来追溯问题来源，回推到可行动的根本原因。在被视为特殊偏差的不良结果与非随机原因之间建立联系，鱼骨图往往是行之有效的。

2. 流程图，又称过程图，用来显示在一个或多个输入转化成一个或多个输出的过程中，所需要的步骤顺序和可能分支。流程图有助于了解和估算一个过程的质量成本，通过工作流的逻辑分支及其相对频率，来估算质量成本。

3. 核查表，又称计数表、检查表，是用于收集数据的查对清单。它合理排列各种事项，以便有效地收集关于潜在质量问题的有用数据。

4. 帕累托图，是一种特殊的垂直条形图，用于识别造成大多数问题的少数重要原因。在横轴上所显示的原因类别，作为有效的概率分布，涵盖百分之百的可能观察结果。

5. 直方图，是一种特殊形式的条形图，用于描述集中趋势、分散程度和统计分布形式。

6. 控制图，用来确定一个过程是否稳定，或者是否具有可预测的绩效。根据协议要求而制定的规格上限和下限，反映了可允许的最大值和最小值。控制界限根据标准的统计原则，通过标准的统计计算确定，代表一个稳定过程的自然波动范围。项目经理和干系人可基于计算出的控制界限，发现须采取纠正措施的检查点，以便预防非自然的绩效。

7. 散点图，又称相关图，标有许多坐标点（X，Y），解释因变量 Y 相对于自变量 X 的变化。相关性可能是正相关、负相关或不相关。

七 项目风险管理

【知识点1】 项目风险管理的概念

项目风险管理，是指通过识别风险、分析风险和监控风险，来提高项目成功的可能性。包括将积极因素所产生的影响最大化和使消极因素产生的影响最小化。

项目风险管理内容主要包括：①风险识别，即确认有可能会影响项目进展的风险，并记录每个风险所具有的特点；②风险量化，即评估风险和风险之间的相互作用，以便评定项目可能产出结果的范围；③风险对策研究，即确定对机会进行选择及对危险作出应对的步骤；④风险对策实施控制，即对项目进程中风险所产生的变化做出反应。

【知识点2】 项目风险识别

项目风险识别，就是要全面识别出对项目目标有影响的不确定性事件。应该根据风险管理计划，以风险分解结构中的风险类别为出发点，进行具体风险的识别。项目风险识别主要在项目规划阶段进行，但也贯穿项目始终。

项目风险识别的技术包括头脑风暴法、德尔菲技术、访谈、根本原因分析、文档审查、核对单分析、假设条件分析、图解技术、SWOT分析。

（1）头脑风暴法。许多人在一起，集思广益，识别出尽可能多的风险。

（2）德尔菲技术。邀请相关专家进行背靠背匿名投票，列出他们认为的风险清单。经过多轮投票，最后得到大家都认可的项目风险清单。

（3）访谈。对项目干系人和相关专家进行访谈，请他们列出项目的主要风险。

（4）根本原因分析。采用"5 Why"方法，把导致问题的根本原因挖出来，也可以用因果图挖出导致问题的风险。

（5）文档审查。通过对各种文档的结构化审查来识别项目风险。

（6）核对单分析。基于过去类似项目经验，编制风险核对单。需要注意的是，核对单分析是指分析核对单本身的不完整性。

（7）假设条件分析。分析假设条件中可能存在的错误、偏颇，识别与此有关的风险。

（8）图解技术。运用因果图、流程图、影响图、系统图来分析相关情况，识别项目风险。

（9）SWOT分析。对项目内部的情况进行优势和劣势分析，对项目外部情况进行机会和威胁分析，以便更全面地识别项目风险。

【知识点3】 项目风险评估

1. 项目风险评估是在风险识别之后，通过对项目所有不确定性和风险要素的充分、系统而又有条理的考虑，确定项目的单个风险。然后，对项目风险进行综合评价。

2. 通常的风险评估过程都由以下六个基本步骤构成：评估所有的方法、考虑风险态度、考虑风险的特征、建立测量系统、解释结果、作决策。

3. 项目风险评估一般有定性和定量两种方法。在项目管理实践中，将专家和项目管理人员的估计与有限数据相结合，成为项目风险评估中运用较多的方法。

4. 定性风险评估方法有历史资料法、理论概率分布法、主观概率、风险事件后果的估计。定量风险评估有访谈法、盈亏平衡分析、敏感性分析、决策树分析和非肯定型决策分析。

5. 项目风险评估最重要的结果就是量化了的项目风险清单。项目风险清单一般可包括以下内容：项目风险发生概率的大小、项目风险可能影响的范围、对项目风险预期发生时间的估算、项目风险可能产生的后果、项目风险等级的确定。

6. 项目风险可分为三个等级：

（1）灾难级——这类风险必须立即予以排除。

（2）严重级——这类风险会造成项目偏离目标，需要立即采取控制措施。

（3）轻微级——这类风险暂时不会对项目产生危害，但也要考虑采取应对措施。

【知识点4】 风险监控和规避

1. 风险监控就是通过对风险规划、识别、估计、评价、应对全过程的监视和控制，从而保证风险管理能达到预期的目标，它是项目实施过程中的一项重要工作。

2. 风险监控的依据有：风险管理计划、风险应对计划、项目沟通、附加的风险识别和分析、项目评审。

3. 风险监控过程主要内容包括：监控风险设想、跟踪风险管理计划的实施、跟踪风险应对计划的实施、制定风险监控标准、采用有效的风险监视和控制方法和工具、报告风险状态、发出风险预警信号、提出风险处置新建议。

4. 风险预警管理：对于项目管理过程中有可能出现的风险，采取超前或预先防范的管理方式，一旦在监控过程中发现有发生风险的征兆，应及时采取校正行动并发出预警信号，以最大限度地控制不利后果的发生。

5. 风险监控工具有：直方图，发生的频数与相对应的数据点关系的一种图形表示，是频数分布的图形表示；因果分析图，表示特性与原因关系的图，它把对某类项目风险特性具有影响的各种主要因素加以归类和分解，并在图上用箭头表示其间关系；帕累托图，用于着重解决对减少项目有重大影响的风险，如可用于确定进度延误、费用超支、性能降低等问题的关键性因素。

6. 风险规避：在考虑到某项活动存在风险损失的可能性较大时，采取主动放弃或加以改变，以避免与该项活动相关的风险的策略。

7. 风险规避具体可通过修改项目目标、项目范围、项目结构等方式来实行。具体方法有两种：

（1）放弃或终止某项活动的实施，即在尚未承担风险的情况下拒绝风险。

（2）改变某项活动的性质，即在已承担风险的情况下通过改变工作地点、工艺流程等途径来避免未来生产活动中所承担的风险。

八 项目人力资源管理

【知识点1】 项目人力资源管理的概念

项目人力资源管理是一种管理人力资源的方法和能力。

1. 人力资源管理过程：规划人力资源管理，识别和记录项目角色、职责、所需技能、报告关系，并编制人员配备管理计划的过程；组建项目团队，确认人力资源的可用情况，并为开展项目活动而组建团队的过程；建设项目团队，提高工作能力，促进团队成员互动，改善团队整体氛围，以提高项目绩效的过程；管理项目团队，跟踪团队成员工作表现，提供反馈，解决问题并管理团队变更，以优化项目绩效的过程。

2. 项目人力资源管理的工具与技术：组织图和职位描述、人际交往、组织理论、专家判断、会议。组织图可以采用组织分解结构（Organization Breakdown Structure，OBS）或责任分配矩阵（Responsibility Assignment Matrix，RAM）的形式。组织分解结构显示工作被分配到组织单元。责任分配矩阵是将合同工作分解结构要素要求的工作和负责完成该工作的职能组织相结合而形成的矩阵结构。

【知识点2】 项目团队建设

团队是为共同目标而协同工作的一群人，项目团队是为完成特定的项目而专门组建的工作团队。项目团队具有四大关键特性：目标性、临时性、开放性和多样性。

项目团队建设一般要经历五个阶段：

（1）形成阶段：个体成员转变为团队成员，开始形成共同目标。

（2）震荡阶段：团队成员开始执行分配的任务，当遇到超出预想的困难时，可能引发个体争执、指责，质疑项目经理的能力。

（3）规范阶段：经过一段时间的磨合，团队成员相互熟悉和了解，矛盾基本解决，项目经理得到团队的认可。

（4）发挥阶段：随着相互之间配合默契和对项目经理的信任，成员积极工作，努力实现目标。

（5）结束阶段：随着项目的结束，团队解散。

【知识点3】 沟通和协作方法

团队沟通即工作小组内部发生的所有形式的沟通，是团队成员通过语言互相传送信息与意念的过程。单向沟通：垂直式，一般上级向下级的沟通，无反馈。双向沟通：水平式，相同级别员工之间互相传递信息。

沟通技巧：讲故事法、聊天法、制订计划法、参与决策法、培养自豪感、口头表扬法。

【知识点4】 知识传递、培训、分享

1. 知识传递，是指以交流和继承认识成果，取得间接经验的一种教育形式。团队内知识传递的过程是从传递方到接收方的一个过程。其目的是促进知识在组织内流动，实现知识的共享，从而提高组织竞争优势和能力。知识传递可以在个体、团队、群体和组织四个层面开展。

2. 培训是一种有组织的知识传递、技能传递、标准传递、信息传递、信念传递、管理训诫行为。

3. 隐性知识显性化。隐性知识指的是未被表述的知识，如技能、秘诀等；显性知识则是以书面文字、图表和数学公式加以表述的知识，更加直观。隐性知识显性化可以通过有经验员工的知识分享、项目经理对阶段性工作或重要项目成果进行梳理总结等方式进行。

【知识点5】 团队绩效管理

团队绩效，是指团队实现预定目标的实际结果，主要包括三个方面：①团队生产的产量（数量、质量、速度、顾客满意度等）；②团队对其成员的影响（结果）；③提高团队工作能力，以便将来更有效地工作。

团队绩效考核可采用"过程控制点，结果控制面"的方式进行。过程控制点，是指平时以直接奖励或扣罚金额的形式，奖励团队或成员在过程中的优秀表现或处罚其犯下的错误。结果控制面，是指从目标的达成率、时效性、质量、难易程度和对组织的影响程度五个方面进行系统考核。

绩效管理的流程：制订项目绩效计划、绩效计划的实施和管理、绩效考核、绩效反馈和绩效强化。

九 项目监督与控制

【知识点1】 项目监督与控制的一般过程

收集工作绩效数据;把工作绩效数据与项目计划中的要求进行比较,发现并书面记录项目范围、进度、成本和质量方面的偏差;对偏差的程度、原因以及偏差对项目目标的影响进行分析;确定项目执行是否需要纠偏,可交付成果是否存在质量缺陷;确定项目计划是否需要调整;预测并确定是否需要采取预防措施来防止未来不良绩效的出现;全面评审各种变更请求;批准、否决或暂时搁置上述变更请求;批准计划调整建议,形成更新后的项目计划。

【知识点2】 项目变更控制

1. 狭义上的项目变更,是指根据实际需要对已批准的项目计划进行修改,包括项目的范围、进度、成本、质量、风险、人力资源、沟通、干系人管理和采购计划等。

2. 广义上的项目变更还包括针对项目执行中的问题采取纠偏措施和缺陷补救措施。纠偏措施是针对已经出现的项目范围、进度、成本和质量的不利偏差进行纠正。缺陷补救措施是针对已经出现的可交付成果的功能缺陷或质量缺陷进行补救。

3. 管理变更的程序包括以下几个步骤:识别变更;评价变更对项目的影响;设计变更的备选方案;提出变更请求;征求项目干系人的意见;审批变更;把经批准的变更纳入项目计划,并付诸执行,追踪执行情况;评价变更的效果。

4. 综合变更控制:实施整体变更控制过程要求任何一个变更,无论大小,都要经过综合评审才能被批准或否决。

【知识点3】 项目审计

1. 项目审计概念

项目审计,是指审计机构依据国家的法令和财务制度、企业的经营方针、管理标准和规章制度,对项目的活动用科学的方法和程序进行审核检查,判断其是否合法、合理和有效的一种活动。

2. 项目审计类型

常见的项目审计类型有:绩效审计,常用于对给定项目的进步和绩效进行评估;合规性审计,常由项目管理办公室执行以确定项目能正确使用项目管理方法;质量审计,确保有计划的项目能达到质量要求,并遵守所有的法律和规定;退出审计,常用于在困境中的和需要终止的项目;最佳实践审计,一般在每个生命周期的结束阶段或项目结束时进行。

3. 项目审计流程

审计启动工作：明确审计目的、确定审计范围；建立审计小组；了解项目概况，熟悉项目有关资料；制订项目的审计计划。

（1）建立项目审计基准。

（2）实施项目审计：针对确定的审计范围实施审查，从中发现常规性的错误和弊端；协同项目管理人员纠正错误和弊端。

（3）报告审计结果并对项目各方面提出改进建议。

（4）项目审计终结。

十　项目收尾

【知识点1】 验收过程与内容

项目验收，是指由主要项目干系人（如项目发起人和客户）对已经完成的项目可交付成果进行检查和接收。对每个可交付成果的质量合格性和整体可验收性的检查，都应该在项目的监控阶段而非收尾阶段完成。

项目最终验收是在试运行基础上，由各主要干系人组成的验收小组通过实地考察、专家鉴定等方式进行。项目验收最后成果形成《项目验收鉴定书》。

【知识点2】 项目总结的内容和方法

1. 主要的项目总结内容有：项目过程概述与回归、项目可交付成果验收情况、满足干系人需求情况、项目绩效评估结果、项目目标完成度、相关经验教训等。

2. 项目后评价，是指项目建成投产或投入使用后的一定时期，对项目的运行结果进行全面评价，编写项目后评价报告。

项目后评价的常用方法：逻辑框架法，采用矩阵式的二维表格对项目进行定性分析，为项目计划者或评估者提供一种分析的思路和框架；对比法，包括前后对比和有无对比，运用此方法可以得出指标的偏差程度，而无法得出是由何种因素造成的，因此需要和其他方法结合起来使用；成功度法，依靠评价专家或专家组的经验，综合评估各项指标的评价结果，对项目的成功程度作出定性的结论，或以项目的目标和效益为核心进行全面系统的评价。

【知识点3】 合同管理

1. 合同是买方与卖方之间签订的，用于明确双方权利义务关系的协议。有效合同应具备以下几个基本条件：当事人必须具有签订该合同的权利能力和行为能力，合同必须是双方当事人真实的、完全一致的意思表示，合同的内容合法，合同的形式合法。

2. 合同管理主要是指项目管理人员根据合同进行工程项目的监督和管理。合同管理全过程由洽谈、草拟、签订、生效开始，直至合同失效为止。合同管理不仅要重视签订前的管理，还要重视签订后的管理。有效合同管理的基础：良好的施工合同文件、良好信誉和技术商务能力的施工承包商、优秀的合同管理队伍、系统的合同管理制度。合同管理的基本原则是：诚信、公平、效率。

3. 合同解释，是指对合同具体条款进行解释。合同解释应该遵循主导语言原则、适用法律原则、整体解释原则和公平诚信原则。

4. 合同变更主要包括工程内容变更、形式变更和合同缺陷变更。

5. 合同收尾的主要工作有：检查已完成工作、结算合同价款、释放担保、总结经验教训。

>> 第三节
ITIL

一 ITIL 的基本概念

【知识点1】 服务

服务是通过满足客户的需要给客户创造价值，并不需要客户承担额外的成本和风险。服务是买卖双方共创价值的手段，服务可以帮助客户达成期望的结果，服务的同时不需要客户管理特定的成本和风险。

【知识点2】 服务管理

1. 服务管理是以服务的形式为客户提供价值的一套专门的组织能力，并且将自身所具备的资源和能力转变为有价值的组织资产。

2. 流程。流程是为完成一个指定的目标而设计的结构化活动的集合。流程可以通过获得一个或多个具体的输入，并在最后把它们转变成具体的输出。流程包含为保证达到目标而需要的所有角色、职责、业务规则和风险控制等。

3. 职能。职能是为了专门完成一些特定的工作或流程而建立的组织单元，职能总是为了一项特定的绩效或结果确定角色和相关的机构职责。

4. 角色。角色就是真正执行流程的具体人员，任何流程都是通过相关的角色来进行处理和推动的。

5. 服务管理原则：IT 的服务战略需要满足企业的商业战略并为企业创造价值；可视化管理机制的建立；资源的动态按需求供给与资源共享最大化；服务管理变成战略资产；通过技术、流程和人员的标准化来降低服务成本；有效的风险管理和高效的质量管理；持续的服务改进和提高。

6. 服务管理四个维度：组织和人员、信息与技术、合作伙伴与供应商、价值流和流程。①组织和人员：人、技术和提供 IT 服务的竞争力。②信息与技术：用来实施 IT 服务的技术和管理系统。③合作伙伴与供应商：制造商和供应商等。④价值流和流程：有价值的过程和增值活动。

【知识点 3】 ITIL 的定义

信息技术基础架构库（Information Technology Infrastructure Library，ITIL）是一种最佳实践的框架或一套 IT 服务管理的有效方法。ITIL 的根本目的是建立一种有效的途径，在提高 IT 服务质量的同时为企业和客户创造更多的商业价值，而 ITIL 本身是实现商业价值的手段。

【知识点 4】 ITIL V3 的生命周期

ITIL V3 包含五个生命周期：

1. 服务战略阶段；
2. 服务设计阶段；
3. 服务转换阶段；
4. 服务运营阶段；
5. 持续服务改进阶段。

【知识点 5】 ITIL 实践体系的现实意义

ITIL 给企业 IT 服务管理带来的主要益处如下：

1. 增加用户和客户对 IT 服务的满意度；
2. 提高运营的效率；
3. 降低变更的风险；
4. 加速问题的解决时间；
5. 降低 IT 的服务成本；
6. 提高 IT 与业务的横向联系。

二、ITIL 4 的框架

【知识点1】 服务价值体系

服务价值系统（Service Value System，SVS）：ITIL SVS 表示组织的各种组件和活动如何协同工作，以通过支持 IT 服务促进价值创造。SVS 的目的是通过产品和服务的使用和管理，确保组织不断地与所有利益相关者共同创造价值。

ITIL SVS 的核心组件是：ITIL 服务价值链，ITIL 实践，ITIL 指导原则、治理、持续改进。

【知识点2】 ITIL 服务价值链

1. SVS 的核心要素是服务价值链，这是一种运营模式，概述了响应需求所需的关键活动，并通过产品和服务的创建和管理促进价值实现。

2. ITIL 服务价值链包括六个价值链活动：计划、参与、设计和过渡、获取/构建、交付和支持、改进。这些活动导致产品和服务的创造，进而产生价值，代表了组织在创造价值时所采取的步骤。每项活动都将投入转化为产出。这些输入可以来自价值链外部或其他活动的输出。所有活动都是相互关联的，每项活动都会接收并提供进一步行动的触发器。

3. 在使用服务价值链时都有一些共同的规则：通过参与执行与价值链外部各方的所有传入和传出交互所有新资源均通过获取/构建获得；各级规划均按计划进行；通过改进启动和管理各级的改进。

【知识点3】 六个价值链活动

1. 计划。计划价值链活动的目的是确保对整个组织的所有四个维度以及所有产品和服务的愿景，当前状态和改进方向有共同的理解。这项活动的关键输入是：组织管理机构提供的政策、要求和限制；参与提供的综合需求和机会；价值链绩效信息，改进状态报告和改进措施的改进；关于设计和过渡中新的和变更的产品和服务的知识和信息，以及来自参与者和获取/构建第三方服务组件的知识和信息。

这项活动的主要成果是：战略、战术和运营计划；设计和过渡的投资组合决策；设计和过渡的架构和策略；产品和服务组合；合同和协议要求。

2. 参与。参与价值链活动的目的是充分理解利益相关者的需求、提高透明度，并与所有利益相关者持续地互动从而建立良好的关系。这项活动主要是要与利益相关者充分地沟通，获取需求并建立良好的关系。这项活动的关键输入是：计划提供的产品和服务组合；对内部和外部客户提供的服务和产品的高层次需求；客户提供的服务和产品的详细要求；来自客户的请求和反馈；事件、服务请求和用户反馈；有关完成用户支持任务的信息，包括交付和支持；来自现有和潜在客户及用户的营销机会；合作机会以及合作伙伴和供应商提供的反馈；所有价值链活动的合同和协议要求；有关设计和过渡以及获取/构建的新产品和服务的知识和信息；来自合作伙伴和供应商的第三方服务组件的知识和信息；来自交付和支持的产品和服务性能信息；改进措施得到改善；改进状态报告的改进。

这项活动的主要成果是：为计划价值链活动提供综合的需求和机会；为设计和过渡价值链活动提供产品和服务需求；为交付和支持价值链活动提供用户支持服务；为改进价值链活动提供改善机会，以及利益相关者的反馈意见；为获取/构建价值链活动提供变更或项目启动请求；为获取/构建、设计和过渡价值链活动提供外部供应商和内部供应商的合同和协议；为所有价值链活动提供第三方服务组件的知识和信息；为客户提供服务绩效报告。

3. 设计和过渡。设计和过渡价值链活动的目的是确保产品和服务不断满足利益相关者对质量、成本和上市时间的期望。这项活动的关键输入是：计划提供的投资组合决策；计划提供的架构和策略；参与提供的产品和服务要求；提高改进举措；改进状态报告的改进；交付和支持提供的服务性能信息，并进行改进；来自获取/构建的活动组件；有关第三方服务组件的知识和信息；获取/构建有关新产品和服务的知识和信息；与参与者提供的外部和内部供应商及合作伙伴的合同和协议。

这项活动的主要成果是：获取/构建的要求和规范；合同和协议要求；向交付和支持价值链活动提供新的和变更的产品和服务；有关所有价值链活动的新产品和服务的知识和信息；绩效信息和改进机会。

4. 获取/构建。获取/构建价值链活动的目的是确保服务组件在需要的时间和地点可用，并满足商定的规范。这项活动的关键输入是：计划提供的架构和策略；与参与者提供的外部和内部供应商及合作伙伴的合同和协议；外部和内部供应商及合作伙伴提供的商品和服务；设计和过渡提供的要求和规格；提高改进举措；改进状态报告的改进；变更或项目启动提供的启动请求；变更交付和支持提供的请求；有关设计和过渡的新产品和服务的知识和信息；有关第三方服务组件的知识和信息。

这项活动的主要成果是：提供给交付和支持价值链活动的服务组件；提供给设计和过渡价值链活动的服务组件；向所有价值链活动提供关于新的和已变更的产品和服务的知识和信息；向参与价值链活动提供合同和协议要求；向改进价值链活动提供绩效信息和改进机会。

5. 交付和支持。交付和支持价值链活动的目的是确保根据商定的协议和利益相关者的期望提供和支持服务。这项活动的关键输入是：设计和过渡提供的新的和变更的产品和服务；获取/构建提供的服务组件；提高改进举措；改进状态报告的改进；参与提供用户支持任务；有关设计和过渡以及获取/构建的新服务组件和服务的知识和信息；有关第三方服务组件的知识和信息。

这项活动的主要成果是：提供给客户和用户的服务；为参与价值链活动提供的有关完成用户支持任务的信息；产品和服务性能信息，用于功效的改进；为改进价值链活动提供改进机会；为参与价值链活动提供的合同和协议要求；向获取/构建价值链活动提供的变更获取/构建请求；为设计和过渡价值链活动提供的服务绩效信息。

6. 改进。改进价值链活动的目的是确保所有价值链活动和服务管理的四个方面的产品、服务和实践的持续改进。这项活动的关键输入是：交付和支持提供的产品和服务性能信息；参与者提供的利益相关者反馈；所有价值链活动提供的绩效信息和改进机会；有关设计和过渡以及获取/构建的新产品和服务的知识和信息；有关第三方服务组件的知识和信息。

这项活动的主要成果是：为所有价值链活动提供的改进举措；为计划和管理机构提供的价值链绩效信息；为所有价值链活动提供的改进状态报告；为参与价值链活动提供的合同和协议要求；为设计和过渡价值链活动提供的服务绩效信息。

【知识点4】ITIL 实践

1. 实践为执行工作或完成目标的组织资源。这些资源分为服务管理的四个维度（组织和人员、信息和技术、合作伙伴和供应商、价值流和流程）。

2. 架构管理。架构管理实践的目的是提供对构成组织的所有不同元素的理解以及这些元素如何相互关联，从而使组织能够有效地实现其当前和未来的目标。它提供了原则、标准和工具，使组织能够以结构化和敏捷的方式管理复杂的变更。

3. 供应商管理。供应商管理实践的目的是确保组织的供应商及其绩效得到适当管理，以支持无缝提供优质产品和服务。这包括与主要供应商建立更密切、更具协作性的关系，以发现和实现新价值并降低失败风险。

供应商战略定义了组织如何利用供应商对实现其整体服务管理战略的贡献的计划。

根据以下内容评估和选择供应商：重要性和影响供应商提供的业务服务价值；风险与使用服务相关的风险；成本服务的成本及其提供；供应商在多供应商环境中定制产品或合作的意愿或可行性；组织或服务集成商对供应商绩效的影响程度；一个供应商对其他供应商的依赖程度。

供应商管理实践的活动包括：供应商计划；供应商和合同的评估；供应商和合同谈判；供应商分类；供应商和合同管理；效用管理；绩效管理；合同续签或终止。

服务集成负责协调或协调所有涉及产品和服务的开发和交付的供应商。它侧重于端到端的服务提供，确保控制供应商的所有接口和结果，并促进供应商之间的协作。

【知识点5】 ITIL 指导原则

1. 专注于价值。服务提供商必须确定服务消费者以及关键利益相关者；服务提供商必须了解对服务使用者真正有价值的东西；主动管理服务消费者在与服务和服务提供商交互时的体验。

2. 开始于现状。首先考虑已经可以利用的内容，不要轻易从头开始。直接测量或观察已经存在的服务和方法，正确理解它们的当前状态，以及可以从它们中重复使用的状态。首选直接观察，不过度依赖数据分析和报告。正确理解服务和方法的当前状态，对于选择要重用、变更或构建的元素非常重要。

3. 反复进行反馈。不断重新评估整个计划或计划及其组成部分，并进行可能的修订。构建良好的反馈机制有助于理解：最终用户和客户对所创造价值的感知；价值链活动的效率和有效性；服务治理和管理控制的有效性；组织与其合作伙伴和供应商网络之间的接口；对产品和服务的需求；收到反馈后，可以分析反馈，以确定改进机会、风险和问题。通过嵌入流程中的反馈循环以时间框架，迭代方式工作。

4. 协作与提升差距。识别和管理组织处理的所有利益相关方群体，利益相关方是指与组织活动有关的任何人，包括组织本身、客户或用户，以及许多其他人。服务提供商的主要目标是促进其客户感兴趣的结果。了解每个级别每个利益攸关方群体的改进贡献，定义与之接触的最有效方法。工作量和工作进展可视化可以提高内部决策，组织改善内部能力。

5. 全面思考和工作。通过协调和整合服务管理的四个维度（组织和人员、信息和技术、合作伙伴和供应商、价值流和流程），向内部和外部服务消费者提供服务。采用整体方法进行服务管理包括：建立对组织的所有部分如何以综合方式协同工作的理解；不同级别的复杂性需要不同的启发式决策；协作是整体思考和工作的关键；寻找系统元素需求和相互作用的模式，利用每个领域的知识及元素之间的关系，实现整体观点。

6. 保持简单实用。最终使用最少步骤来完成目标，消除无法提供价值或产生有用的结果流程的服务、操作或指标。在分析实践、流程、服务、指标或其他改进目标时，始终考虑它是否有助于创造价值。服务应该只生成真正为决策过程提供价值的数据，并且应尽可能简化和自动化记录保存，以最大化价值并减少非增值工作。确保价值每项活动都应有助于创造价值。

7. 自动化优化。自动化通常是指使用技术在有限或无人干预的情况下正确且一致地执行一系列步骤。寻找自动执行标准和重复任务的机会有助于节省组织成本，减少人为错误并改善员工体验。优化路径遵循的步骤：理解并同意建议的优化存在的背景，包括同意组织的整体愿景和目标；评估建议优化的当前状态，这有助于了解改进的位置以及哪些改进机会可能产生最大的积极影响；组织的未来状态和优先级达成一致；

确保优化具有适当的利益相关方参与和承诺水平；以迭代方式执行改进使用指标和其他反馈来检查进度；持续监控优化。

8. 相互作用原则。组织不应只使用其中的一个或两个原则，而应考虑每个原则的相关性以及它们如何一起应用。并非所有原则在每种情况下都是至关重要的，但每次都要对它们进行全面审查，以确定它们的适用性。

【知识点6】 治理

1. 管理机构和治理。每个组织都由一个理事机构指导，即一个人或一组人员，他们对组织的绩效和合规性负有最高级别的责任。组织治理是指导和控制组织的系统。治理通过以下活动实现：评估组织及其战略；直接管理机构负责并指导组织战略和政策的准备和实施；监控管理机构监控组织及其实践，产品和服务的绩效。

2. 治理在ITIL SVS中的作用。治理在ITIL SVS中的角色和位置取决于SVS在组织中的应用方式。在ITIL 4中，指导原则和持续改进适用于SVS的所有组成部分，包括治理。服务价值链和组织的实践符合管理机构的指示；组织的管理机构，无论是直接还是通过授权，都对SVS进行监督；各级理事机构和管理层通过一套明确的共同原则和目标保持一致；不断改进各级治理和管理，以满足利益相关者的期望。

【知识点7】 持续改进

从战略到运营，组织的所有领域和各个层面都在不断改进。为了最大限度地提高服务的有效性，每个为提供服务作出贡献的人都应该记住持续改进，并且应该始终寻找改进的机会。持续改进模型完全适用于SVS，以及组织的所有产品、服务、服务组件和关系。ITIL SVS包括：ITIL持续改进模型，为组织提供实施改进的结构化方法；改善服务价值链活动，将持续改进嵌入价值链；持续改进实践，支持组织日常改进工作。

【知识点8】 ITIL持续改进模型

ITIL持续改进模型可用作支持改进计划的高级指南。使用该模型增加了IT服务管理（IT Service Management，ITSM）计划成功的可能性，强烈关注客户价值，并确保改进工作可以与组织的愿景相关联。该模型支持迭代的改进方法，将工作划分为可管理的部分，并且可以逐步实现单独的目标。

1. 愿景目标。持续改进模型的第一步是确定倡议的愿景。组织的愿景和目标需要针对特定业务部门，需要创建计划改进的高级别愿景。这一步骤中的工作应确保：已经了解了高层次的方向；在此背景下描述和理解计划的改进计划；了解利益相关者及其角色；理解并同意实现的预期价值；负责实施改进的个人或团队的角色在实现方面是明确的。

2. 现状评估。改进计划的成功取决于对计划的起点和影响的清晰准确理解。对现有服务的评估，包括用户对所获得的价值的感知、人员的能力和技能、所涉及的过程和程序和（或）可用技术解决方案的能力。还需要了解组织的文化，即所有利益相关方群体的主流价值观和态度，以决定需要何种级别的组织变更管理。

3. 改进目标。评估从起点到实现倡议愿景的距离的范围和性质。该步骤应根据起点已知的内容，在完成改进愿景的过程中定义一个或多个优先行动。可以根据差距分析确定改进机会并确定优先级，并可以设置改进目标，以及关键成功因素和关键绩效指标。

4. 如何去做。基于对改进愿景以及当前和目标状态的理解，并将这些知识与主题专业知识相结合，可以创建解决该倡议挑战的计划。即使要遵循的路径是明确的，在一系列迭代中执行工作可能是最有效的，每一次迭代都会将改进向前推进。每次迭代时，都有机会检查进度，重新评估方法，并在适当时变更方向。

5. 采取行动。在改进过程中，需要不断关注衡量愿景和管理风险的进展情况，以及确保对计划的可见性和整体意识。通过实施多个较小的改进迭代来实现更大的变化。

6. 确认进度。对于改进计划的每次迭代，是否需要检查和确认进度和价值。如果尚未实现期望的结果，则选择并进行用于完成工作的附加动作，通常导致新的迭代。

7. 如何保持。如果改进已达到预期价值，领导者和管理者应该帮助他们的团队真正将新的工作方法融入他们的日常工作中，并将新行为制度化。如果没有实现改进的预期结果，则需要告知利益相关者该倡议失败的原因。这需要对改进进行全面分析，记录并传达经验教训。

【知识点9】ITIL V3 与 ITIL 4 的区别

1. ITIL V3 关注的是整个服务生命周期，而 ITIL 4 关注的则是服务价值系统。

2. ITIL V3 主要包含 4Ps 的服务管理，即人员、流程、产品和合作伙伴。而 ITIL 4 主要是服务管理的四个维度：组织和人员、信息和技术、合作伙伴和供应商、价值流和流程。

3. ITIL V3 关注流程和功能，而 ITIL 4 侧重实践。

4. ITIL V3 是规范性的，而 ITIL 4 是非规范性的，是基于组织的指导原则。

5. ITIL V3 是独立的，而 ITIL 4 是顺应时代的发展与当前流行的敏捷和 DevOps 集成发展而来的。

三 服务战略

【知识点1】 服务战略目标

服务战略是IT服务生命周期的第一个主要阶段,服务战略主要关注的是如何把服务管理变成战略资源,并利用战略资产来实现企业或IT服务提供商自身的商业价值。

【知识点2】 服务战略4P原则

愿景:与众不同的目标和方向。
位置:服务提供商在市场竞争的基准和依据。
计划:服务提供商如何达成他们的远景规划。
模式:处理事情的基本参照方法。

【知识点3】 服务价值创造模型

制定服务战略要本着给客户创造价值的原则。创造价值有功用和功效两个部分要统一考虑。

功用:一个产品或者服务提供的功能,满足客户的特定需求,或者去掉客户当前系统的某些约束。

功效:产品或者服务满足约定需求的承诺或者保证,包括如何保证服务的可用性、可扩展性、连续性和安全性。

【知识点4】 战略管理

IT服务战略就是通过有效的IT服务管理把组织的服务能力转化为组织的战略资产。服务战略为如何设计服务、开发服务流程和具体实施服务管理提供了战略指导。

IT服务提供商通过思考下列问题来定义服务市场和开发适合自己企业的服务产品和战略资产:①应该提供什么样的服务;②谁应该是目标客户;③如何去开发内部和外部的市场与渠道;④在市场中当前和潜在的竞争是什么;⑤客户是如何感知和度量服务价值的,客户创造价值如何才能被真正实现。

【知识点5】 服务财务管理

服务财务管理的目标是提供服务的成本预算,并监控成本费用的执行情况,最终从客户那里收取服务所应有的收益,具体内容有:控制和管理全部的预算;帮助企业或组织计算所有服务和相关服务实施的费用;建立详细的收取费用的模型。

财务管理包括以下三个阶段:

预算：确保有相应的收费可以提供给 IT 服务，并且能够满足企业的财务标准。

核算：采取适合的工具或流程去采集花费数据，根据财务标准监控适合的成本花费。

收费：依照企业或服务提供商的收费政策去定义收取费用的方法，给客户提供正规的发票和相应的服务价格明细。

具体来讲，通过财务管理可以实现以下行为：

1. 定义提供服务所需要的实际成本；
2. 提供精确和重要的财务信息去帮助决策分析；
3. 使客户了解服务的实际成本；
4. 评估和管理日常花费的变更；
5. 制定不同的收费策略来帮助客户选择具体的服务标准，并同时影响客户的日常操作行为。

【知识点6】 组合管理

组合管理提供能够持续满足业务价值的 IT 服务组合，并对服务的整个生命周期进行全面的管理。组合管理通常回答以下问题：①客户购买这些服务的理由；②为什么从这里购买；③服务的定价和收费模式是什么；④优势、劣势、机会和风险是什么；⑤资源和能力应该如何分配。

【知识点7】 关系管理

关系管理的目的是在 IT 服务提供商和客户之间建立和维持良好的关系。关系管理的具体落实一般通过以下两个方面体现：服务报告和服务报告会。IT 服务提供商会与其客户定期召开服务回顾会议，服务报告就是在该会议中所需讨论的重要内容。

服务报告包括但不仅限于以下内容：

1. 与客户签署的服务级别协议相比较的绩效完成情况；
2. 严重不符合项及存在的问题；
3. 工作负载情况；
4. 重大故障和重要变更详细内容信息；
5. 趋势信息和主动性运维策略；
6. 客户满意度调查和分析；
7. 管理决策和服务改进计划。

服务投诉和渠道升级：为客户建立必要的投诉流程和渠道升级。

客户满意度调查：通过客户满意度调查，全面了解客户对当前服务现状的满意程度，使 IT 服务提供商更加及时、准确地了解服务过程中的问题和不足。

四 服务设计

【知识点1】 服务设计的目标

服务设计也称服务设计包的设计，是为了满足商业需要而设计新的或者为当前服务增加新的功能，并把增加的服务或功能引入生产环境。服务设计的目标主要包括：设计服务达到承诺的商业输出结果；识别和管理风险；设计安全并且适应能力强的IT架构、环境和应用软件；设计度量方法和标准；提出维护计划、流程、策略、标准、架构和文档去支持有质量的IT解决方案；开发IT相关的技术和能力；贡献于整体的服务质量的提高。

【知识点2】 服务设计的五个方面

服务设计一般分为以下五个方面的设计：

1. 服务解决方案设计。服务解决方案应该包括对此项服务的所有的功能需求、需要的资源与能力等。

2. 服务组合设计。服务组合设计关注推出什么服务、何时推出这些服务，以及如何体现这些服务的最大组合价值、为提供这些服务的资源和能力合理分配的设计等内容。

3. 技术架构和管理系统设计。为提供服务所需要的业务架构、应用产品架构、IT基础架构和运维架构等。

4. 流程设计。对每一个IT服务管理流程的业务规则、活动的输入输出、角色、关键成功因素和关键绩效指标等的设计。

5. 度量设计。度量设计是对度量系统、方法和组件的度量指标等进行设计。

【知识点3】 服务目录管理

1. 服务目录管理给客户提供了一个集中的、一致性的信息来源，它的信息范围包括服务提供商或厂家所承诺的所有服务列表。

2. 服务目录管理流程的管理范围包括IT服务供应商对其所提供服务的定义、服务目录列表的建立和基于服务列表信息的准确管理，确保任何当前的服务内容都能够纳入服务目录列表的管理范围。

3. 服务目录分为业务服务目录和技术服务目录两个层次。业务服务目录包括所有和业务运作相关的IT服务的详细信息。技术服务目录包括所有用来作为服务支持与共享的IT服务和技术部件。

4. 服务目录管理的范围：定义服务；生成并维护一个准确的服务目录；服务目录

与服务组合之间的接口、依赖性、一致性;服务目录与 CMS 中,所有服务与支持性服务之间的接口和依赖性;服务目录与 CMS 中所有服务、支持性组件和配置项 CI 之间的接口和依赖性;结合业务关系管理和服务级别管理来确保信息与业务和业务流程保持一致。

【知识点4】 服务级别管理

服务级别管理(Service Level Management,SLM)是对 IT 服务的供应进行谈判、定义、评价、管理以及可接受的成本改进 IT 服务的质量流程。所有这些活动都要求在一个业务需求和技术快速变化的环境中进行。服务级别管理试图在服务质量的供应与需求、客户关系和 IT 服务成本之间找到某个合适的平衡点。

服务级别管理的目标是:

1. 对所有的 IT 服务,都要有定义、文档记录、客户的签署同意、监控、度量、报告和审查部分;

2. 建立和提高商业客户间的良好关系;

3. 监控和提高客户的满意度;

4. 提供具体的度量标准;

5. 清晰的服务级别定义;

6. 在合理的成本控制下积极地提高服务的级别;

7. ITIL 4 强调把用户和客户体验的指标纳入服务级别协议。

在服务级别管理流程中,服务级别标准有以下三种类型:

服务级别协议(Service Level Agreement,SLA):公司与客户签订的服务协议。构建 SLA 的方法有三种主要方法:基于服务;基于用户;多层次服务级别管理(公司层面、用户层面、服务层面)。

运营级别协议(Operational Level Agreement,OLA):IT 服务提供商内部 IT 部门制定的关于部门级的 IT 服务标准。

第三方供应商支撑合同(Underpinning Contract,UC):IT 服务提供商和其下包供应商之间所承诺的服务标准或合同。

【知识点5】 容量管理

1. 容量管理,是指根据当前和未来的业务需求,以合理的成本为 IT 服务运作配备所需的 IT 资源。容量管理的目标是在合理的成本控制下,提供适宜而有效的资源管理,使得 IT 资源能够被合理地利用,并且能够适应当前和未来的商业或业务需要。

2. 具体的容量管理包括以下几个方面:及时地考虑、计划和执行未来的 IT 服务需求;基于服务级别协议有效地管理 IT 服务的容量问题;管理和监控当前 IT 基础设施里的所有部件；在有效的成本框架下去提高服务性能。

3. 容量管理包括以下三个子流程：

业务容量管理：侧重组织未来业务对 IT 服务的需求，区别这些需求在制订计划时得到充分考虑。

服务容量管理：侧重现有的 IT 服务品质能否达到服务级别目标。

资源容量管理：侧重 IT 基础架构中每个组件的能力和使用情况，并确保 IT 基础架构的能力足以支持服务级别目标的实现。

【知识点 6】 可用性管理

可用性管理的目标是优化 IT 系统架构和 IT 服务组件的能力去达到或超过承诺的服务可用性级别。可用性是指服务可用访问的时间占整个给客户承诺的服务时间的百分比。可用性管理包括可用性计划和一系列持续性的行为。

可用性管理的流程活动分为被动性活动和主动性活动两种。被动性活动包括可用性监控、度量、分析和管理与服务不可用有关的所有事件、故障和问题，属于服务运营的范畴。主动性活动包括可用性的主动规划、设计和持续改进，属于服务设计的范畴。

【知识点 7】 IT 服务连续性管理

1. IT 服务连续性管理的目的是在系统硬件由于故障或不可抗拒的灾难（地震、火灾或海啸等）造成服务中断时，IT 服务和服务设备能够在规定的时间内恢复回来。

2. IT 服务连续性管理需要设计灾难恢复计划和业务影响分析方案。业务影响分析的内容可以作为灾难恢复计划的输入。而灾难恢复计划的目的是在业务中断后尽快恢复业务流程。该灾难恢复计划还要规定故障应急触发机制、涉及的人员和沟通的渠道等。

3. 容灾备份策略和方案。

手工变通解决方案：在规定的时间内采取手动的解决方法来恢复服务。

互惠协定：技术类似的企业或组织的数据中心互为容灾备份中心。

渐进恢复：即"冷备份"，需要准备电源、物理环境、网络线路和计算机设备等，恢复时间一般在 72 小时以上。

中期恢复：即"暖备份"，可以依托第三方容灾备份服务提供商提供此服务，恢复时间可以控制在 72 小时以内。

快速恢复：即"热备份"，可以依托"两地三中心"（生产中心、同城容灾中心、异地容灾中心）的数据中心服务模式来实现 24 小时以内的服务恢复。

立即恢复：提供不间断的灾难恢复服务，如"双活数据中心"（两个数据中心同时对外提供业务生产服务)。

【知识点8】 信息安全管理

1. 信息安全是通过实施一组合适的控制措施确保企业或组织资产的机密性、完整性和可用性不被破坏，以确保满足该企业或组织特定安全和业务目标。

2. 信息安全管理是防止任何IT功能或数据被非授权的人员访问，使潜在的安全隐患和漏洞最小化，降低安全漏洞所造成的影响，开发相应的安全策略，并在可用性管理的环节执行该策略。

3. 企业的安全经理考虑的具体事项有：创建和维护安全策略；沟通和执行策略；指导业务影响分析和风险控制；开发和记录过程控制文档；安全问题的监控与内审；相关补救措施。

【知识点9】 供应商管理

1. 供应商管理是IT服务提供商对其第三方供应商所提供的服务进行管理，以确保第三方供应商的服务可以同样完成服务提供商自身对客户的IT服务所应达到的服务承诺。

2. 对供应商的管理包括管理供应商的关系、洽谈和监控合同、创建和维护供应商合同数据库、管理供应商绩效四个方面的内容。

3. 对供应商管理的关键是保护服务免受不好的供应商绩效影响，确保向客户承诺的服务级别和服务的可用性不因供应商的问题而有所降低。

【知识点10】 设计协调

设计协调流程的目的是提供唯一的接口控制点，对在服务设计阶段所有相关流程的活动和行为进行有效控制，以确保服务设计的目标能够实现。

五 服务转换

【知识点1】 服务转换的概念

服务转换是通过建立一个服务转换框架来为新的或者需要经过变更改良的服务从服务设计到服务运营的转换能力提供指导，并在服务转换的同时控制变更的风险和降低失败的可能性。服务转换的目的就是把商业需求和设计变成可以操作的服务，具体来讲就是把在服务设计阶段所设计的服务内容变成可操作和可执行的服务。

【知识点2】 变更实施

1. 变更。添加、修改或删除可能对服务产生直接或间接影响的任何内容。变更实施的效果要确保有益的变更能够在对IT服务的中断最小的情况下进行，优化了整体业务风险。

2. 变更的类型。标准变更：约定俗成的、预授权的、低成本的、低风险的、众所周知的、执行过程已经被清晰定义的变更。紧急变更：由于重大业务影响的原因要立刻执行的变更。正常变更：除了标准变更和紧急变更之外的所有变更。

3. 变更的流程。变更申请人发起变更，准备变更的原因，提交支持变更的文档和定义变更的成果经验。变更经理根据变更申请人所提供的所有支持文档去审阅变更请求，然后决定是否批准或拒绝此次变更请求。变更被批准后在生产系统由变更执行人去执行。

【知识点3】 服务配置管理

1. 服务配置管理是IT服务提供商对整个企业或组织内部所有服务配置项和配置项之间的相互关系进行精确的定义、控制和管理，以确保它们在服务生命周期的一致性。

2. 配置项是交付服务所需要的可确定的独特实体，如硬件、软件、网络设备、文档等，即数据中心IT基础设施及应用中的所有必须控制的实体。配置管理是一个描述、跟踪和汇报数据中心IT基础设施及应用中的每一个配置项安全生命周期的管理流程。

3. 有效的配置管理能确保IT环境中所有IT软件、硬件设备和系统的配置信息得到有效而完整的记录和维护，并且维护的内容还包括各个IT设备和系统之间的物理和逻辑关系，从而为实现有效的IT服务管理奠定数据基础。

4. 通过了解当前的系统的配置信息和相关的历史状况，服务台工作人员就可以迅速而正确地判断故障的影响范围，并及时找出有效解决方案，从而确保系统的高可用性和高可维护性。

【知识点4】 IT资产管理

1. IT资产管理实践的目的在于计划和管理所有IT资产的整个生命周期，以帮助组织实现价值最大化、控制成本和管理风险。

2. IT资产管理一般涉及资产的接收、入库和分发等相关工作，必要时可要求资产供应商参与验货。资产的库存管理和定期盘点是IT资产管理的日常工作。对资产盘点过程中发现的资产数据差异进行原因分析，并及时更新资产数据。

第一章 信息化建设与管理

【知识点5】 发布管理

1. 发布是由硬件、软件、文档流程组合在一起去实现一个或多个批准的 IT 服务变更的过程，一次集中发布的所有内容统称为一个发布包。发布单元是一些可以在一起发布的硬件和软件的集合，一般只解决一个需求的变更或软件 BUG。

2. 发布管理就是拟定完善的发布计划，并明确发布所需的技能、工具和其他资源，与组织中的其他团队合作，将这些发布计划的预期效果、可能风险和应对措施的预案传达给相关用户和客户。

3. 发布策略。大爆炸式与分阶段式：大爆炸式是一次性地把新的或变更的服务部署到所有用户区域；分阶段式是先在某地区部署服务，随后再逐步推广实施。推式与拉式：推式是将需要部署的服务从中心推广到目标位置；拉式是目标客户端通过访问中心点的软件，下载和更新所需要的软件。

【知识点6】 知识管理

1. 知识管理是通过服务知识管理系统来实现的。服务知识管理系统是一个"数据—信息—知识—智慧"的架构系统。

2. 知识管理的目的是，确保具备相应知识的适合的人在正确的时间实施和维护服务；确保利用正确的信息来帮助决策和运营支持；确保组织在整个服务生命周期中可以通过可靠、安全的信息与数据来改进决策管理。

【知识点7】 服务验证与测试

1. 服务验证与测试是在服务转换环节对新的服务或变更的服务进行验证与测试，以确保服务设计包在落地实施时满足在设计环节的特定要求，即验证服务是否满足服务的功用和功效的需求。

2. 服务验证与测试流程的具体目标是在服务转换项目规定的成本、能力和约束条件下为客户提供价值，并确保服务符合预期的目标和效果。验证与测试需要遵循 IT 服务提供商内部的发布变更策略和设计开发规范。

3. ITIL 4 强调服务验证与测试实践应该贯穿整个开发生命周期。

【知识点8】 变更评价

变更评价是站在变更执行的角度，评价服务的设计方案在真正通过服务转换落地实施时是否取得了预期的效果，是否遵循了标准化的流程。

【知识点9】 项目管理

项目管理计划是用来指导与管理项目实施的，随着项目的进展而渐进明晰。项目管理计划会对项目的范围、时间、成本、质量和风险进行统一的计划和管理。

六 服务运营

【知识点1】 服务运营的概念

1. 服务运营，是指如何通过有效的工具、技术和既定的流程实施服务和运维管理，为客户创造价值和收益。服务运营的目的是在承诺的服务级别协议的基础上成功实现服务的价值。

2. 服务运营是按照与客户签订的服务级别协议，对终端用户提供服务，并且能够有效地管理相关应用和基础设施，确保高效地完成日常服务运营，从而保证客户和服务提供商双方的利益。

【知识点2】 监视和事态管理

1. 监视和事态管理实践的目的在于系统化地观察服务和服务组件，监控并及时报告配置项状态改变的管理实践。

2. 事态一般可以分为信息、告警或异常。对事态的监控一般通过监控工具来实现，监控工具分为主动监控工具和被动监控工具。

3. 监视和事态管理的活动通常包括事态的发生、通知、监测、过滤、关联、响应选择、回顾和关闭等。

【知识点3】 事件管理

1. 事件，是指在IT服务中的一个非计划中断，或者IT服务本身服务性能的降低，包括系统崩溃、硬件或软件故障、任何影响用户当前业务使用和系统正常运作的故障、影响业务流程或违背服务级别协议的情况等。

2. 对事件管理的最主要的目的就是通过对事件生命周期的管理，尽快把由于事件所造成的非正常的服务恢复正常，从而把事件对业务服务的影响最小化。

3. 事件管理流程通常包括故障的识别与记录、故障分类分级与初步诊断、调查与诊断、解决与恢复和故障关闭。故障的识别与记录是事件管理实践的起点。

【知识点4】 服务请求管理

1. 服务请求是来自用户向IT部门提出的各种需求的通用描述，包括IT相关信息的获取、访问权限申请或标准变更的请求等。

2. 服务请求实践负责管理服务请求的整个生命周期，包括以下内容：提供用户请求和接受服务的渠道，并有效地实施服务；为用户提供服务的信息和获取服务的具体步骤；回答用户的一般询问信息，解决用户的投诉和建议等服务请求。

3. 服务请求的实践活动通常包括菜单选择、财务审批、其他审批、执行和关闭等活动。

【知识点5】问题管理

1. 问题管理是负责问题生命周期的管理。问题管理的目的就是防止问题和事件的再发生，以及最大限度降低不可避免的影响。

2. 在问题的生命周期里，问题管理分为问题控制和错误控制两个主要环节。问题控制环节：通过对问题的根源分析，把未知的问题变成一个已知的错误。错误控制环节：通过必要的操作或变更来消除引发故障的深层根源，以防止类似故障再次发生。

3. 问题管理分类。被动问题管理：当问题发生后，找出导致该问题发生的根本原因，并提出解决措施或者纠正建议。主动问题管理：通过日常运维巡检等方式主动找到数据中心的薄弱环节，阻止故障或问题再发生，并提出消除这些薄弱环节的建议。

4. 问题管理的流程活动通常包括问题监测与记录、审核与分派、分析与诊断、技术升级、问题解决和问题关闭。

5. 问题的监测与记录是问题管理流程的起点。

6. 审核与分派的目的是对每个问题申请进行审核，判断是否构成问题，并对问题申请的内容完整性进行审核，以及确定问题解决的人选并分派问题。

7. 分析与诊断的目标是对问题进行深入的调查、分析与诊断，以寻找问题的解决方案。

8. 技术升级的重点是明确技术升级机制。

9. 问题解决是尝试使用最终解决方案或变通的方法来解决问题。

10. 问题关闭是问题管理流程的最后阶段，需要在关闭问题前完成必要的收尾工作。问题的关闭可以由问题经理执行。在问题关闭阶段，问题经理应对问题的记录信息进行回顾总结，确保信息的完整性与准确性。

11. 问题管理所要达到的目标包括以下三项：将由IT基础架构中的错误引起的事件和问题对业务的影响降低到最低限度；查明事件或问题产生的根本原因，制定解决方案和防止事件再次发生的预防措施；实施主动问题管理，在事件发生之前发现和解决可能导致事件产生的问题。

【知识点6】 服务台

1. 服务台是支持 IT 服务的一线服务人员的团队总称。服务台作为终端用户和 IT 服务提供商的唯一联系方式，处理故障和服务请求。服务台提供一线（Level 1）支持的服务职能，记录和管理所有的故障、服务请求或访问请求，并提供和其他的服务支持流程的接口。

2. 服务台的职责包括：收到并记录用户的所有呼入，对事件进行分类；根据事件的紧急程度和影响的大小来制定优先级；对事件进行初始化的评估和提供不同事件级别解决方案；监控服务请求或事件处理过程，必要时将事件升级给其他部门进行及时解决；当事件解决后，在得到用户对该次服务的满意度确认后，关闭事件单；及时通知用户关于事件的状态和任何进展。

3. 服务台的分类。本地服务台：在本地，只支持本地的用户。集中服务台：支持来自不同城市或地区的客户。虚拟服务台：服务人员可以在不同的城市或国家，但是在终端用户看来所有服务台使用统一的呼入或接入号码，用户感觉就像只得到一个唯一的服务组织在给他们提供服务一样。日不落服务台或向日葵服务台：可以理解为一种特殊的虚拟服务台，可以支持 7×24 小时服务，服务台调度和控制系统会把客户的呼叫转移到白天有服务人员上班的国家或地区。

4. 服务台一般建立在业界比较成熟的呼叫中心系统之上。呼叫中心系统提供 IT 服务热线的电话接入系统，提供 IT 和业务应用服务台的一线支持。呼叫中心一般为全数字化的交换系统，支持话音交换、数字传输、语音压缩、IP 接入、计算机和电话集成接口（CTI）、交互式语音应答（IVR）等功能。

5. 呼叫中心系统应该包括以下核心功能：具备告警功能，记录重大的系统故障或者硬件失效，以及系统工作的一般信息；具有内置放音功能；呼叫特种业务、三方通话、强插、语音信箱、来电主叫号码显示及传送；能进行话务数据的统计和测试；兼容目前使用的数字或模拟电话系统。

七 持续服务改进

【知识点1】 持续服务改进的概念

持续服务改进是通过对 IT 服务管理流程和 IT 服务本身全生命周期的不断改进，来持续保持服务对客户的价值，包括持续度量和改进服务能力、改进服务的有效性并提高 IT 服务的效率等。IT 服务提供商负责对服务进行持续改进，对服务管理的具体实践和方法进行改良，并撰写服务改进计划。

【知识点2】 戴明环

1. 戴明环也称 PDCA 循环。戴明环诠释了全面质量管理活动的全过程所应遵循的科学程序。PDCA 循环就是按照 P—D—C—A 的顺序进行质量管理，并周而复始地进行下去。该循环的四个主要阶段是"计划、执行、检查、处理"，之后还有巩固阶段，可避免此循环前功尽弃。

2. PDCA 四个阶段如下：

（1）P（Plan）计划：不仅包括目标，还包括实现目标所需要采取的措施。

（2）D（Do）执行：按计划去实施。

（3）C（Check）检查：按预期目标去检查工作结果，找出问题和原因。

（4）A（Act）处理：对总结检查的结果进行整理，将经验和教训的内容制定成参照标准，形成制度。对于没有解决的问题，应提交给下一个 PDCA 循环去解决。

【知识点3】 持续改进

第一步：确定该测量什么，识别改进战略，从战略愿景到商业需求、战略、战术目标，运营目标，对改进提出全方位的需求。设置应该度量的目标。

第二步：定义什么是能够度量的，分析什么是所需要的、什么是可度量的、什么是与可度量的差距，并把差距分析报告给客户和 IT 管理层。

第三步：收集数据，通过监控工具和手工处理来监控和采集预定义的度量数据，监控主要关注服务的流程、执行的效率和效果，收集的重点是能够体现当前 IT 服务质量的关键数据。

第四步：处理数据，把原始数据转成需要的格式，如结构化报表。

第五步：分析数据，把数据和信息转换成能够影响企业或组织的知识，如分析数据的关系、发展趋势和例外条件是否被触发等。

第六步：展现和使用信息，以容易理解的方式把获得的知识展示出来，并作为管理层用来作战略、战术和运营决策分析的参考依据。

第七步：执行改进措施，用获得的知识来优化、提高和矫正当前的服务流程。

测量的七个步骤看上去形成了一个活动环，在实践中，在组织的一个层面获得的知识和由此知识衍生出的智慧成为输入下一层面的数据。

【知识点4】 六西格玛质量管理标准

六西格玛（Six Sigma）是一种管理策略，根本目标是实施一项基于测量的战略。该战略侧重于通过应用六西格玛改进项目实现流程改进和偏差降低。可通过使用两个六西格玛子方法来完成：DMAIC 和 DMADV。

1. DMAIC（Define-Measure-Analyze-Improve-Control）主要用于已经有的过程的改进，目的在于降低缺陷和质量成本，提高过程能力。

2. DMADV（Define-Measure-Analyze-Design-Verify）主要用于新产品的开发和设计、产品的重大变更。

3. DMAIC 与 DMADV 的主要区别：DMAIC 是对当前低于六西格玛的项目进行定义、度量、分析、改善以及控制的过程。DMADV 是对试图达到六西格玛质量的新产品或项目进行定义、度量、分析、设计和验证的过程。

【知识点5】 服务度量

1. 服务度量的目的是确保服务度量的目标和度量手段符合业务持续的改进需求。服务度量是在充分理解业务流程的前提下，结合组织的战略目标和运营的指标来具体定义服务需要度量的内容和指标。

2. 服务度量的目标：校验以前的决定是否正确；指导行为去满足设定的目标；由实际的证据去证明行为的正确性；在适当的点进行干预和执行改进行为。

3. 平衡计分卡是从财务视角、客户视角、内部运营视角、学习与成长视角四个视角，将组织的战略落实为可操作的衡量指标和目标值的一种新型绩效管理体系。平衡计分卡是对企业长期战略目标进行有效评估的综合方法，通过把组织的远景转变为一组四个视角组成的绩效指标架构，来评价组织的绩效。

【知识点6】 服务报告

1. 服务报告是服务提供商对服务质量的具体呈现，一般是指按照和客户达成的服务级别协议每月或每季度呈现的 SLA（服务级别协议）达成情况的报表。

2. 通常，服务报告内容有：报告的目的；目标读者；报告概述；本月（季）度服务总体汇总；下月（季）度服务总体汇总；服务绩效详细 KPI；重大事件回顾；重大变更回顾；IT 服务趋势分析；客户满意度分析；报告数据来源等。

3. ITIL 4 兼容精益思想，服务度量和服务报告实践也秉承精益思想和持续改进的思想。精益思想的本源来自制造业。精益的根本目的是实现产品价值。价值的实现通常需要三个支撑：对人的尊重，即文化支撑；产品开发流，即价值流程图支撑；小而不间断的改进，即不断完善支撑。

八 IT 服务管理项目规划与实施

【知识点1】 SMART 原则

对于具体的 IT 服务管理实施的项目，在制定项目目标时要遵循 SMART 原则。

1. S（Specific）：项目目标要具体化，不可以抽象模糊。
2. M（Measurable）：项目目标要量化和可衡量。
3. A（Attainable）：项目目标要可以达成。
4. R（Relevant）：项目目标要与企业组织或组织的战略相关。
5. T（Time-bounding）：项目要在规定时间内完成。

【知识点2】 IT 服务管理项目成功的关键

1. 引进严格的项目管理制度。
2. 全面、完整地了解目前企业 IT 服务状况并分阶段实施。
3. 有效的流程构造和 IT 工具的使用。
4. 管理相关方的期望和平衡制约因素。
5. 项目经理和 IT 架构师的成功合作。

【知识点3】 IT 架构管理

1. IT 系统架构是一种包括软件和硬件模块的结构设计，描述了这些模块内部的逻辑结构、模块对外的接口属性和方法，以及模块之间的连接和关系等。

2. 组件通过标准的接口定义把组件内部的能力向外部提供出来，特别是对外提供使用组件所提供的内部数据、属性和方法等。

3. 设计组件的原则。低耦合组件降低组件之间的依赖性；高内聚组件把相关功能整合起来，放入一个组件内；分层的组件管理，把系统内部的组件根据不同的抽象层面分开。

【知识点4】 IT 服务管理咨询和实施的阶段

1. 评估规划阶段。对现状数据收集和梳理。
2. 流程概要设计阶段。考虑支持服务请求、问题管理和知识管理的相关内容，并最终提供管理流程设计文档给客户。
3. 详细设计、定制开发与实施阶段。为未来的 IT 服务管理工具设计必要的角色和组，确认流程在工具中的常用任务，确定适合的 IT 服务管理工具部署方案。
4. 提供服务阶段。IT 服务管理工具实施团队需要在新 IT 服务管理系统试运行期提供现场支持，并对在最初流程设计阶段未完全满足的功能需求进行调整和进一步实现。

九、开发运维一体化 DevOps

【知识点1】 DevOps 的定义

DevOps 是"开发"和"运维"两个词的缩写。可以把 DevOps 看作对敏捷软件开发和精益思想的演进，以产品或服务端到端的价值交付为视角，应用现代信息技术，并通过文化、组织与技术变革获得更大的成功。

【知识点2】 DevOps 要解决的三个关键问题

1. 价值的交付。已经被目标客户或用户在市场上使用的产品才真正体现其价值的交付。

2. 减少技术债。技术债，在开发的层面是指开发人员为了缩短开发的交付周期或降低开发难度而选择的不太优化的方案来实现软件的基本功能。

3. 消除脆弱性。消除生产系统的脆弱性，正好关联 ITIL 的 IT 服务连续性管理实践。

【知识点3】 DevOps 与敏捷开发的关系

DevOps 关于开发部分主要应用敏捷的最佳实践，如精益开发、极限编程等。DevOps 在继承敏捷优势的同时，更加强调 IT 服务或应用全生命周期的管控，包括运营的管控，更加强调应用自动化的部署及自动化测试平台和微服务技术。

【知识点4】 DevOps 与 ITIL 的关系

ITIL 强调以流程为驱动，DevOps 更加强调通过自动化的平台和工具实现自动化运维。DevOps 追求更短的软件发布周期和更频繁的部署，DevOps 实现对 ITIL 的部署管理、服务验证、测试实践更全面的自动化。

第二章
计算机终端设备

>> 知识架构

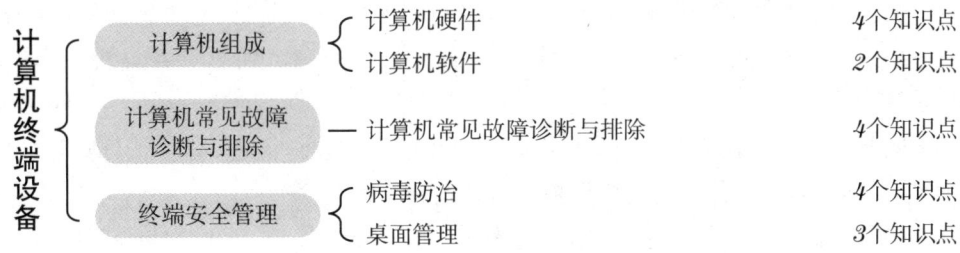

>> 第一节 计算机组成

一、计算机硬件

【知识点1】 计算机硬件结构

计算机硬件一般由主机和外部设备组成，其中主机包含中央处理器和内存储器，外部设备包含外存储器、输入设备、输出设备等。其中，中央处理器主要由运算器、控制器和寄存器、高速缓存等构成。

【知识点2】 常见的计算机部件

1. 中央处理器（Central Precessing Unit，CPU）。CPU是一台计算机的运算核心和控制核心。其功能主要是解释计算机指令以及处理计算机软件中的数据。CPU由运算器、控制器、寄存器、高速缓存及实现它们之间联系的数据、控制及状态的总线构成。

2. 内存（Memory）。内存也称内存储器，其作用是用于暂时存放CPU中的运算数据，以及与硬盘等外存储器交换的数据。只要计算机在运行中，CPU就会把需要运算的数据调到内存中进行运算，当运算完成后再将结果传送出来。内存的运行决定了计算机的运行。

3. 硬盘。硬盘属于外存储器，由金属磁片制成，利用磁片的记忆功能，存储到磁片上的数据不论是在开机状态，还是关机状态，都不会丢失。硬盘接口有IDE、SATA、

SCSI等，其中SATA最普遍。

固态硬盘是固态驱动器（Solid State Disk，SSD）的俗称，固态硬盘是用固态电子存储芯片阵列而制成的硬盘。固态硬盘具有读取速度快、无噪声、工作温度范围大、不怕撞击等优点，缺点是价格高、容量相对较小。

4. 主板。主板是计算机各个部件工作的一个平台，它把计算机的各个部件紧密连接在一起，各个部件通过主板进行数据传输，它工作的稳定性影响着整机工作的稳定性。

5. 声卡。声卡是组成多媒体计算机必不可少的一个硬件设备，其作用是当发出播放命令后，将声音数字信号转换成模拟信号传送到音箱上发出声音。

6. 显卡。显卡在工作时与显示器配合输出图形和文字，其作用是将计算机系统所需要显示的信息进行转换驱动，并向显示器提供行扫描信号，控制显示器的正确显示，是连接显示器和个人计算机主板的重要元件，是"人机对话"的重要设备之一。

7. 网卡。网卡是工作在数据链路层的网络组件，是局域网中连接计算机和传输介质的接口。其作用是充当计算机与网线之间的桥梁，它是用来建立局域网并连接到互联网的重要设备之一。在整合型主板中常把声卡、显卡、网卡部分或全部集成在主板上。

【知识点3】 CPU结构

1. CPU是计算机系统的核心部件，它负责获取程序指令、对指令进行译码并加以执行。CPU的功能包括程序控制、操作控制、时间控制、数据处理（还可以对系统内部和外部的中断异常做出响应，进行响应处理）。

2. 运算器是数据加工处理部件，由算术逻辑单元（ALU）、累加寄存器（AC）组成，用于完成各种算术和逻辑运算。运算器所进行的全部操作都是由控制器发出的控制信号指挥的。

【知识点4】 计算机的可靠性

1. 计算机的可靠性是指从其开始运行到某时刻 t 这段时间内能正常运行的概率，用R表示。所谓失效率，是指单位时间内失效的元件数与元件总数的比例，用 λ 表示。两次故障之间系统能正常工作的时间平均值称为平均无故障时间（Mean Time Between Failure，MTBF），即

$$MTBF = \frac{1}{\lambda}$$

2. 平均修复时间（Mean Time To Repair，MTTR）表示计算机的可维修性，即计算机的维修效率，指从故障发生到机器修复平均所需要的时间。计算机的可用性是指计

算机的使用效率，它以系统在执行任务的任意时刻能正常工作的概率 A 来表示，即
$$A = \text{MTBF} / (\text{MTBF} + \text{MTTR})$$

3. 计算机可靠性模型。

（1）串联系统

可靠性 $R = R_1 \times R_2 \times R_3 \times \cdots \times R_n$

（2）并联系统

可靠性 $R = 1 - (1 - R_1) \times (1 - R_2) \times (1 - R_3) \times \cdots \times (1 - R_n)$

二、计算机软件

【知识点1】系统软件

1. 系统软件由一组控制计算机系统并管理其资源的程序组成，无须用户干预，其主要功能是调度、监控和维护计算机系统，负责管理计算机系统中各种独立的硬件，使得它们可以协调工作。

2. 操作系统是管理、控制和监督计算机软件、硬件资源协调运行的程序系统，由一系列具有不同控制和管理功能的程序组成，它是直接运行在计算机硬件上的、最基本的系统软件，是系统软件的核心。

3. 操作系统的主要用途有两个：一是方便用户使用计算机，是用户和计算机的接口；二是统一管理计算机系统的全部资源，合理组织计算机工作流程，以便充分、合理地发挥计算机的效率。

4. 操作系统通常应包括下列五大功能模块：

（1）处理器管理。当多个程序同时运行时，解决处理器（CPU）时间的分配问题。

（2）作业管理。将完成某个独立任务的程序及其所需的数据称为一个作业。作业管理的任务主要是为用户提供一个使用计算机的界面，以方便其运行自己的作业，并对所有进入系统的作业进行调度和控制，尽可能高效地利用整个系统的资源。

（3）存储器管理。为各个程序及其使用的数据分配存储空间，并保证它们互不干扰。

（4）设备管理。根据用户提出的使用设备请求进行设备分配，同时还能随时接收设备的请求（称为中断），如要求输入信息。

（5）文件管理。主要负责文件的存储、检索、共享和保护，为用户提供文件操作的便利性。

5. 操作系统依其功能和特性可分为批处理操作系统、分时操作系统和实时操作系统等；依同时管理用户数的多少可分为单用户操作系统和多用户操作系统。

6. 人和计算机交流信息使用的语言称为计算机语言或程序设计语言。计算机语言

通常分为机器语言、汇编语言和高级语言三类。要在计算机上运行高级语言程序就必须配备程序语言翻译程序（以下简称翻译程序）。翻译程序本身是一组程序，不同的高级语言都有相应的翻译程序。翻译的方法有以下两种：

（1）编译方式，是指利用事先编好的一个称为编译程序的机器语言程序，作为系统软件存放在计算机内，当用户将高级语言编写的源程序输入计算机后，编译程序便把源程序整个地翻译成用机器语言表示的与之等价的目标程序，然后计算机再执行该目标程序，以完成源程序要处理的运算并取得结果。

（2）解释方式，是指源程序进入计算机后，解释程序边扫描边解释，逐句输入逐句翻译，计算机一句句执行，并不产生目标程序。这种方式速度较慢，每次运行都要经过"解释"，边解释边执行。

7. 对源程序进行解释和编译任务的程序分别叫作解释程序和编译程序。采用解释方式的编程语言有 BASIC、PHP、JavaScript。采用编译方式的编程语言有 C、C++、Delphi、Pascal、Fortran。

8. Java 代码首先由编译器编译成 .class 文件，然后通过 Java 虚拟机（Java Virtual Machine，JVM）解释 .class 文件。因此，通常将 Java 认为采用解释方式的编程语言。类似的还有 Python 语言，在代码运行前，先编译成中间代码，然后通过虚拟机来解释执行中间代码；也可以将 Python 代码直接解释执行。

9. 数据库，是指按照一定联系存储的数据集合，可为多种应用共享。数据库管理系统（Data Base Management System，DBMS）是能够对数据库进行加工、管理的系统软件。

【知识点2】 应用软件

1. 为解决各类实际问题而设计的程序系统称为应用软件，与系统软件相对应。从其服务对象的角度又可分为通用软件、专用软件、中间件三类。应用软件可以拓宽计算机系统的应用领域，放大硬件的功能。

2. 税务系统常见的通用软件有 Microsoft Office 系列软件、WPS 办公软件、360 安全卫士、360 杀毒软件等。

3. 专用软件是为专业用途提供服务的软件，常见的专业软件有财务软件、图像处理软件、多媒体处理软件等。税务系统使用的综合办公系统、人事管理系统、金税三期管理系统等都属于专用软件的范畴。

4. 中间件是一种独立的系统软件或服务程序，分布式应用软件借助这种软件可在不同的技术之间共享资源。中间件位于客户机/服务器的操作系统之上，管理计算机资源和网络通信，是连接两个独立应用程序或独立系统的软件。税务系统常用的中间件主要有 Oracle 公司的 WebLogic、IBM 公司的 Web-Sphere MQ 及 Sun 公司的 Tomcat 等。

>> 第二节
计算机常见故障诊断与排除

● 计算机常见故障诊断与排除

【知识点1】 常见计算机故障

计算机常见的故障有三大类,即软件故障、硬件故障和硬件软故障。

1. 软件故障具体表现为操作系统的系统文件被破坏、系统配置出错、受到病毒感染、应用软件遭到破坏、数据文件丢失或安装了不应安装的软件等。发生故障时,有时只影响某个软件的使用,严重时可能导致死机,但一般不会对硬件设备造成破坏。

2. 硬件故障是指电脑系统的硬件,如元器件、集成电路等发生实质性的故障。

3. 硬件软故障即硬件配置数据出错、丢失,或操作系统中的硬件设置有误。所谓计算机硬件配置的设置数据,就是指主板上 CMOS 程序的设置。CMOS 是计算机主板上的一块可读写的 RAM 芯片,用来存放当前计算机系统的硬件配置参数、用户对计算机某些功能的设置参数。这些参数的错误和丢失会使计算机的某些配件和功能不能使用,甚至出现计算机死机现象。常见的硬件软故障一般都是由 CMOS 设置不当造成的。

硬件软故障一般表现为硬件设备不能被识别、系统资源占用冲突、相关软件不能运行或设备运行效率下降等。硬件软故障是最常见的故障现象。

【知识点2】 计算机故障检测原则

1. 计算机故障的检测手段有软件检测和硬件检测两种,一般应遵循先进行软件检测,然后进行硬件检测的原则。

2. 软件检测是在计算机能启动,并可进行一系列设置,或在可以运行测试软件的前提下进行,以查出软件故障或硬件故障,该方法主要用于诊断一些非致命性故障。

(1)先查病毒。计算机发展迅速,病毒程序的水平也在提高。几乎任何计算机故障都有可能是病毒造成的,如计算机运行过程中的死机现象、计算机设置的丢失等。因此,应常备病毒清查软件,如360、瑞星等。只要计算机还能启动,就应立即对整个计算机系统进行杀毒。

(2)先设置,后诊断软件。在查过病毒后,应先检查各种设置数据是否有错,然后使用专门的诊断软件进行检查。

（3）先应用软件，后系统软件。计算机故障一般都发生在应用软件的运行过程中。因此，一旦发生故障，应先检查应用软件是否有问题，然后检查操作系统等系统软件是否正常。

（4）避免增加故障。有些诊断软件需在进行软件检测时安装，有些诊断软件对运行环境的要求较高，或者急于求成，可能造成安装诊断软件时又一次发生死机等现象，这就雪上加霜，增加了检测难度。因此，安装诊断软件时应特别小心，并且尽量使用对运行环境要求较低的诊断软件。

3. 硬件检测就是通过对计算机部件的插拔等动作，逐渐查出故障源。硬件检测应遵循下列原则：先分析出错原因和可能的故障源，再动手；故障检测应先检查表面现象然后检查内部设备；先检查电源部分；先外部设备后主机；先在冷（不通电）的状态下检查，在确信可通电时才可进行热（通电）检查；先从简单原因查起，后查复杂原因；先查主要故障，后查次要故障。

【知识点3】 计算机故障的检测方法

常用的计算机故障检测方法有直接观察法、拔插交换法、信息提示检测法、分割缩小法、软件检测法等。以下仅介绍前三种方法。

1. 直接观察法。即观察计算机的插板、插头和插座是否倾斜、松动或脱落，各个配件上的针脚是否整齐，电阻、电容引脚是否相碰、表面是否烧焦，芯片的表面是否开裂或有焦痕；还要查看是否有异物掉进主板的元器件之间（可能造成短路）以及CPU的风扇是否转动等。

2. 拔插交换法。该方法就是关机将插件逐块拔出，每拔出一块插件板开机观察机器运行状态，一旦拔出某块后主板运行正常，那么故障原因就是该插件板故障或相应I/O总线插槽及负载电路故障。若拔出所有插件板后系统启动仍不正常，则故障很可能就在主板上。

3. 信息提示检测法。计算机启动时ROM-BIOS会自动检测计算机的配置情况，所查内容与计算机的配置设置（CMOS）不符时，即显示出错信息或通过机箱内的小喇叭报警。

【知识点4】 计算机不能启动

1. 计算机的启动过程。

当主板以及主板的扩充部分存在致命性故障时，CPU就停止工作，形成"死机"现象。

计算机加电后，CPU就开始工作，首先CPU自我检查，然后检测BIOS芯片，并执行BIOS程序；若BIOS芯片无故障，则进一步检测DMA（内存与输入输出设备直接数据传送通道，也称作直接内存存取通道）控制器、中断控制器等芯片。此时计算机有了显示、声音等基本功能。

之后检测 CMOS 中所涉及的部件，如内存、键盘、扩展卡、硬盘等配件以及这些配件所请求的 DMA 号、IRQ（中断请求）号、I/O 地址是否发生冲突。通过这些硬件检测后，CPU 开始在硬盘或 CD-ROM 的引导区查找引导记录并启动操作系统，等待用户输入命令。这一过程就是计算机的启动过程，其中任何一个环节（除了可忽略的，如鼠标损坏等）出现故障，启动就告失败。

2. 计算机启动失败的原因。

（1）BIOS 芯片故障。BIOS 芯片损坏或芯片中的自检程序混乱会造成计算机启动失败。电源不稳定可能使 BIOS 芯片损坏。病毒、BIOS 升级失败以及电源不稳定都可能使自检程序混乱。

（2）主板上的其他芯片损坏。电源不稳定可能使主板上的其他芯片损坏，从而导致启动失败。

（3）内存故障。接触不良、内存速度不匹配、不同规格的内存混用都可能造成内存的故障。启动时，小喇叭会报警。

（4）键盘、扩展卡故障。当显示卡、声卡、网卡等扩展卡与主板接触不良或已损坏而产生故障以及键盘存在故障，启动时，小喇叭均会报警。

（5）驱动器故障。接触不良、信号线接反（驱动器指示灯会长亮）等驱动器故障。内存、扩展卡检测后遇到这一故障时即停止启动。

（6）端口冲突。各输入、输出设备（键盘、显卡、鼠标器、驱动器、声卡、网卡、打印机等）的 DMA 号、IRQ 号、I/O 地址发生冲突，即有多个设备争用一个端口，也会引起启动失败。

（7）驱动器内无操作系统或操作系统损坏。操作系统可能会因为磁盘介质损坏或感染病毒而不能运行。

3. 计算机启动失败的处理。

用户可根据以上这些原因，结合前面的介绍，逐一查出故障源并加以排除。检查故障时，用户首先应检查病毒，另外，电源不稳定可能是物理性故障的起因，这也应引起用户的重视。

第三节 终端安全管理

一、病毒防治

【知识点1】 计算机病毒的概念

1. 计算机病毒是编制者在计算机程序中插入的破坏计算机功能或者数据的代码，能影响计算机使用，能自我复制的一组计算机指令或程序代码。

2. 计算机病毒具有传播性、隐蔽性、感染性、潜伏性、可继发性、表现性或破坏性等特征。

3. 计算机病毒按病毒存在的媒体可分为：网络病毒，通过计算机网络传播感染网络中的可执行文件；文件病毒，感染计算机中的文件；引导型病毒，感染启动扇区（Boot）和硬盘的系统引导扇区（MBR）。

计算机病毒按寄生方式可分为引导型病毒、文件型病毒和混合型病毒。混合型病毒指具有引导型病毒和文件型病毒寄生方式的计算机病毒。

【知识点2】 中病毒的症状

电脑中病毒的主要症状包括：莫名其妙地死机；突然重新启动或无法启动；程序不能运行；磁盘坏簇莫名其妙地增多；磁盘空间变小；系统启动变慢；数据和程序丢失；出现异常的声音、音乐或出现一些无意义的画面问候语等；正常的外设使用异常，如打印出现问题、键盘输入的字符与屏幕显示不一致等；异常要求用户输入口令。

【知识点3】 木马程序

1. 木马，是指隐藏在正常程序中的一段具有特殊功能的恶意代码，是具备破坏和删除文件、发送密码、记录键盘和攻击DoS等特殊功能的后门程序。木马是计算机黑客用于远程控制计算机的程序，将控制程序寄生于被控制的计算机系统中，里应外合，对被感染木马程序的计算机实施操作。

2. 木马通常被认为是病毒的一种，其与一般病毒的主要区别是病毒具有感染性，而木马一般不具有感染性。另外，病毒发作会被察觉到，而木马在后台工作。因此，将木马从病毒中独立出来，称为木马程序。

【知识点 4】 防病毒技术

防病毒技术可以直观地分为病毒预防技术、病毒检测技术及病毒清除技术。

1. 病毒预防技术就是通过一定的技术手段防止计算机病毒对系统的传染和破坏。计算机病毒的预防是对病毒的规则进行分类处理，依此方法，在程序运作中凡有类似的规则出现则认定是计算机病毒。病毒预防技术包括：磁盘引导区保护、加密可执行程序、读写控制技术、系统监控技术等。

2. 病毒检测技术，是指通过一定的技术手段判定出特定计算机病毒的一种技术。它包括两种形式：一种是根据计算机病毒的关键字、特征程序段内容、病毒特征及传染方式、文件长度的变化，在特征分类的基础上建立的病毒检测技术；另一种是不针对具体病毒程序的自身校验技术。

3. 病毒清除技术是计算机病毒检测技术发展的必然结果，是计算机病毒传染程序的一种逆过程。目前，大多是在某种病毒出现后，通过对其进行分析，研制出来具有相应解毒功能的软件，从而清除病毒。

二、桌面管理

【知识点 1】 网络行为监控

网络监控系统可以采用 C/S 模式，在每台计算机上安装一个安全的隐形监控代理，从而获取 Windows 操作系统的各种详细信息，提供详细的计算机环境信息。监控服务器是网络中的监控管理中心，存放所有的监控策略，并实时接受监控代理的违规记录和其他日志记录。监控服务器应由安全管理员或网络管理员通过监控管理中心进行远程管理。

【知识点 2】 内网安全防护措施

内网安全防护措施包括防止局域网内所有计算机终端各种途径的非授权信息泄密（如 U 盘复制、邮件发送、文件打印等）。防止局域网内所有计算机终端各种途径的非授权互联网访问（如违规拨号上网、访问非法网页等）。主动对计算机内机密进行高强度加密，防止机密文件丢失造成泄密；对局域网内的网络行为进行记录、审计、分析、预警，并在必要时进行追溯、取证和查处（如截取计算机终端屏幕图片用于取证等）。

【知识点 3】 税务系统桌面管理

税务系统终端安全防护系统提供资产管理、软件管理、补丁分发管理、安全管理、终端审计及桌面报警处置等安全功能，根据桌面终端安全管理与防护需要可分为全局

信息技术岗位知识与技能

策略、本地策略、特殊策略。这三种策略由管理员在策略管理中心设定,通过设置策略的开启、关闭,执行范围,时间周期及策略级联等参数项实现。

1. 全局策略。由税务总局统一制定,适用于系统专网内所有计算机终端,各级网络必须严格执行,未经税务总局批准不得擅自修改或停用。

2. 本地策略。各级管理员可以根据本区域网络的管理需要进行制定,以加强对终端的管理。

3. 特殊策略。此类策略是各地管理员为适应当地管理特殊需要,或者根据管理需要暂时不予以启用的策略,是对常规桌面管理策略进行修正或补充,或者替代正在执行的策略。

第三章 通信与网络

>> 知识架构

通信与网络	计算机网络基础	计算机网络基本概念和分类	3个知识点
		OSI体系结构模型	8个知识点
		TCP/IP体系结构模型	4个知识点
	局域网基础知识	IEEE 802参考模型	3个知识点
		局域网拓扑结构	6个知识点
		局域网介质访问控制技术	6个知识点
		无线局域网	3个知识点
	数据通信基础	数据通信系统	14个知识点
		数据编码与数据传输	4个知识点
		传输介质	4个知识点
		数据交换技术	4个知识点
	Internet基础	IP地址	9个知识点
		网络层协议	4个知识点
		传输层协议	4个知识点
		应用层协议	7个知识点
	网络互联技术与设备	网络互联与网络设备	4个知识点
		接入网技术	4个知识点
		虚拟专用网	4个知识点
		广域网技术	2个知识点
		路由协议	5个知识点
		交换机基本配置	5个知识点
		路由器基本配置	5个知识点
	网络管理	网络管理基础知识	1个知识点
		简单网络管理协议	3个知识点
		网络诊断和配置命令	8个知识点
		网络故障的分析和排除	3个知识点
	物联网	物联网基本概念	2个知识点
		物联网关键技术	6个知识点
	区块链	区块链概述	3个知识点
		区块链关键技术	5个知识点
		区块链面临的问题	3个知识点
		区块链在税务领域的应用	2个知识点
	网络规划与建设	网络规划与分层设计	3个知识点
		设备选择	5个知识点
		综合布线	4个知识点
		税务系统省级广域网设计	4个知识点

第一节 计算机网络基础

一、计算机网络基本概念和分类

【知识点1】 计算机网络的概念

1. 计算机网络是把分散的、具有独立功能的计算机系统通过通信设备和通信线路互相连接起来,在特定的通信协议和网络系统软件的支持下,彼此互相通信并共享资源的系统。

2. 计算机网络按逻辑功能分为通信子网与资源子网。资源子网由主机、终端及软件等组成,提供访问网络和处理数据的能力;通信子网由网络节点、通信链路及信号变换器等组成,负责数据在网络中的传输与通信控制。

【知识点2】 计算机网络的分类

1. 按网络覆盖的范围大小可分为局域网、城域网和广域网。局域网(Local Area Network,LAN)覆盖地理范围一般在一千米到几千米。城域网(Metropolitan Area Network,MAN)的使用范围是一个城市,它是适应多种业务、多种网络协议及多种数据传输速率的网络连接。广域网(Wide Area Network,WAN)使用范围通常为几十千米到几千千米,是长距离传输数据的网络连接。

2. 按网络拓扑结构可分为总线型网络、星型网络、环型网络、树型网络和网状网络。

3. 按信号频带占用方式可分为基带网和宽带网。

4. 按网络的数据传输与交换系统的所有权可分为公用网和专用网。公用网是由国家电信部门组建、经营管理、为公众提供服务的网络;专用网由一个政府部门、行业或一个公司等组建经营,未经许可其他部门和单位不得使用。

5. 按通信介质可分为有线网和无线网。有线网是采用同轴电缆、双绞线、光纤等物理介质来传输数据的网络;无线网是采用卫星、微波、电磁波等无线形式来传输数据的网络。

【知识点3】 协议的概念

网络中相互连接的计算机之间要实现相互通信就必须具有相同的语言,交换什么、何时交换、怎样交换等都必须遵守约定好的规则。这些规则的集合称为协议（Protocol）。协议有三个要素：

（1）语法。用来规定信息格式、数据及控制信息的格式、编码及信号电平等。

（2）语义。用来说明通信双方应当怎么做，用于协调与差错处理的控制信息。

（3）定时。用来定义何时进行通信，先讲什么、后讲什么、讲话的速度等，包括速度匹配和数据排序。

二 OSI 体系结构模型

【知识点1】 OSI 参考模型

OSI 参考模型将计算机网络按功能划分为七层结构，每一层结构都代表了同层的对等实体的通信协议结构，各层从下往上依次为：物理层、数据链路层、网络层、传输层、会话层、表示层、应用层。

【知识点2】 物理层

物理层处于 OSI 参考模型的最下层，为数据链路层提供物理连接，主要实现比特流的透明传输，所传输数据的单位是比特。物理层定义了传输介质接口、数据信号编码、电压表示、接头尺寸以及和比特数据流传输相关的各种内容。

【知识点3】 数据链路层

1. 数据链路层是在物理层的比特流传输的基础上，加强数据传输的可靠性，也就是要在不可靠的物理链路之上建立可靠的数据传输。数据链路层负责实现在通信节点之间建立起数据链路的连接，比物理层传输增加了差错控制和比特数据流的处理功能。

2. 数据链路层将比特数据流组合成数据块，这种数据块在数据链路层中就称为数据帧（Data Frame）。数据帧是数据链路层所处理的基本数据单位，数据发送方将要传输的数据进行分装，形成多个数据帧，一个数据帧往往包含了几百或几千个字节。这些数据帧将在数据链路层的控制之下进行传输。

3. 数据链路层划分为两个子层：介质访问控制层（Media Access Control，MAC）和逻辑链路控制层（Logical Link Control，LLC）。MAC 控制所有与传输介质有关的内容，并为 LLC 子层提供接口服务。这样即使物理介质发生改变，也不会影响其上的高层协议。LLC 为更高层的协议提供逻辑接口服务，如为网络层提供数据报、虚电路控制以及多路复用技术等。

【知识点 4】 网络层

在 OSI 参考模型中，最底下的三层也被称为通信子网，主要实现数据通信的功能。网络层的功能是实现通信节点之间端到端的数据传输。正是在网络层上，异构的物理网络设备才可以实现互联。路由选择、拥塞控制是网络层中的重要技术。

【知识点 5】 传输层

传输层协议是用户资源子网和通信子网之间的桥梁。传输层彻底屏蔽了通信子网中的传输细节，实现了用户资源子网中通信节点间逻辑层面的通信。传输层负责管理发送端和接收端之间端口到端口的数据交换，保证数据被完整无错地传输。传输层从更上一层的会话层接收用户数据，完成传输地址到网络地址的映射，并将数据转换为可用通信数据子网进行传输的数据格式，然后交给通信子网进行发送。传输层还提供序列控制、流量控制和错误的检测恢复等功能。

【知识点 6】 会话层

会话层提供会话管理的功能，允许在机器上的不同用户之间建立会话关系。会话层建立在下层传输层提供的服务基础上，负责打开或者关闭会话。会话层在连接出现错误时试图进行恢复。如果会话层检测到一个连接长时间没有被使用，将会关闭连接并在需要使用时再重新打开连接。这个连接的控制过程对上层的协议是完全透明的。

【知识点 7】 表示层

表示层是负责对面向连接或无连接传输中的数据信息进行处理。表示层关心的是数据信息的语法和语义，而其他各层协议关心的是对数据的传输控制。其主要功能有：用于处理在多个通信系统之间交换信息的表示方式，包括数据格式的变换、数据加密与解密、数据压缩与恢复等。

【知识点 8】 应用层

应用层位于体系结构的最高层，主要的功能是通过网络应用程序直接为用户提供网络服务。应用层上开发有大量的常用协议，如文件传输 FTP、TFTP，远程访问控制 TELNET，超文本传输服务 HTTP，电子邮件服务 SMTP 等。

三 TCP/IP 体系结构模型

【知识点1】 TCP/IP 参考模型

1. TCP/IP 参考模型将网络体系结构分为四层,每一层结构都代表了同层的对等实体间的通信协议结构。TCP/IP 四层从下往上依次为:网络接口层、网络层、传输层、应用层。

2. 其中网络接口层对应 OSI 体系结构模型中的物理层和数据链路层,网络层对应 OSI 系统结构模型中的网络层,传输层对应 OSI 系统结构模型中的传输层,应用层对应 OSI 系统结构模型中的会话层、表示层和应用层。

3. TCP/IP 模型的应用层是和用户打交道的部分,用户在应用层上进行操作,如收发电子邮件、文件传输等。

【知识点2】 网络接口层

1. 网络接口层也称链路层,其功能是接收和发送 IP 数据包,负责与网络中的传输媒介打交道。

2. TCP/IP 本质上采用的是分组交换技术,即把信息分割成一个个不超过一定大小的信息包传送出去。分组交换技术的优点是:一方面,可以避免单个用户长时间占用网络线路;另一方面,在传输出错时不必全部重新传送,只需将出错的包重新传输。

3. TCP 和 UDP 是传输层最为著名的两个协议,二者都使用 IP 作为网络层协议。TCP 是一种面向连接的、可靠的传输层协议,允许从一台机器发出的字节流无差错地发送到网络上的其他机器。TCP 协议在实现端到端的连接时使用了三次握手机制。TCP 连接包括建立与拆除两个过程。连接可以由任何一方发起,也可以由双方同时发起。

4. UDP 是一种无连接的传输层协议,提供面向事务的简单不可靠信息传送服务。由于 UDP 不可靠,在实际应用中主要用于不需要排序和流量控制能力而是自己完成这些功能的应用程序。

【知识点3】 网络层

网络层将传输层形成的信息打成 IP 数据包,在报头中填入地址信息,然后选择发送的路径。本层的网际协议(Internet Protocol,IP)和传输层的 TCP 是 TCP/IP 体系中两个最重要的协议。网络层还包括互联网络控制消息协议 ICMP、地址解析协议 ARP、反向地址解析协议 RARP。

【知识点 4】 传输层

传输层的主要功能是对应用层传递过来的用户信息进行分段处理，然后在各段信息中加入一些附加说明，如说明各段的顺序等，保证对方收到可靠的信息。该层有两个协议：一个是传输控制协议（Transport Contorl Protocol，TCP），另一个是用户数据包协议（User Datagram Protocol，UDP）。

>> 第二节
局域网基础知识

一 IEEE 802 参考模型

【知识点 1】 IEEE 802 参考模型的最底层功能

IEEE 802 参考模型的最底层对应于 OSI 体系结构模型中的物理层，包括以下功能：

（1）信号的编码/解码；

（2）前同步系列生成/去除；

（3）比特的发送/接收。

【知识点 2】 IEEE 802 参考模型的 MAC 层功能

IEEE 802 参考模型的 MAC 层和 LLC 层合起来对应 OSI 体系结构模型中的数据链路层，MAC 子层完成的功能如下：

（1）在发送时将要发送的数据组装成帧，帧中包含有地址和差错检测等字段；

（2）在接收时，将接收到的帧解包进行地址识别和差错检测；

（3）管理和控制对于局域网传输媒体的访问。

【知识点 3】 IEEE 802 参考模型的 LLC 层功能

LLC 子层完成的功能如下：

（1）为高层协议提供相应的接口，即一个或多个服务访问点（Service Access Point，SAP），通过 SAP 支持面向连接的服务和复用能力；

（2）端到端的差错控制和确认，保证无差错传输；

（3）端到端的流量控制。

二、局域网拓扑结构

【知识点 1】 局域网的主要拓扑结构
局域网的主要拓扑结构有总线型、环型、星型、树型和网状。

【知识点 2】 总线型局域网
总线型局域网是将计算机以总线连接起来构成的局域网,是最早的局域网,采用同轴电缆作为传输介质,使用带冲突检测的载波侦听多路访问(Carrier Sense Multiple Access with Collision Detection, CSMA/CD)的访问控制方式控制对总线的访问。

【知识点 3】 环型局域网
环型局域网利用环接口设备将传输介质连接成环状,计算机连接到环接口设备上。所组成的环可以是单环,也可以是双环。信号在环上一定是单向传送的。环型局域网现在已基本上不再使用,但环型广域网(如 SDH 网络)还在广泛使用。

【知识点 4】 星型局域网
星型局域网是目前广泛使用的局域网。早期使用集线器(Hub)将计算机连接起来组成星型拓扑,但仍然使用 CSMA/CD 访问控制方式,集线器相当于一条逻辑总线。这种使用物理上星型、逻辑上总线型的局域网的优点是可维护性显著改善,其中一台计算机、一条电缆或一个网卡的故障,不会影响其他计算机的正常联网。局域网交换机的出现,大幅提高了星型局域网的性能,也迅速取代了传统的集线器。

【知识点 5】 树型局域网
树型局域网是由总线型局域网演变形成的,它的物理分布形状就像是一棵树,具有一个带有分支的根,而分支仍然可再延伸出子分支。这种拓扑结构更加容易实现规模的扩展,采用分支的方法很容易加入新的子网。对于网络故障的检查也可以使用分段隔离的方法,具有较好的可维护性。

【知识点 6】 网状局域网
网状局域网的每个通信节点和其他通信节点之间都建立有传输线路,是一种高冗余的网络实现技术,数据的传输能力和可靠性都很高,但建设费用也很高。

三　局域网介质访问控制技术

【知识点1】　访问控制方式

目前，计算机局域网常用的访问控制方式有三种，分别是载波侦听多路访问/冲突检测（CSMA/CD）、令牌环访问控制（Token Ring）和令牌总线访问控制（Token Bus）。在各种介质访问控制技术中，可以使用分时或分频的方式来解决介质的共享控制。在时分复用的方式中可以选用同步或异步的控制方式。

【知识点2】　同步方式

同步方式是对介质的使用进行同步时间的分割，对每个使用者分配固定的容量。这种方式简单，但对资源的利用率低，使用也不够灵活。

【知识点3】　异步方式

异步方式是对传输介质进行动态分配，这本身也符合共享介质的实际使用情况。有三种常见的异步技术：轮转、预约、争用。在局域网中普遍应用的协议是介质争用型控制协议，又称为随机型的介质访问控制协议。

【知识点4】　载波侦听多路访问

载波侦听多路访问（CSMA）：查看信号的有无称为载波侦听。CSMA技术要解决的另一个问题是侦听信道已被占用时，等待的时间如何确定。通常有以下两种方法：

（1）当某工作站检测到信道被占用后，继续侦听下去，一直等到发现信道空闲立即发送，这种方法称为持续的载波侦听多路访问；

（2）当某工作站检测到信道被占用，延迟一个随机时间，然后检测，不断重复上述过程，直到发现信道空闲就开始发送信息，这种方法称为非持续的载波侦听多路访问。

【知识点5】　冲突检测

冲突检测（CD）：若帧发送过程中检测到冲突，则停止发送帧，形成不完整的帧（碎片）在媒体上传输，并随即发送一个Jam（强化冲突）信号以保证让网络上所有的站都知道已出现了冲突。发送Jam信号后，等待一段随机时间，再重新尝试发送。

【知识点6】　CSMA/CD协议

CSMA/CD是一个非常重要的协议，以太网大多采用这个协议作为传输介质访问控制协议。当检测到数据传输冲突时，发送节点撤销后续的数据传输，并且对数据重新进行传输。因此,需要采用某种方法来减小重传时再次发生冲突的可能性。以太网使用的是随机延时避让的方法,发生冲突的发送节点各自随机选择一个延迟时间,再重新尝试传输数据。

四 无线局域网

【知识点1】 无线局域网的概念

无线局域网(Wireless Local Area Network,WLAN)与传统的局域网的主要不同之处是传输介质不同。传统局域网是通过有形的传输介质进行连接,如同轴电缆、双绞线和光纤等,而无线局域网则是采用无形的传输介质,如卫星、电磁波、微波等。

【知识点2】 无线局域网标准

无线局域网采用802.11系列标准,它也是由IEEE 802标准委员会制定的。目前这一系列标准主要有802.11b、802.11a、802.11g、802.11n等标准。

【知识点3】 无线局域网访问控制方式

IEEE 802.11b标准的无线局域网使用的是冲突避免(Collision Avoidance)。在IEEE 802.11b中侦听载波是由两种方式来实现的:一是实际去听是否有电波在传,然后加上优先权控制;二是虚拟的侦听载波,告知等待多久要传东西,以防止冲突。

CSMA/CA通信方式将时间域的划分与帧格式紧密联系起来,保证某一时刻只有一个站点发送,实现了网络系统的集中控制。因传输介质不同,CSMA/CD与CSMA/CA的检测方式也不同。CSMA/CD通过测量电缆中电压的变化来进行检测,即当数据发生冲突时,电缆中的电压会随之产生变化;CSMA/CA采用能量检测、载波检测和能量载波混合检测三种方式检测信道是否空闲。

>> 第三节
数据通信基础

一 数据通信系统

【知识点1】 数据通信

数据通信就是利用通信系统对各种数据信号进行变换、处理和传输的过程。数据

信息技术岗位知识与技能

通信是计算机与通信相结合产生的一种通信方式和通信业务。数据通信系统是通过数据电路将分布在远地的数据终端设备与计算机系统连接起来,实现数据传输、交换、存储和处理的系统。

【知识点2】 数据

网络中传输的二进制代码称为数据,它是传递信息的载体。数据与信息的区别在于,数据仅涉及事物的表示形式,而信息则是数据的内在含义和解释。

【知识点3】 信号

信号是数据的电编码或电磁编码。它分为数字信号和模拟信号两种。从时间域来看,数字信号是一串电压脉冲序列,是一种离散信号;模拟信号则是一种连续变化信号。两种信号在一定技术措施下可以相互转换。

【知识点4】 信道

信道,是指传送信号的一条通路,由传输线路和传输设备组成。同一个传输介质上可以同时存在多条信号通路,即一条传输线路上可以有多个信道。

【知识点5】 噪声

噪声,是指信号在传输过程中受到的干扰,干扰可能来自外部,也可能由信号传输过程本身产生。噪声过大将影响被传送信号的真实性或正确性。

【知识点6】 信号带宽

信号通常都是以电磁波的形式传送的,电磁波都有一定的频率范围,该信号所拥有的频率范围称为该信号的带宽。

【知识点7】 信道带宽

信道带宽,是指信道上能够传送的信号的最大频率范围,如普通电话信道的带宽是300~3400Hz。当信号带宽大于信道带宽时,信号就不能在该信道上传送,或者传送出的信号失真。

【知识点8】 模拟传输和数字传输

模拟传输,是指以模拟信号的形式在信道上传送数据;数字传输,是指以数字信号的形式在信道上传送数据。信号在传送一定距离后,会由于衰减而变形(失真),所以在长距离传送时,需要每隔一定的距离将信号放大,然后继续往下传送。但是放大信号的同时也会加大噪声，同样会引起误差，而且误差是沿途累加的。数字信号只要在信号还能辨认时进行还原、放大后再传送，信号的正确性就不受影响，但对于模拟信号，失真是不可避免的。

【知识点 9】 码元

数字通信中对数字信号的计量单位采用码元这个概念。一个码元指的是一个固定时长的数字信号波形，该时长称为码元宽度。数字通信系统中总是采用等时长的码元宽度。

在二进制通信系统中，每个码元具有两个状态，分别代表"0"和"1"，如果通信系统采用十六进制，则每个码元可有 16 种状态，二进制数中的每个状态和十六进制数中的一种对应。

【知识点 10】 数据包和数据帧

在数据传输时，往往要将较大的数据块分割成较小的数据段，并在每一段上附加一些信息，这些附加信息通常包括序号、地址、校验码等。数据包是这些数据段及其附加信息一起形成的逻辑数据单位。在实际传输时，还要将数据包进一步分割成更小的逻辑数据单位，即数据帧。

【知识点 11】 数据传输速率

数据传输速率简称数据率，是指单位时间内传送的二进制数据位数，通常用"比特/秒"或 bps 作计量单位。

【知识点 12】 传输效率

传输效率，是指原始数据量占整个传送的数据的比率，数值上等于数据包中数据的长度与整个包长度的比值。

【知识点 13】 信道容量

信道容量，是指物理信道能够传输信息的最大能力，它的大小由信道的带宽、可使用的时间、传输速率以及信道质量（即信号功率与干扰功率之比）等因素决定。

【知识点 14】 信道分类

信道可以按传输介质、传输信号、使用权限等分类。
1. 按传输介质划分。
信道按传输介质可分为有线信道和无线信道。有线信道，是指使用有线传输介质的信道，包括双绞线、光纤；无线信道，是指由无线传输介质构成的信道，包括光波、电磁波、卫星等。

2. 按传输信号划分。

信道按传输信号可分为数字信道和模拟信道。数字信道，是指传输数字信号的信道；模拟信道，是指传输模拟信号的信道。数字信号在经过数模变换后可以在模拟信道上传送，模拟信号在经过模数转换后也可以在数字信道上传送。

3. 按使用权限划分。

信道按使用权限可分为专用信道和共用信道。

二、数据编码与数据传输

【知识点1】 数据编码

1. 为了便于使用，容易记忆，常常要对计算机加工处理的对象进行编码，用一个编码符号代表一条信息或一串数据，这就是数据编码。几种常用的编码方案有单极性码、极性码、双极性码、归零码、双相码、不归零码、曼彻斯特编码、差分曼彻斯特编码、多电平编码、4B/5B 编码等。

2. 在进行数据编码时应遵循系统性、标准性、实用性、扩充性和效率性。

【知识点2】 数据传输

数据传输就是按照一定的规程，通过一条或者多条数据链路，将数据从数据源传输到数据终端，它的主要作用就是实现点与点之间的信息传输与交换。一个好的数据传输方式可以提高数据传输的实时性和可靠性。

【知识点3】 数据传输方式

数据传输方式，是指数据在信道上传送所采取的方式。如按数据代码传输的顺序可以分为并行传输和串行传输；如按数据传输的同步方式可分为同步传输和异步传输；如按数据传输的流向和时间关系可分为单工数据传输、半双工数据传输和全双工数据传输。

同步传输是以固定时钟节拍来发送数据信号的，只需在一串字符流前面加个起始字符，后面加一个终止字符，表示字符流的开始和结束。异步传输是将各个字符分开传输，字符之间插入同步信号。这种方式也称为起止式，即在字符的前后分别插入起始位（"0"）和停止位（"1"）。异步传输不适合传送大的数据块，在短距离高速数据传输中多采用同步传输方式。

单工数据传输是两数据站之间只能沿着一个指定的方向进行数据传输。半双工数据传输是两数据站之间可以在两个方向上进行数据传输,但不能同时进行。全双工数据传输是在两数据站之间可以在两个方向上同时进行数据传输,适用于计算机之间的高速数据通信系统。

【知识点4】 数据交换

数据交换是指在多个数据终端设备之间,为任意两个终端设备建立数据通信临时互连通路的过程。

三 传输介质

【知识点1】 传输介质的类型

常用的传输介质有双绞线、同轴电缆、光纤、红外线、电磁波、卫星等。

【知识点2】 双绞线

1. 双绞线(Twisted Pair)由两根具有绝缘保护层的铜线组成,两条铜线像螺纹一样缠绕在一起,具备一定的缠绕密度,以降低对传输信号的干扰。双绞线既能传输模拟信号,也能传输数字信号,但它的通信距离受到一定的限制。双绞线的最大传输距离为100米。如果要加大传输距离,在两段双绞线之间可安装中继器,最多可安装4个中继器。如安装4个中继器连接5个网段,则最大传输距离可达500米。

2. 为了进一步提高双绞线的抗干扰能力,可以在双绞线的外面再加上一个用金属丝编织成的屏蔽层,即屏蔽双绞线(Shielded Twisted Pair,STP)。双绞线按电气性能划分通常分为三类、四类、五类、超五类、六类等类型,数字越大、版本越新、技术越先进,带宽也越宽、价格也越贵。双绞线两端安装 RJ-45 头(俗称水晶头),连接网卡与交换机。在高速的数字通信链路中,双绞线主要适用于短距离的传输,尤其是在局域网的综合布线系统中。

【知识点3】 同轴电缆

1. 同轴电缆(Coaxial Cable)是另外一种常见的传输介质,它比双绞线具有更高的屏蔽特性,因此能够保证更高速度和更远距离的数据传输。同轴电缆具有极好的噪声抑制特性和抗干扰能力。实际应用中有基带同轴电缆、宽带同轴电缆两种广泛使用的同轴电缆,它们具有不同的阻抗特性。

(1)基带同轴电缆是50欧姆的电缆,用于数字信号的传输。同轴电缆的带宽取决于电缆的长度。1千米的基带同轴电缆可以达到 1~2Gbps 的数据传输率。在局域网和有线电视中使用这种同轴电缆作为物理媒体。

（2）宽带同轴电缆是 75 欧姆的电缆，用于模拟信号的传输。这里有个术语容易引起混淆，"宽带"这个词来源于电话行业，用于指比 4kHz 宽的频带。在计算机网络系统中，"宽带电缆"指的是所有采用模拟信号进行传输的电缆网。

宽带同轴电缆用于模拟信号的传输时，频率可以达到 300～450MHz，传输距离接近 100 千米。宽带系统又可分为多个独立信道，使模拟信号和数字信号可以在同一条电缆上混合传输。因此，宽带系统采用了频分复用和模拟传输技术。

2. 基带系统和宽带系统的最主要区别是宽带系统的覆盖区域广，因此需要使用放大器来放大模拟信号。这种放大器只能够单向工作，因此如果要保证双向传输，必须有分离的数据发送和接收通道，现在已有两种类型的宽带系统可以实现双向工作。

3. 应用于计算机网络的同轴电缆主要有粗同轴电缆和细同轴电缆两种，它们都属于基带同轴电缆。粗同轴电缆适用于比较大型的局部网络，它的标准距离长、可靠性高。由于安装时不需要切断电缆，因此可以根据需要灵活调整计算机的入网位置。但粗同轴电缆网络必须安装收发器和收发器电缆，安装难度大，单价也较细同轴电缆贵，所以总体造价高。细同轴电缆安装比较简单，造价也较低；安装过程中要切断电缆，两头装上基本网络连接头（BNC），然后接在 T 形连接器两端。

【知识点 4】 光导纤维

1. 光纤是光导纤维的简称。光纤和同轴电缆的结构方式很相似，只是没有网状的屏蔽层。光纤是一种非常细小和柔软的光线传导介质，玻璃和塑料都可用于制造光纤，使用高纯度的石英玻璃拉成细丝制成的光纤具有非常低的光信号传输损耗。

2. 光传输系统由光源、光信号传输介质和检测器三部分组成。有光脉冲表示比特 1，没有光脉冲则表示比特 0。当有光照射到检测器上时就会产生一个电脉冲。在光纤的一端放置光源，另一端放置检测器，数据信号使光源发生器产生对应的光脉冲并传输出去，接收端的检测器检测到光脉冲后再还原成数据信号，这样就完成了信号的传输。

3. 光纤的种类繁多，根据不同的标准其分类也各异。如根据光纤的生成材质可划分为石英系光纤、多组分玻璃光纤、塑料包层石英芯光纤、全塑光纤以及氟化物光纤；根据光信号的传输模式可划分为单模光纤和多模光纤；根据工作波长还可以划分为短波光纤、长波光纤和超长波光纤等。

4. 单模光纤和多模光纤的特性比较。

单模光纤：适用于高速度、长距离；成本高；窄芯线，需要激光源；耗散极小，高效。

多模光纤：适用于低速度、短距离；成本低；宽芯线，聚光好；耗散大，低效。

5. 光纤最大的特点在于传导的是光信号，因此不受外界电磁信号的干扰，信号的衰减速度很慢，所以信号的传输距离比以上传送电信号的各种网线要远得多，并且特别适用于电磁环境恶劣的地方。由于光纤的光学反射特性，一根光纤内部可以同时传送多路信号，所以光纤的传输速度可以非常高。目前光纤的主要应用是在网络中用作主干线路，光纤到楼、到户正逐步普及。

四 数据交换技术

【知识点1】 数据交换

一个通信系统至少应包含发送设备、传输介质、接收设备三个部分。其中发送设备用于产生数据，并通过传输介质将数据传送给接收设备，以完成两点之间的数据传送。

【知识点2】 通信方式

按照数据传输方向及其时间关系可将通信方式分为单工通信、半双工通信和全双工通信三种。

1. 单工通信。

在单工信道上，信息只能在一个方向传送，发送方不能接收，接收方也不能发送。信道的全部带宽都用于由发送方到接收方的数据传送。无线电广播和电视广播都是单工通信的例子。

2. 半双工通信。

在半双工信道上，通信的双方可交替发送和接收信息，但不能同时发送和接收。在一段时间内，信道的全部带宽用于在一个方向上传送信息。

3. 全双工通信。

全双工通信可同时进行双向信息传送，如现代的电话通信。这不但要求通信双方都有发送和接收设备，而且要求信道能提供双向传输的双倍带宽，因而全双工通信设备价格高。

【知识点3】 传输方式

1. 异步传输。

异步传输是将各个字符分开传输，字符之间插入同步信号。这种方式也称为起止式，即在字符的前后分别插入起始位（"0"）和停止位（"1"）。

2. 同步传输。

异步传输不适合传送大的数据块，同步传输在传送连续的数据块时比异步传输更有效。按照这种方式，发送方在发送数据之前先发送一串同步字符SYNC，接收方只要检测到连续两个以上SYNC字符就可确认进入同步状态，准备接收信息。随后的传送过程中双方以同一频率工作（信号编码的定时作用也表现在这里），直到传送完指示数据结束的控制字符。这种同步方式仅在数据块的前后加入控制字符 SYNC，所以效率更高。在短距离高速数据传输中多采用同步传输方式。

【知识点4】 交换方式

1. 电路交换。

电路交换方式将发送方和接收方用一系列链路直接连通。电话交换系统就是采用这种交换方式。当交换机收到一个呼叫后就在网络中寻找一条临时通路供两端的用户通话，这条临时通路可能要经过若干个交换局的转接，并且一旦建立连接就成为这一对用户之间的临时专用通路，别的用户不能打断，直到通话结束才拆除连接。

电路交换的特点是建立连接需要等待较长的时间。由于连接建立后通路是专用的，因而不会有别的用户干扰，不再有等待延迟。这种交换方式适合于传输大量的数据，传输少量信息时效率不高。

2. 报文交换。

报文交换方式不要求在两个通信节点之间建立专用通路。节点将要发送的信息组织成一个数据包报文，该报文中含有目标节点的地址，完整的报文在网络中一站一站地向前传送。报文交换的优点是不建立专用链路，线路是共享的，因而利用率较高；缺点是在通信中有等待时延，只能用于数字信号。

3. 分组交换。

分组交换方式中数据包有固定的长度，因而交换节点只需在内存中开辟一个小的缓冲区。进行分组交换时，发送节点要对传送的信息分组，对各个分组编号，再加上源地址和目标地址以及约定的分组头信息，这个过程叫作信息的打包。一次通信中的所有分组在网络中传播时又有两种方式，一种为数据报（Datagram），另一种为虚电路（Virtual Circuit）。

数据报类似于报文交换，每个分组在网络中的传播路径完全是由网络当时的状况随机决定的。

虚电路类似于电路交换，这种方式要求在发送端和接收端之间建立一条逻辑连接。在会话开始时，发送端先发送建立连接的请求消息，这个请求消息在网络中传播，途中的各个交换节点根据当时的交通状况决定采用哪条线路来响应这一请求，最后到达目的端。

>> 第四节
Internet 基础

一 IP 地址

【知识点 1】 IPv4 地址

每个 TCP/IP 主机由一个逻辑 IP 地址确定。

1. IPv4 地址表示形式。

IP 地址有两种表示形式：二进制表示和点分十进制表示。每个 IP 地址的长度为 4 个字节，字节之间由句点"."分开，每个字节表示为一个 0～255 的十进制数。一个 IP 地址的 4 个字节分别标明了网络号和主机号。

2. 地址类型。

为适应不同大小的网络，互联网定义了 5 种 IP 地址类型。可以通过 IP 地址的前 8 位来确定地址的类型。

A 类地址：可以拥有很大数量的主机，最高位为 0，紧跟的 7 位表示网络号，其余 24 位表示主机号，总共允许有 126 个网络。

B 类地址：被分配到中等规模和大规模的网络中。最高 2 位被置为二进制 10，允许有 16384 个网络。

C 类地址：被用于局域网。最高 3 位被置为二进制 110，允许大约 200 万个网络。

D 类地址：被用于多路广播组用户。最高 4 位被置为二进制 1110，余下的位用于标明客户机所属的组。

E 类地址：一种仅供试验的地址。

【知识点 2】 在分配网络号和主机号时应遵守的准则

1. 网络号不能为 127，该标识号被保留作回路及诊断功能。

2. 不能将网络号和主机号的各位均置 1。如果每一位都是 1，该地址会被解释为网内广播而不是一个主机号。

3. 不能将网络号和主机号各位均置 0，否则该地址被解释为"就是本网络"。

4. 对于本网络来说，主机号应该唯一，否则会出现 IP 地址已分配或有冲突之类的错误。

5. 特殊的 IP 地址及其作用：网络标识或主机号部分全为"0"和全为"1"的地址通常具有特殊的含义和用途。

6. 另外，在 IP 地址资源中，还保留了一部分被称为私有地址（private address）的地址资源供内部实现 IP 网络时使用。地址范围包括三个部分，即 10.0.0.0 ~ 10.255.255.255、172.16.0.0 ~ 172.31.255.255、192.168.0.0 ~ 192.168.255.255。这些以私有地址作为逻辑标识的主机若要访问外面的互联网，必须采用网络地址翻译（Network Address Translation，NAT）或应用代理（Proxy）方式。

【知识点 3】 IPv4 的优点

IPv4 的优点包括协议简单、易于实现、互操作性好。

【知识点 4】 IPv4 的不足

1. IPv4 地址空间不足。随着互联网的发展，IPv4 地址空间不足的问题日益严重。

2. 不易进行自动配置和重新编址。由于 IPv4 地址只有 32 比特，地址分配也不均衡，人们在对网络扩容或重新部署时，需要重新分配 IP 地址。而自动配置和重新编址可以减少维护工作量。

3. 骨干路由器维护的路由表表项数量过大。由于 IPv4 发展初期的分配规划的问题，许多 IPv4 地址块分配不连续，不能有效聚合路由。

4. 不能解决日益突出的安全问题。

【知识点 5】 IPv6 的定义

IPv6 是 Internet Protocol Version 6 的缩写，IPv6 是互联网工程任务组（Internet Engineering Task Force，IETF）设计的用于替代现行版本 IP 协议（IPv4）的下一代 IP 协议。

【知识点 6】 IPv6 地址结构

1. IPv6 地址表示。

IPv6 的 128 位地址用 16 位边界划分，每个 16 位段转换成 4 位十六进制数字，用冒号":"分隔，结果表示称为冒号十六进制。16 比特的十六进制数对大小写不敏感，如 FEDC：BA98：7654：3210：fedc：ba98：7654：3210。

2. IPv6 地址前缀表示。

和 IPv4 类似，IPv6 的子网前缀和一条链路关联。多个子网前缀可分配给同一链路。IPv6 地址前缀表示如下：

ipv6-address/prefix-length

其中：ipv6-address 为十六进制表示的 128 比特地址，prefix-length 为十进制表示的地址前缀长度。

前缀是地址中具有固定值的位数部分或表示网络标识的位数部分。IPv6 的子网标识、路由器和地址范围前缀表示法与 IPv4 采用的 CIDR 标记法相同，其前缀可书写为：地址/前缀长度。

【知识点 7】 IPv6 地址分类

1. 单播地址作为一个单一的接口标识符。IPv6 数据包发送到一个单播地址并被传递到由该地址标识的接口。

2. 任播地址是一组接口（一般属于不同节点）的标识符。发往任播地址的包被送给该地址标识的接口之一（路由协议度量距离最近的）。

3. 与 IPv4 一样，组播地址被分配给一套属于不同节点的接口。发往组播地址的数据包被发送到该地址所确定的所有接口。

4. IPv6 地址和 IPv4 地址相比，取消了广播地址类型，以更丰富的组播地址代替，同时增加了任播地址类型。

【知识点 8】 IPv6 的优点

1. 128 位地址结构，提供充足的地址空间。

近乎无限的 IP 地址空间是部署 IPv6 网络最大的优势。和 IPv4 相比，IPv6 的地址比特数是 IPv4 的 4 倍（从 32 位扩充到 128 位）。128 位地址可包含约 43 亿×43 亿×43 亿×43 亿个地址节点，足以满足任何可预计的地址空间分配。

2. 层次化的网络结构，提高了路由效率。

IPv6 地址长度为 128 位，可提供远大于 IPv4 的地址空间和网络前缀，因此可以方便地进行网络的层次化部署。

3. IPv6 报文头简洁、灵活，效率更高，易于扩展。

和 IPv4 相比，IPv6 去除了 IHL、Identifiers、Flags、Fragment Offset、Header Checksum、Options、Padding 域，只增加了流标签域，因此 IPv6 报文头的处理较 IPv4 大幅简化，提高了处理效率。另外，IPv6 为了更好地支持各种选项处理，提出了扩展头的概念，新增选项时不必修改现有结构就能做到，理论上可以无限扩展，体现了其优异的灵活性。

4. 支持自动配置，即插即用。

IPv6 协议内置支持通过地址自动配置方式使主机自动发现网络并获取 IPv6 地址的功能，大幅提高了内部网络的可管理性。

5. 支持端到端的安全。

IPv4 也支持 IP 层安全特性（IPSec），但只是通过选项支持，实际部署中多数节点都不支持。IPSec 是 IPv6 协议基本定义中的一部分，任何部署的节点都必须能够支持。

6. 支持移动特性。

和移动 IPv4 相比，移动 IPv6 使用邻居发现功能可直接实现外地网络的发现并得到转交地址，而不必使用外地代理。

7. 新增流标签功能，更利于支持 QoS。

IPv6 报文头中新增加了流标签域，源节点可以使用这个域标识特定的数据流。转发路由器和目的节点都可根据此标签域进行特殊处理，如视频会议和 VOIP 等数据流。

【知识点 9】 基于 IPv4 地址子网规划

1. 划分子网，是指从 IP 地址中的主机号部分"借"用若干比特作为子网号，对外表现仍是一个网络。由于从主机号借用了若干比特作为子网号，所以主机号也就相应减少了若干比特。划分子网的 IP 地址表示为：网络号 + 子网号 + 主机号。

2. 子网掩码（Subnet Mask）是 32 比特的一串二进制数，子网掩码中的 1 对应 IP 地址中的网络号和子网号，子网掩码中的 0 对应 IP 地址中的主机号，子网掩码也用 4 个 0~255 的十进制整数表示。A 类地址的默认子网掩码是 255.0.0.0，B 类地址的默认子网掩码是 255.255.0.0，C 类地址的默认子网掩码是 255.255.255.0。

用作子网的位数决定了可划分的子网数和每个子网的主机数，因此需要根据实际需要进行划分。划分子网后 IP 地址就变成了三级结构。

3. 可变长子网掩码（Variable Length Subnet Mask，VLSM）规定了如何在一个进行子网划分的网络中的不同部分使用不同的子网掩码。VLSM 是相对于类的 IP 地址来说的。这是一种产生不同大小子网的网络分配机制，一个网络可以配置不同的掩码。可变长度子网掩码可以使每个子网上保留足够的主机数，在把一个子网进一步分成多个小子网时有更大的灵活性。

二 网络层协议

【知识点 1】 网络层协议概述

1. 网络层的协议数据单元称为分组（packet）。和其他各层的协议数据单元类似，分组是网络层协议功能的集中体现，其中包括实现该层功能所必需的控制信息。

2. 网络层提供给传输层的服务有面向连接和面向无连接之分。面向连接，是指在数据传输之前双方需要为此建立一种连接，然后在该连接上实现有次序的分组传输，直到数据传送完毕连接才被释放；面向无连接，是指不需要为数据传输事先建立连接，其只提供简单的源和目标之间的数据发送与接收功能。

3. 面向连接的服务通常采用虚电路（Virtual Circuit，VC）方式实现。虚电路，是指通信子网为实现面向连接服务而在源与目标之间所建立的逻辑通信链路。虚电路服务的实现涉及三个阶段：虚电路建立、数据传输和虚电路拆除。在建立连接时，将从源端网络到目标网络的路由作为连接建立的一部分加以保存；在数据传输过程中，在虚电路上传送的分组总是取相同的路径通过通信子网；数据传输完毕需要拆除连接。

4. 网络层主要协议包括 IP 协议、ARP 协议、RARP 协议、ICMP 协议和一系列路由协议。

【知识点2】 IP 协议

IP 协议是 TCP/IP 网络层的核心协议，其定义了用以实现面向无连接服务的网络层分组格式，其中包括 IP 寻址方式。不同网络技术的主要区别在数据链路层和物理层，如不同的局域网技术和广域网技术。而 IP 协议则能够将不同的网络技术在 TCP/IP 的网际层统一在 IP 协议之下，以统一的 IP 分组传输提供对异构网络互联的支持。由于 IP 协议实现的是面向无连接的数据报服务，故 IP 分组通常又被称为 IP 数据报。

【知识点3】 ARP 协议和 RARP 协议

地址解析协议（Address Resolution Protocol，ARP）及反地址解析协议（Reverse Address Resolution Protocol，RARP）是网际层中的重要协议。ARP 协议的作用是通过 IP 查询获取物理地址，RARP 协议的作用是通过物理地址查询获取 IP 地址。

【知识点4】 ICMP 协议

互联网控制信息协议（Internet Control Message Protocol，ICMP）允许主机或路由器报告差错情况和提供有关异常情况的报告。ICMP 提供如下功能：

1. 回送请求与回送应答。ICMP 常常在测试两个主机之间连接的可靠性时使用该信息。通过 Ping 命令实现该功能。

2. 源信息减速。当一台速率较快的计算机将大量数据发往一台远程计算机时，其发送的信息量会导致路由器拥塞。这时路由器可以使用一个"源信息减速"ICMP 报文令其计算机减慢发送数据的速率。

3. 无法送达目的地。当路由器接收到无法传递的数据报时，ICMP 就会向源 IP 返回此类报文。路由器无法传递数据报的原因比较复杂，可能是设备故障，也可能是目的地 IP 地址错误等原因。

4. 超时。当数据报传输时间超过"生存期"时，ICMP 便向源 IP 发送一条"超时"信息。这可能是数据传输过程出现了拥塞，也可能是路由表出了问题。

5. 需要分段。当 ICMP 收到的数据报设置了"不分段"的标志时，路由器需要对数据报进行分段,以便将数据报转发到下一个路由器;或转发到目的地时 ICMP 发送一条"需要分段"信息。

6. 路由重定向。用于网络中的路由器或主机向网络中的另一台路由器或主机报告一条到达特定主机的更短路由。当主机或路由器接收到 ICMP 重定向信息后,会在本地路由表中增添一条到达特定主机所在网络的路由记录,由 ICMP 重定向产生的路由会保持很长的一段时间。

7. 发送路由器广告,确定网段上所有路由器的地址。

8. 确定网段上使用的子网掩码。

三 传输层协议

【知识点1】 传输层协议概述

1. TCP/IP 的传输层提供了两个主要的协议,即传输控制协议(Transport Control Protocol,TCP)和用户数据报协议(User Datagram Protocol,UDP)。

2. TCP 是 TCP/IP 协议系列中的主要传输协议,它是一个面向连接的协议,负责提供广泛的错误检查和流量控制功能,从而为应用程序提供一个可靠的、可控制流量的、全双工的数据流传输服务。

【知识点2】 端口和套接字

1. 端口被认为是计算机与外界通信交流的出入口。

2. 在 TCP/IP 传输层,定义一个 16 比特长度的整数作为端口标识,可定义 2^{16} 个端口,其端口号从 $0 \sim 2^{16}-1$。由于 TCP/IP 传输层的 TCP 和 UDP 两个协议是两个完全独立的软件模块,因此各自的端口号也相互独立,即各自可独立拥有 2^{16} 个端口。

(1) 从 0~255 的端口被规定作为公共应用服务的端口,如 WWW、FTP、DNS 和电子邮件服务等,又被称为著名端口。

(2) 从 256~1023 的端口被保留用作商业性的应用开发,如一些网络设备厂商专用协议的通信端口等。

(3) 1023 以上端口未作限定,即作为自由端口,以本地方式进行分配。

3. 端口重定向,是指将一个著名端口重定向到另一个端口。

【知识点3】 TCP

TCP 是一个面向连接的协议,允许从一台机器发出的字节流无差错地发到网络上的其他机器。TCP 连接包括建立与拆除两个过程。TCP 协议在实现端到端的连接时使用了三次握手机制。连接可以由任何一方发起,也可以由双方同时发起。一旦一台主机上的 TCP 软件已经主动发起连接请求，运行在另一台主机上的 TCP 软件就被动地等待握手。TCP 将数据流看作字节的序列，对于一次传输要交换大量报文的应用（如文件传输、远程登录等），往往需要以多个分段进行传输。TCP 连接是全双工的。

【知识点 4】 UDP

与 TCP 相反，TCP/IP 传输层的另一协议 UDP 提供的是不可靠的面向无连接的数据传输服务，其不提供数据接收的确认、排序、差错控制以及流量控制等功能，因此数据传输可能会出现丢失、重复以及乱序等现象。常用的 UDP 端口号，如 DNS 服务使用 53 端口、SNMP 使用 161 端口。

四 应用层协议

【知识点 1】 应用层协议概述

TCP/IP 的应用层解决了 TCP/IP 应用存在的共性问题，包括与应用相关的支撑协议和应用协议两大部分。TCP/IP 应用层的支撑协议包括域名服务系统（DNS）、简单邮件传输协议（SMTP）、文件传输协议（FTP）等。

【知识点 2】 环球信息网应用

1. 环球信息网（World Wide Web，WWW）常简称为 Web，分为 Web 客户端和 Web 服务器程序。WWW 可以让 Web 客户端（浏览器）访问浏览 Web 服务器上的页面，是一个由许多互相链接的超文本组成的系统。在这个系统中，每个有用的事物称为一种"资源"，并且由一个全局"统一资源标识符"（URL）标识，这些资源通过超文本传输协议（Hypertext Transfer Protocol，HTTP）传送给用户，而用户通过点击链接来获得资源。

2. HTTP 超文本传输协议是一种在客户与服务器之间，即在用户的浏览器与 Web 服务器之间进行交流的协议。HTTP 是一种无连接协议。

3. HTTP 遵循请求/应答模型。Web 浏览器向 Web 服务器发送请求，服务器处理该请求并回送适当的应答，所有的 HTTP 连接都被构造为一套请求和应答。

【知识点 3】 电子邮件

1. 电子邮件系统基于客户机/服务器模式，整个系统由 E-mail 客户软件、E-mail 服务器和通信协议三部分组成。

2. E-mail 系统通常应具备信件起草与编辑、信件发送、收信通知、信件读取与检索、信件回复与转发、退信说明、信件管理、转储和归纳等功能。

3. 电子邮件系统主要采用简单邮件传输协议（Simple Mail Transfer Protocol，SMTP）。SMTP 协议描述了电子邮件的信息格式及其传递处理方法，保证被传送的电子邮件能够正确地寻址和可靠地传输。

4. SMTP 在两个主机之间传送信息时使用了 TCP 协议进行传送，所以在传送之前必须进行通信链路的连接（SMTP 服务器在 TCP 的 25 号端口侦听连接请求），使用 SMTP 命令将电子邮件传送给接收主机，之后必须进行通信链路的关闭。

5. 在 TCP/IP 网络上的大多数邮件管理程序使用 SMTP 协议来发信，且采用 POP（Post Office Protocol）协议（常用的是 POP3）保管用户未能及时取走的邮件。POP3 既能与 SMTP 共同使用，也可以单独使用，以传送和接收电子邮件。POP3 是面向连接的，默认端口 110。POP 协议是一种简单的纯文本协议。

【知识点4】 文件传输协议

1. 文件传输协议（File Transfer Protocol，FTP）是用于在网络上进行文件传输的一套标准协议。它属于网络传输协议的应用层。

2. FTP 客户与服务器之间要建立双重连接，一个是控制连接，另一个是数据连接。

3. TCP 的端口 20 和端口 21。端口 20 用于在客户端和服务器之间传输数据流；端口 21 用于传输控制流，并且是命令通向 FTP 服务器的进口。

4. FTP 有两种使用模式：主动模式和被动模式。主动模式要求客户端和服务器端同时打开并且监听一个端口以创建连接。在这种情况下，客户端由于安装了防火墙会产生一些问题，所以创立了被动模式。被动模式只要求服务器端产生一个监听相应端口的进程，这样就可以绕过客户端安装了防火墙的问题。

5. 严格的 FTP 访问控制要求客户给出文件所在信宿服务器上的一个合法账号（包括注册名和口令）才能访问文件，这给使用者带来了很大的麻烦。FTP 提供了一种对公共文件的非严格访问控制，即匿名 FTP（Anonymous FTP）。

【知识点5】 域名系统

1. 域名系统（Domain Name System，DNS）提供了一个将人们易于理解的主机名或域名转换为计算机或网络可识别的数字地址的机制。域名系统采用了客户机/服务器模式，由域名数据库、域名服务器和地址解析器三部分构成。

2. 域名数据库是一个大型的分布在整个网络上的分布式数据库，存储了按层次管理的相关的数据。域名服务器（Domain Name Server）是服务器方，存储并管理着所管辖区域的域名数据库，负责接收来自地址解析器的请求，按照请求类型进行递归与非递归查询，同时将查询结果返回给地址解析器。网络中的每台主机既可作为客户方，也可作为服务器方。地址解析器负责查询域名服务器，解释从服务器返回来的应答，将信息返回给请求方等工作。

3. 域名（Domain Name）通常是用户所在的主机名。从右到左子域名分别表示不同的国家或地区的名称（只有美国可以省略表示国家的顶级域名）、组织类型、组织名称、分组织名称和计算机名称等，如 www.tax-edu.net 即是一个域名的典型例子。

4. 域名地址的最后一部分子域名为高层域名（顶级域名），大致可以分成两类：一类是组织性顶级域名，另一类是地理性顶级域名。组织性顶级域名的出发点是为了说明拥有并对那些互联网主机负有责任的组织的类型。如 org 表示非营利组织或机构，gov 表示政府机构，edu 表示教育机构，com 表示商业性公司或组织。地理性顶级域名用两个字母的缩写形式来完全地表示某个国家或地区。如 cn 表示中国，hk 表示中国香港地区，au 表示澳大利亚。

5. DHCP 客户机在发出 IP 租用请求的 DHCPDISCOVER 广播包后，如果 1 秒钟没有服务器的回应，它会将这一广播包重新广播 4 次。4 次之后，如果仍未能收到服务器的回应，则运行 Windows 的 DHCP 客户机将从 169.254.0.0/16 这个自动保留的私有 IP 地址（APIPA）中选用一个 IP 地址，而运行其他操作系统的 DHCP 客户机将无法获得 IP 地址。

【知识点 6】 动态主机配置协议

1. 动态主机配置协议（Dynamic Host Configuration Protocol，DHCP）是一种使网络管理员能够集中管理和自动分配 IP 网络地址的通信协议。在 IP 网络中，每个连接互联网的设备都需要分配唯一的 IP 地址。DHCP 使网络管理员能从中心节点监控和分配 IP 地址。当某台计算机移到网络中的其他位置时，能自动收到新的 IP 地址。

2. DHCP 使用了租约的概念，或称为计算机 IP 地址的有效期。租用时间是不定的，主要取决于用户在某地连接互联网需要多久，这对于用户频繁改变的环境是很实用的。通过较短的租期，DHCP 能够在一个计算机比可用 IP 地址多的环境中动态地重新配置网络。DHCP 支持为计算机分配静态地址，如需要永久性 IP 地址的 Web 服务器。

3. DHCP 使用两个端口作为 BOOTP：服务器端使用 67/udp，客户端使用 68/udp。

4. DHCP 运行分为四个基本过程，分别为请求 IP 租约、提供 IP 租约、选择 IP 租约和确认 IP 租约。

【知识点 7】 远程终端协议 Telnet、SSH2

1. 管理员可以使用 Telnet 命令远程管理服务器。首先在计算机上运行 Telnet 程序，连接至目的地服务器，然后输入账号和密码以验证身份。用户可以在本地主机输入命令，然后让已连接的远程主机运行，就像直接在对方的控制台上输入一样。Telnet 使远程服务器提供终端仿真服务。远程登录的根本目的在于访问远程系统的资源，而且像远程主机的当地用户一样。

2. 由于传统 Telnet 会话所传输的数据并未加密，账号和密码等敏感数据容易被窃听，因此很多服务器都改用了更安全的 SSH。

3. SSH（Secure Shell）是建立在应用层和传输层基础上的安全协议，由 IETF 的网络工作小组制定。SSH 是目前较可靠，专为远程登录会话和其他网络服务提供安全性的协议。利用 SSH 协议可以有效防止远程管理过程中的信息泄露问题。SSH 最初是 UNIX 系统上的一个程序，后来又迅速扩展到其他操作平台。

>> 第五节
网络互联技术与设备

一、网络互联与网络设备

【知识点1】 网络互联与网络设备概述

1. 网络互联，是指将两个以上的计算机网络，通过一定的方法，用一种或多种网络互联设备相互连接起来，以构成更大的网络系统的连接技术。从 OSI 参考模型的观点出发，可将网络互联分为物理层、数据链路层、网络层和高层四个层次。与之对应的网络互联设备分别是中继器（Repeater）、交换机（Switch）、路由器（Router）和网关（Getway）。

2. 计算机与计算机或工作站与服务器进行连接时，除了需要使用传输介质外，还需要一些互联设备，这些互联设备主要包括网络适配器、集线器、交换机和路由器。

【知识点2】 网络适配器

1. 网络适配器即网卡。网卡将待发送的数据进行临时缓存，并负责在适当的时候将数据发送到传输介质上。网卡从传输介质上获得发给通信节点的数据时，它也会将数据进行临时的缓存，通过中断信号告诉通信节点有网络数据到来，通信节点会在适当的时候从缓冲区中取走这些网络数据。每块网卡都有一个唯一的地址，通常称为物理地址（MAC 地址），在生产时由厂家烧入只读内存（ROM）中。

2. 根据和计算机之间的总线连接类型网卡一般可分为 ISA 接口网卡、PCI 接口网卡、在服务器上使用的 PCI-X 总线接口类型的网卡、笔记本电脑所使用的 PCMCIA 及 USB 接口类型的网卡。除了按网卡的总线接口类型划分外，还可以按网络接口类型划分网卡。目前常见的接口主要有以太网 RJ-45 接口、细同轴电缆 BNC 接口、粗同轴电缆 AUI 接口、FDDI 接口和 ATM 接口等。此外，按速度网卡可以分为 10Mbps 网卡、100Mbps 以太网卡、10Mbps/100Mbps 自适应网卡、1000Mbps 以太网卡等。

【知识点3】 交换设备

1. 交换设备与交换技术。

以太网中的交换设备主要工作在 OSI 参考模型的第二层，这一层的主要交换设备是网桥和交换机。交换技术能够在 MAC 层上对帧进行存储转发，将不同类型的局域网连通。

2. 交换机的原理与配置。

交换机的主要功能包括物理编址、网络拓扑、错误校验、帧序列以及流控。它可以"学习"MAC 地址，并把其存放在内部 MAC 地址表中，通过在数据帧的始发者和目标接收者之间建立临时的交换路径，使数据帧直接由源地址到达目的地址。

3. 交换机的分类。

从广义上来看，交换机分为广域网交换机和局域网交换机。广域网交换机主要应用于电信领域，提供通信用的基础平台。而局域网交换机则应用于局域网络，用于连接终端设备。根据传输介质和传输速度，可分为以太网交换机、快速以太网交换机、千兆以太网交换机、FDDI 交换机、ATM 交换机和令牌环交换机等；根据是否可管理，可分为桌面非网管型交换机和网管型交换机；根据工作协议层划分，可分为第二层交换机、第三层交换机和第四层交换机。

4. 交换机与集线器的区别。

集线器（Hub）的主要功能是对接收到的信号进行再生整形放大，用以扩大网络的传输距离，同时把所有节点集中在以它为中心的节点上。它工作于 OSI 参考模型第一层，即物理层。用集线器组成的网络称为共享式网络，而用交换机组成的网络称为交换式网络。集线器只能在半双工方式下工作，而交换机同时支持半双工和全双工操作。共享式以太网存在的主要问题是所有用户共享带宽，当信道处于忙状态时，其他"争用"信道的、处于检测等待状态的用户也随之增加，致使信号传输时延迟增大且产生冲突的概率也逐渐增大，严重影响网络的性能。在交换式以太网中，交换机能够提供给每个用户专用的信息通道，除非两个源端口同时将信息发送给同一目的端口，否则多个源端口与目的端口之间就可以同时进行通信且不会产生冲突。

【知识点4】 路由器

1. 路由器用于连接多个逻辑上分开的网络，逻辑网络代表的是一个单独的网络或者一个子网。当数据从一个子网传输到另一个子网时，可通过路由器的路由功能来完成，因此路由器具有判断网络地址和选择 IP 路径的功能。路由和交换之间的主要区别是交换发生在 OSI 参考模型的第二层（数据链路层），而路由发生在第三层（网络层）。

2. 路由器主要由处理器、内存、接口、控制端口等物理硬件和电路组成，主要包括 ROM、Flash、RAM、NVRAM、接口等。ROM 保存着路由器的引导或启动软件，ROM 通常存放在一个或多个芯片上。RAM 主要存放系统路由表和缓冲，NVRAM 的主要作用是保存系统在路由器启动时读入的配置数据。

3. IP 路由是选择一条数据包传输路径的过程。当 TCP/IP 主机发送 IP 数据包时便出现了路由，当到达 IP 路由器时还会再次出现路由。对于发送的主机和路由器而言，必须决定向哪里转发数据包。在决定路由时，IP 层查询位于内存中的路由表。

4. 每发现一条路由，数据包被转送下一级路由器，称为一次"跳步"，并最终发送至目的主机。若未发现任何一个路由，源主机将收到一个出错信息。

二、接入网技术

【知识点1】 接入网的概念

接入网是由业务节点接口和相关用户网络接口之间的一系列传送实体（诸如线路设施和传输设备）组成的为传送电信业务提供所需承载能力的实施系统。

【知识点2】 数字用户线技术

数字用户线（DSL）技术，是指利用原有电话的铜线用户线作为接入网的技术。

【知识点3】 光纤接入技术

1. 利用光纤的传输体制主要有准同步数字系列（Plesiochronous Digital Hierarchy，PDH）、同步数字系列（Synchronous Digital Hierarchy，SDH）。

2. 光纤和同轴电缆混合方式，即 HFC 方式，其费用比单用光纤低，是目前采用较多的方式。

【知识点4】 无线接入技术

无线接入技术具有灵活方便、建设速度快、建设造价低廉等突出的优点，其具有一些有线接入技术难以相比的优势。

三、虚拟专用网

【知识点1】 虚拟专用网的概念

1. 虚拟专用网（Virtual Private Network，VPN），是指在公用网络上建立专用网络，进行加密通信。在虚拟专用网中，任意两个节点之间的连接并没有传统专网所需的端到端的固定物理链路，而是利用公用网的物理链路资源动态组成。

2. 国际互联网工程任务组（Internet Engineering Task Force，IETF）对基于IP的VPN解释为通过专门的隧道加密技术在公共数据网络上仿真一条点到点的专线技术。

3. 隧道技术（tunneling），是指一种通过使用互联网络的基础设施在网络之间传递数据的技术。

4. 封装（encapsulation），是指在某个协议的数据包外面加上特定的包头、包尾等，以标记某种信息。

5. 验证（authentication）和授权（authorization）主要用于对VPN连接的安全保护。AAA技术广泛应用于验证和授权领域。

6. 加密（encryption）和解密（decryption）用于保护VPN数据。类似IPSec和SSL这样的技术可以保护数据的安全性。

【知识点2】 VPN的分类

1. 按VPN的协议分类。

VPN的隧道协议主要有三种：PPTP、L2TP和IPSec，其中PPTP和L2TP协议工作在OSI模型的第二层，又称第二层隧道协议；IPSec是第三层隧道协议。

2. 按VPN的应用分类。

Access VPN（远程接入VPN）。客户端到网关，使用公网作为骨干网在设备之间传输VPN数据流量。

Intranet VPN（内联网VPN）。网关到网关，通过单位的网络架构连接来自同单位的资源。

Extranet VPN（外联网VPN）。与合作伙伴企业网构成Extranet，将一个单位与另一个单位的资源进行连接。

【知识点3】 VPN实现方法

1. VPN服务器。在大型局域网中，可以通过在网络中心搭建VPN服务器的方法实现VPN。

2. 软件VPN。可以通过专用的软件实现VPN。

3. 硬件 VPN。可以通过专用的硬件实现 VPN。

4. 集成 VPN。某些硬件设备，如路由器、防火墙等，都含有 VPN 功能，但是拥有 VPN 功能的硬件设备通常都要比没有这一功能的贵。

【知识点4】 常用 VPN 技术

1. IPSec VPN。

IPSec VPN 是基于 IPSec 协议的 VPN 技术，由 IPSec 协议提供隧道安全保障。IPSec 是一种由 IETF 设计的端到端的确保基于 IP 通信数据安全性的机制。IPSec 主要包括以下两个主要协议：认证报头（Authentication Header，AH）和封装安全负载（Encapaulating Security Payload，ESP）。ESP 除了身份验证、完整性和防止重发外，还提供机密性。ESP 主要使用 DES 或 3DES 加密算法为数据包提供保密性。

2. SSL VPN。

SSL VPN 是以 HTTPS（Secure HTTP，支持 SSL 的 HTTP 协议）为基础的 VPN 技术，工作在传输层和应用层之间。SSL VPN 广泛应用于基于 Web 的远程安全接入，为用户远程访问公司内部网络提供了安全保证。SSL 协议层包含两类子协议：SSL 握手协议和 SSL 记录协议。

SSL 安全功能组件包括三部分：认证，在连接两端对服务器或同时对服务器和客户端进行验证；加密，对通信进行加密，只有经过加密的双方才能交换信息并相互识别；完整性检验，进行信息内容检测，防止被篡改。

SSL VPN 的优点如下：

（1）简单，不需要配置，可以立即安装、立即生效；

（2）客户端容易安装，直接利用浏览器中内嵌的 SSL 协议；

（3）兼容性好，传统的 IPSec VPN 对客户端采用的操作系统版本具有很高的要求，不同的终端操作系统需要不同的客户端软件，而 SSL VPN 则没有这样的要求。

3. MPLS VPN。

MPLS VPN 是一种基于多协议标记交换（Multiprotocol Label Switching，MPLS）技术的 IP VPN，是在网络路由和交换设备上应用 MPLS 技术，简化核心路由器的路由选择方式，利用传统路由技术的标记交换实现的 IP 虚拟专用网络。

四 广域网技术

【知识点1】 广域网的概念

1. 广域网，是指在传输距离较长的前提下发展的相关技术的集合，用于将大区域范围内的各种计算机设备和通信设备互联在一起，组成一个资源共享的通信网络。其主要特点如下：长距离；高成本；维护困难；传输介质多样。

2. 广域网链路有两种：专线连接和交换连接。专线是永久的点到点的服务。

【知识点2】 广域网常用技术

1. 点对点协议（PPP）。点对点连接提供了一条单一的，从用户房屋到远程网络的广域网通信线路，且该线路是预先制定的，并通过媒体进行传输。

2. X.25 协议。X.25 协议支持不同公共网络上的计算机在网络层上利用中间计算机进行通信。一般只用于要求传输费用少，而远程传输速率要求又不高的广域网使用环境。

3. 帧中继（FR）。帧中继是一种高速的分组交换数据通信服务，与 X.25 类似。

4. 公共交换电话网（PSTN）。模拟拨号服务是基于标准电话线路的电路交换服务，是一种最普遍的传输服务，往往用来作为远程端点的连接。

5. 异步转移模式（Asynchronous Transfer Mode，ATM），也称异步传递方式。ATM 的基本特征是信息的传输、复用和交换都以"信元"为基本单位。

6. 同步光纤网络（SONET）。SONET 是一种利用光纤网络进行高速通信的国际标准。

7. 基于 SDH 的多业务传送平台（Multi-Service Transfer Platform，MSTP），是指基于 SDH 平台同时实现 TDM、ATM、以太网等业务的接入、处理和传送，提供统一网管的多业务节点。

五 路由协议

【知识点1】 路由协议的概念

路由协议，是指主要运行在路由器上的协议，主要用来进行路径选择。路由协议创建路由表，描述网络拓扑结构。路由协议与路由器协同工作，执行路由选择和数据包转发功能。

【知识点2】 路由算法

1. 距离向量算法。

距离向量算法，是指基于广播、使用跳数作为主要路由度量的路由算法。常见的 RIP 协议就是采用距离向量算法。距离向量算法的缺点是对大型网络扩展性不好，因为每一个路由包含对整个网络的全部路径，这可能导致由于选路而造成大量的网络通信。另外，距离向量协议算法的网络收敛很慢。收敛，是指调整适应新的网络拓扑、重新为网络计算路由表的过程。

2. 链路状态算法。

链路状态算法将路由信息全部发送给所有网络上的节点,这里的路由信息仅包含直接连接的路由。由于需要在区域间传送的路由信息的减少,使得路由信息交换更加有效,同时当一个路由器或者网络失效时,收敛的时间变短。链路状态算法还通过采用多路发送和单一发送的方式减少网络通信的总量。典型的链路状态路由算法是 OSPF 算法。与距离矢量路由协议相比,链路状态路由协议需要占用更多的 CPU 处理时间。

【知识点3】 路由协议

互联网采用了许多不同的路由协议。现在常用的路由协议有路由信息协议(Routing Information Protocol,RIP)、开放式最短路径优先协议(Open Shortest Path First,OSPF)和边界网关协议(Border Gateway Protocol,BGP)。自治系统(Autonomous System,AS),是指一个互联网络,即把整个互联网划分为许多较小的网络单位,这些小的网络有权自主地决定在本系统中应采用何种路由协议。根据是否在一个 AS 内部使用,路由协议可以分为两类:在一个 AS 内的路由协议称为内部网关协议(Interior Gateway Protocol,IGP),AS 之间的路由协议称为外部网关协议(Exterior Gateway Protocol,EGP)。RIP、OSPF 是内部网关协议,适用于 AS;而 BGP 是一种外部网关协议,是自治系统间的路由协议。

【知识点4】 RIP

1. RIP 主要通过传递路由信息(路由表)广播路由,每隔 30 秒广播一次路由表,维护相邻路由器的关系,同时根据收到的路由表计算自己的路由表。RIP 有两个版本:RIPv1 和 RIPv2,它们均基于经典的距离向量路由算法。RIP 使用 UDP 数据包更新路由信息。

2. RIP 运行简单,适用于小型网络。RIP 的缺点也较多。首先,其限制了网络的规模;其次,路由器交换的信息是路由器的完整路由表;最后,"坏消息传播得慢",使更新过程的收敛时间过长。

【知识点5】 OSPF

1. OSPF 采用链路状态协议算法,通过传递链路状态(连接信息)得到网络信息,并维护一张网络有向拓扑图,利用最小生成树算法(SPF 算法)得到路由表。OSPF 是真正的 LOOP-FREE(无路由自环)路由协议,这源自其算法本身的优点(链路状态及最短路径树算法)。

2. OSPF 提出区域划分的概念,将 AS 划分为不同区域后,通过区域之间的对路由信息的摘要,大幅减少了需传递的路由信息数量,也使得路由信息不会随网络规模的扩大而急剧膨胀。区域的命名可以采用整数数字，如 1、2、3、4，也可以采用 IP 地址的形式，0.0.0.1、0.0.0.2，因为采用了 Hub-Spoke 的架构，所以必须定义一个核心，然后让其他部分都与核心相连。OSPF 的区域 0 就是所有区域的核心，称为 BackBone 区域（骨干区域或主干区域），而其他区域称为 Normal 区域（常规区域）。在理论上，所有的常规区域应该直接和骨干区域相连，常规区域只能和骨干区域交换 LSA，常规区域与常规区域之间即使直连也无法互换 LSA。

3. OSPF 的优点：

（1）OSPF 收敛速度快，能够在最短的时间内将路由变化传递到整个 AS；

（2）将协议自身的开销控制到最小；

（3）通过严格划分路由的级别（共分 4 级），提供更可信的路由选择；

（4）良好的安全性，OSPF 支持基于接口的明文及 MD5 验证；

（5）OSPF 适应各种规模的网络，最多可达数千台。

4. OSPF 适用的 4 种网络类型：

（1）点到点网络。不用进行 DR 和 BDR 的选举，直接形成邻接关系。

（2）广播多路访问或广播多址网络。需要进行 DR 和 BDR 的选举，如 Ethernet（以太网）、Token Ring（令牌环网）、FDDI 等。

（3）非广播多址网络（完全相连的 FR 网络）。不能发送广播和组播报文，如 X.25。

（4）点到多点网络（不完全相连的 FR 网络）。以点到多点的方式来建立连接，不需要进行 DR 和 BDR 的选取。

六 交换机基本配置

【知识点 1】 交换机基本配置方法

1. 网管型交换机可以通过两种方法进行配置：本地配置和远程网络配置。需要注意的是，远程网络配置方法只有在本地配置成功后才可进行。交换机提供两种管理接口，包括 Console 口和 ETH 口。

2. 根据管理接口的不同，登录交换机的方式有通过 Console 口登录、通过 Telnet 方式登录、通过 SSH 方式登录三种。如果交换机是第一次上电，并且需要管理和配置交换机，则只能通过 Console 口登录到交换机。

【知识点 2】 虚拟局域网的概念

1. 虚拟局域网（Virtual Local Area Network，VLAN）是为解决以太网的广播问题和安全性而提出的一种协议。VLAN 工作在 OSI 参考模型的第二层（数据链路层），虚拟局域网的好处是可以限制广播范围，并能够形成虚拟工作组，动态管理网络。

2. VLAN 可以很好地控制广播风暴的产生。每一个 VLAN 都是一个独立的网络，各自有唯一不同的子网号，VLAN 只能通过第三层路由才能进行通信而不能直接完成通信。

【知识点3】 VLAN 的分类

1. 静态 VLAN，是指由网络管理员根据交换机端口进行静态的 VLAN 分配，每个端口属于一个 VLAN。

2. 动态 VLAN，是指以交换机上联网用户的 MAC 地址、逻辑地址或数据包协议等信息为基础将交换机端口动态分配给 VLAN 的方式。

【知识点4】 VLAN 的划分方式

1. 基于端口划分。这种 VLAN 是根据以太网交换机的交换端口来划分的，它是将 VLAN 交换机上的物理端口和 VLAN 交换机内部的永久虚电路（Permanent Virtual Circuit，PVC）端口分成若干个组，每个组构成一个虚拟网，相当于一个独立的 VLAN 交换机。

这种方法的优点是，定义 VLAN 成员时非常简单，只要将所有的端口都定义为相应的 VLAN 即可，适用于任何大小的网络。这种方法的缺点是，如果某用户离开原来的端口，到了一个新的交换机的某个端口，必须重新定义。

2. 基于 MAC 地址划分。这种 VLAN 是根据每个主机的 MAC 地址来划分的，即对每个 MAC 地址的主机都配置它属于哪个组，VLAN 交换机跟踪属于 VLAN MAC 的地址。

这种方法最大的优点是，当用户物理位置移动时，即从一个交换机转换到其他的交换机时，VLAN 不用重新配置。这种方法的缺点是，初始化时，所有的用户都必须进行配置。这种划分方法通常适用于小型局域网。而且这种划分方法也会导致交换机执行效率降低，因为在每一个交换机的端口都可能存在多个 VLAN 组的成员，保存了许多用户的 MAC 地址，查询比较费时。

3. 基于网络层协议划分。这种 VLAN 是根据每个主机的网络层地址和协议类型（如果支持多协议）来划分的。VLAN 按网络层协议来划分，可分为 IP、IPX、AppleTalk 等 VLAN 网络。

这种方法的优点是，当用户的物理位置改变时，不需要重新配置所属的 VLAN，而且可以根据协议类型来划分 VLAN。另外，这种方法不需要附加的帧标签来识别 VLAN，这样可以减少网络的通信量。这种方法的缺点是效率低，因为检查每一个数据包的网络层地址是需要消耗处理时间的，一般交换机芯片都可以自动检查网络上数据包的以太网帧头，但要让芯片能检查 IP 帧头，需要更复杂的技术，同时也更费时。

【知识点 5】 基于端口划分 VLAN 的方法

1. 创建所需的 VLAN。如果 VLAN 已创建好，则此项可直接略过。

2. 配置端口类型。基于端口划分 VLAN 时可以加入 Access、Trunk 和 Hybrid 这三种二层以太网端口。

3. 将端口加入 VLAN 中。将用户计算机连接的交换机二层以太网端口加入已创建好的 VLAN 中。

七 路由器基本配置

【知识点 1】 路由器的主要工作

路由器的主要工作是接收 IP 报文，然后查找路由表寻找与目的地址相匹配的项，并将 IP 报文发送到下一个路由器或目的主机。路由器的一个重要的目标就是为主机提供能够准确反映当前网络状态的路由表。

【知识点 2】 路由与协议

路由器能在不同网络之间起到"翻译"的作用，是因为它不再是一个纯硬件设备，而是具有相当丰富的路由协议的软件、硬件设备，如 RIP 协议、OSPF 协议、EIGRP 协议、IPv6 协议等。

【知识点 3】 路由配置方式

1. 静态路由方式，是指需要手工配置所有通过该网络的优先选取的路由通道。该方式适用于网络拓扑形态不经常改变的小型网络。

2. 动态路由方式，是指使用路由协议自动建立描述网络的路由表。如果网络拓扑改变了，动态路由协议将通知所有的路由器。网络发生了改变，路由器将重新评估到达每一个网络段的最佳路径。

3. 路由协议的实现基于一定的路由算法，最常用的动态路由算法有距离向量算法和链路状态算法两种。

【知识点 4】 路由器接口配置

路由器的配置端口有两个，分别是 Console 和 AUX。

1. Console 端口。

Console 端口使用配置专用连线直接连接至计算机的串口，利用终端仿真程序进行路由器本地配置。路由器的 Console 端口多为 RJ-45 端口。

2. AUX 端口。

AUX 端口为异步端口,主要用于远程配置,也可用于拨号连接,还可通过收发器与 Modem 进行连接,支持硬件流控制(Hardware Flow Control)。

【知识点 5】 路由度量值

1. 跳数(hop count)。

跳数是最常用的路由度量值。跳数计算数据包从源主机到目标主机传送过程中经过的路由器数目。

2. 延时(delay)。

延时度量值计算数据包从源主机到目标主机传送的过程中共需多长时间。可能影响延时的因素有中间网络带宽、每个路由器等待路由的队列长、中间网络收敛度和两个网络之间的总距离。

3. 吞吐量(throughout)。

吞吐量度量值计算网络链路所允许的通信容量。

4. 可靠性(reliability)。

可靠性度量值用于比较不同的网络链路的可靠性。可靠性包括修复失效网络并让其运转起来的时间等。人们总是希望选择高可靠性的链路。

>> 第六节
网络管理

 一 网络管理基础知识

【知识点】 网络管理的概念

1. 网络管理,是指对组成网络的各种软、硬件设施的综合管理,以充分发挥这些设施的作用,让网络处于良好的工作状态。

2. 国际标准化组织(ISO)定义了以下五个网络管理功能:故障管理、配置管理、计费管理、性能管理、安全管理。

(1)故障管理。

故障管理是对计算机网络中的问题或故障进行定位的过程,它包含发现问题、分析问题、修复问题三个步骤。故障管理最主要的作用是：通过给网络管理者提供快速检查问题并启动恢复过程的工具，使网络的可靠性得到增强。

（2）配置管理。

配置管理用来定义、识别、初始化、监控网络中的被管对象，改变被管对象的操作特性，报告被管对象状态的变化。配置管理最主要的作用是：它可以增强网络管理者对网络配置的控制。这是通过对设备的配置数据提供快速的访问来实现的。在比较复杂的系统中，它可以使管理者能够将正在使用的配置数据与储存在系统中的数据进行比较，并且可以根据需要方便地修改配置。

（3）计费管理。

计费管理记录用户使用网络资源的情况并核收费用，同时统计网络的利用率。计费管理主要的作用是：网络管理者能测量和报告基于个人或团体用户的计费信息，分配资源并计算用户通过网络传输数据的费用，然后据此数据给用户开具账单。它增加了网络管理者对用户使用网络资源情况的认识，有助于创建一个更具生产力的网络。

（4）性能管理。

性能管理以网络性能为准则，保证在使用最少网络资源和具有最小延时的前提下，能提供可靠、连续的通信能力。性能管理的最大作用是：它可以帮助网络管理者减少网络中过分拥挤和不可通行的现象，从而为用户提供稳定的服务。

（5）安全管理。

安全管理可以保证网络不被非法使用。安全管理可以提供一种方法，通过该方法，可以定期地监视远程访问服务器上的访问点，并且记录下来哪个人正在使用该设备。安全管理也可以提供审计跟踪和声音警报方法，以提醒管理者预防潜在的安全性风险。

二 简单网络管理协议

【知识点1】 简单网络管理协议的概念

简单网络管理协议（Simple Network Management Protocol，SNMP）是由互联网工程任务组（IETF）定义的一套网络管理协议，该协议基于简单网关监视协议（Simple Gateway Monitor Protocol，SGMP），与协议系统无关，因而可以在 IP、IPX、AppleTalk 以及其他传输协议上使用。

【知识点2】 SNMP 系统构成

一个 SNMP 系统由四部分构成：网络管理站和被管理的网络设备、管理进程和代理进程、管理信息库（Management Information Base，MIB）、SNMP 协议。

【知识点 3】 SNMP 的缺点

在 SNMP 长期的应用中，逐渐暴露出一些问题。例如，不能有效地传送大块数据，安全性不好等。

三、网络诊断和配置命令

【知识点 1】 Ping 命令

Ping 命令通过发送"网际消息控制协议（ICMP）"回应报文并且监听回应报文的返回，以校验与另一台 TCP/IP 计算机的连接情况。Ping 命令是用于检测网络连接性、可到达性和名称解析等疑难问题的主要 TCP/IP 命令。

【知识点 2】 Ipconfig 命令

Ipconfig 命令显示所有当前的 TCP/IP 网络配置值、刷新动态主机配置协议（DHCP）和域名系统（DNS）设置。使用不带参数的 Ipconfig 命令可以显示所有适配器的 IPv4 地址或 IPv6 地址、子网掩码和默认网关。

【知识点 3】 Arp 命令

地址解析协议是在仅知道主机的 IP 地址时确定其物理地址的一种协议，主要用于将 IP 地址翻译为 MAC 地址。

【知识点 4】 Nbtstat 命令

Nbtstat 命令用于查看当前基于 NetBIOS 的 TCP/IP 连接状态，通过该工具可以获得远程或本地机器的组名和机器名。

【知识点 5】 Tracert 命令

Tracert 命令用于追踪数据分组的传递路径，从而可以观察从本机到某个目的地所经过的路由器列表。当本机无法访问某个目的地址时，该命令还可以判断其中故障的位置。

【知识点 6】 Netstat 命令

Netstat 命令是一个监控 TCP/IP 网络非常有用的工具，它可以显示路由表、实际的网络连接以及每一个网络接口设备的状态信息。

【知识点 7】 Pathping 命令

Pathping 命令是一个路由跟踪工具，它将 Ping 和 Tracert 命令的功能和这两个工具所不提供的其他信息结合起来。Pathping 命令跟踪数据包到达目标所采取的路由，并显示路径中每个路由器的数据损失信息。

【知识点 8】 Nslookup

Nslookup 是一个监测网络中 DNS 服务器是否能正确实现域名解析的命令行工具。这个命令可以指定查询的类型，可以查到 DNS 记录的生存时间，还可以指定使用哪个 DNS 服务器进行解释。

四 网络故障的分析和排除

【知识点 1】 网络故障分类

1. 按照网络故障的性质，网络故障可分为物理故障与逻辑故障两种。

2. 按照网络故障出现的对象，网络故障可分为网络服务器故障、线路故障和路由器故障。

3. 按照引起网络故障的原因，网络故障可分为配置故障、连通性网络故障、网络协议故障和安全故障。

（1）配置故障，是指网络系统及相关网络中的客户机配置内容不当引发的网络故障。

（2）连通性网络故障表现为网络不通。连通性网络故障通常涉及网卡、网线、交换机、路由器等设备和通信介质。

（3）网络协议故障，是指局域网中使用的网络协议出现故障，网络中的工作站无法登录服务器。

（4）安全故障通常表现为系统感染病毒、存在安全漏洞、黑客入侵等。

4. 诱发网络故障的原因通常有以下几种可能：物理层中物理设备相互连接失败或者硬件及线路本身的问题、数据链路层的网络设备的接口配置问题、网络层网络协议配置或操作错误、传输层的设备性能或通信拥塞问题、网络应用程序错误。

【知识点 2】 网络故障检测步骤

1. 重现网络故障。
2. 网络故障分析与定位。

网络故障的基本检查方法包括两种：分层检查和分段检查。

3. 网络故障的排除。

确定网络故障原因后，要采取一定的措施来隔离和排除故障。

4. 网络安全的检查。

在网络故障排除之后，还应该记录故障并存档，并且再次验证故障是否真正被排除。

【知识点3】 税务系统广域网管理

1. 设备管理。

通过设备管理集中统一管理税务省级广域网的全部设备资源，包括设备、端口、线路、VLAN、ACL等设备资源。统一管理全网设备的配置文件、软件版本，包括设备的当前软件版本、最新可用于升级的软件版本、最近备份时间、是否自动备份等信息。

2. 拓扑管理。

采用拓扑管理展示税务省级广域网物理网络拓扑结构，直观查看广域网设备资源。

3. 故障管理。

通过故障管理对税务省级广域网内各类设备和线路进行故障实时监控，使之在出现故障时能够及时告警，进行快速定位。

4. 流量管理。

采用流量管理对网络流量和质量（延迟、丢包率）进行分析，包括基于接口、基于业务的总体流量趋势、应用带宽占用趋势、节点（包括源、目的IP）流量、会话流量、业务系统之间的横向流量报表，以及端到端的业务时延、抖动和丢包等，以便跟踪解决网络流量异常问题。

5. 用户管理。

用户管理是通过广域网路由器对用户进行网络准入控制和行为监管，保障用户正当的访问权限，并且可在出现网络流量异常时迅速定位异常流量来源。

6. 报表管理。

网管报表要求能够根据税务省级广域网各级管理范围和权限要求，进行相应的报表内容定制，并按各自需要进行周期报表自动邮件发送。

>> 第七节
物联网

一 物联网基本概念

【知识点1】 物联网的定义

物联网（The Internet of Things），是指通过信息传感设备，按约定的协议，将任何物品与互联网相连接，进行信息交换和通信，以实现智能化识别、定位、跟踪、监控和管理的一种网络。根据物联网对信息感知、传输、处理的过程将其划分为三层结构，即感知层、网络层和应用层。

1. 感知层在物联网中属于信息收集的主要部分，主要用于对物理世界中的各类物理量、标识、音频、视频等数据的采集与感知。感知层的关键技术包括传感器、RFID、GPS、自组织网络、传感器网络、短距离无线通信等。

2. 物联网的网络层主要进行信息的传送。网络层主要是依靠传统的互联网，同时结合广电网、通信网等，能够在第一时间将各种传感器收集的信息进行传输，并由云计算平台对传输过来的信息进行分析和计算，从而作出相应的判断。目前能够用于物联网的通信网络主要有互联网、无线通信网、卫星通信网与有线电视网。

3. 应用层主要包括应用支撑平台子层和应用服务子层。应用支撑平台子层用于支撑跨行业、跨应用、跨系统之间的信息协同、共享和互通。应用服务子层包括智能交通、智能家居、智能物流、智能医疗、智能电力、数字环保、数字农业、数字林业等领域。

【知识点2】 物联网的特征

与传统的互联网相比，物联网具有以下特征：

1. 全面感知。物联网上部署了数量巨大、类型繁多的传感器，每个传感器都是一个信息源，不同类别的传感器所捕获的信息内容和信息格式不同。传感器获得的数据具有实时性。

2. 可靠传递。传感器采集的信息通过各种有线和无线网络与互联网融合，并通过互联网将信息实时而准确地传递出去。在传输过程中，为了保障数据的正确和及时，必须适应各种异构网络和协议。

3. 智能处理。物联网将传感器和智能处理技术相结合，利用网络、云计算、模式识别以及各种智能技术，扩充其应用领域。智能处理是从传感器获得的海量信息中分析、加工和处理出有意义的数据。

二 物联网关键技术

【知识点1】 物联网关键技术概述

物联网的关键技术主要有射频识别（Radio Frequency Identification，RFID）技术、传感器技术、智能技术、纳米技术、网络通信技术和云计算等。

【知识点2】 RFID技术

RFID技术是一种非接触式的自动识别技术，通过射频信号自动识别对象并获取相关数据。RFID为物体贴上电子标签，实现高效灵活管理，是物联网最关键的一个技术。典型的RFID系统由电子标签、读写器和信息处理系统组成。

【知识点3】 RFID组件

1. RFID系统由五个组件构成，即传送器、接收器、微处理器、天线、标签。传送器、接收器和微处理器通常都被封装在一起，又统称为阅读器（Reader），所以工业界经常将RFID系统分为阅读器、天线和标签三大组件。

2. 电子标签与阅读器之间通过耦合元件实现射频信号的空间（无接触）耦合，在耦合通道内，根据时序关系，实现能量的传递、数据的交换。

3. 阅读器是RFID系统最重要、最复杂的一个组件。因其工作模式一般是主动向标签询问标识信息，所以有时又被称为询问器（Interrogator）。

4. 天线同阅读器相连，用于在标签和阅读器之间传递射频信号。阅读器可以连接一个或多个天线，但每次使用时只能激活一个天线。

【知识点4】 标签

1. RFID标签（Tag）由耦合元件、芯片及微型天线组成，每个标签内部存有唯一的电子编码，附着在物体上，用来标识目标对象。

2. 标签采用三种方式进行数据存储：电可擦可编程只读存储器（EEPROM）、铁电随机存取存储器（FRAM）和静态随机存取存储器（SRAM）。一般射频识别系统主要采用EEPROM方式。

3. 标签根据是否内置电源，可以分为三种类型：被动式标签、主动式标签和半主动式标签。

被动式标签因内部没有电源设备，又被称为无源标签。被动式标签内部的集成电路通过接收由阅读器发出的电磁波进行驱动，向阅读器发送数据。

主动式标签因标签内部携带电源，又被称为有源标签。电源设备和与其相关的电路决定了主动式标签要比被动式标签体积大、价格昂贵。但主动式标签通信距离更远，可达上百米远。

半主动式标签兼有被动式标签和主动式标签的所有优点，内部携带电池，能够为标签内部计算提供电源。

4. RFID 频率是 RFID 系统的一个很重要的参数指标，它决定了工作原理、通信距离、设备成本、天线形状和应用领域等各种因素。RFID 典型的工作频率有 125kHz、133kHz、13.56MHz、27.12MHz、433MHz、860~960MHz、2.45GHz、5.8GHz 等。按照工作频率的不同，RIFD 系统集中在低频、高频和超高频三个区域。

【知识点5】 传感器和传感节点技术

1. 传感器，是指能够感受规定的被测量并按照一定规律转换成可用输出信号的器件或装置，通常由敏感元件和转换元件组成，用来感受信息采集点的环境参数，如声、光电热等信息，并能将检测感受到的按一定规律变换成电信号或其他所需形式的信息输出，以满足信息的传输、处理、存储和控制等要求。传感技术就是传感器的技术，用来接收物品传来的内容，给中央处理器处理。

2. 传感器的类型多样，可以按照用途、材料输出信号制造工艺等方式进行分类。常见的传感器有速度传感器、热敏传感器、压力敏和力敏传感器、位置传感器、液面传感器、能耗传感器、加速度传感器、射线辐射传感器、震动传感器、湿敏传感器、磁敏传感器、气敏传感器等。

3. 物联网中的传感器节点由数据采集、数据处理、数据传输和电源构成。节点具有感知能力、计算能力和通信能力，也就是在传统传感器基础上，增加了协同、计算、通信功能，构成了传感器节点。

【知识点6】 网络通信技术

1. 网络通信技术包括各种有线和无线传输技术、交换技术、组网技术、网关技术等。其中机器对机器技术（Machine to Machine，M2M）是物联网实现的关键。M2M 技术，是指所有实现人、机器、系统之间建立通信连接的技术和手段，同时也可代表人对机器（Man to Machine）、机器对人（Machine to Man）、移动网络对机器（Mobile to Machine）之间的连接与通信。

2. 传感器依托网络通信技术实现感知信息的传递和协同。传感器的网络技术分为两类：近距离通信技术和广域网络通信技术。在广域网络通信方面，IP 互联网、4G/5G 移动通信、卫星通信技术等实现了信息的远程传输。

第八节 区块链

一 区块链概述

【知识点1】 区块链的概念

1. 区块链本质上是一个去中心化的分布式数据库,该数据库由一串使用密码学方法产生的数据区块有序链接而成,区块中包含有一定时间内产生的无法被篡改的数据记录信息。

2. 区块中包含数据记录、当前区块根哈希(Hash)、前一区块根哈希、时间戳以及其他信息。数据记录的类型可以根据场景决定。数据记录在存储过程中,通常组织为树形式,如默克尔树,而区块根哈希实际是数据记录树的根节点哈希,为根据数据记录树自下而上逐步通过哈希算法得出。时间戳为区块的生成时间。其他信息包括区块签名信息、随机值等信息,也可根据具体应用场景灵活定义。

3. 区块链技术不是一种单一的技术,而是多种技术整合的结果,包括密码学、数学、经济学、网络科学等。这些技术以特定方式组合在一起,形成了一种新的去中心化数据记录与存储体系,并给存储数据的区块打上时间戳使其形成一个连续的、前后关联的诚实数据记录存储结构,最终目的是建立一个保证诚实的数据系统,可将其称为能够保证系统诚实的分布式数据库。

【知识点2】 区块链技术的分类

1. 公共区块链(Public Blockchain),是指全世界任何人都可以读取、可发送交易并进行有效性确认,任何人都能参与其共识过程的区块链(共识过程是维持区块链这种分布式数据库一致性、准确性的关键技术)。

2. 共同体区块链(Consortium Blockchain),又称联盟链,是指参与区块链的节点是事先选择好的,节点间通常有良好的网络连接等合作关系,区块链上的数据可以是公开的也可以是内部的,为部分意义上的分布式,可视为"部分去中心化"。

3. 私有区块链(Private Blockchain),是指参与的节点只有有限的范围,如特定机构的自身用户等,数据的访问及使用有严格的权限管理。

4. 公共区块链、共同体区块链和私有区块链各有优势。公共区块链很难实现得完美，共同体区块链、私有区块链需要找到实际迫切需求的应用需求和场景。至于具体选择哪套方案取决于具体需求，有时使用公共区块链会更好，但有时又需要一定的私有控制，使用共同体区块链或私有区块链更合适。

【知识点3】 区块链的特征

1. 去中心化。

去中心化是区块链最基本的特征，意味着区块链不再依赖于中央处理节点，实现了数据的分布式记录、存储和更新。

2. 透明性。

区块链系统的数据记录对全网节点是透明的，数据记录的更新操作对全网节点也是透明的，这是区块链系统值得信任的基础。

3. 开放性。

区块链系统是开放的，除了数据直接相关各方的私有信息被加密外，区块链的数据对所有人公开（具有特殊权限要求的区块链系统除外）。

4. 自治性。

区块链采用基于协商一致的规范和协议，使整个系统中的所有节点能够在去信任的环境自由安全地交换数据、记录数据、更新数据，把对个人或机构的信任改成对体系的信任，任何人为的干预都将不起作用。

5. 信息不可篡改。

区块链系统的信息一旦经过验证并添加至区块链后，就会得到永久存储，无法更改（具备特殊更改需求的私有区块链等系统除外）。

6. 匿名性。

区块链技术解决了节点间信任的问题，因此数据交换甚至交易均可在匿名的情况下进行。

二 区块链关键技术

【知识点1】 哈希函数

1. 哈希（Hash）函数又称散列函数、杂凑函数，是一个单向密码体制，即从明文到密文的不可逆映射，只有加密过程没有解密过程，哈希函数可以将任意长度的输入经过变化后得到固定长度的输出，这个固定长度的输出称为原消息的散列或消息映射。

2. Hash函数具有如下特点：

（1）易压缩。对于任意大小的输入 x，Hash 值 H（x）的长度很小。

（2）易计算。对于任意给定的消息，计算其 Hash 值比较容易。

(3) 单向性。对于给定的 Hash 值 h，要找到 M 使得 H（M）= h 在计算上是不可行的，即求 Hash 的逆很困难。

(4) 抗碰撞性。有两种抗碰撞性：一种是弱抗碰撞性，即对于给定的消息 x，要发现另一个消息 y，满足 H（x）= H（y）在计算上是不可行的；另一种是强抗碰撞性，即对于任意一对不同的消息（x，y），使得 H（x）= H（y）在计算上也是不可行的。

(5) 高灵敏性。如果输入有微小不同，哈希运算后的输出也一定不同。

3. 安全哈希算法（Secure Hash Algorithm 256，SHA-256）是被比特币世界采用的哈希函数，并取得不错效果。SHA-256 是 SHA-2（Secure Hash Algorithm 2）下细分出的一种算法。对于任意长度的消息，SHA-256 都会产生一个 256 比特长的哈希值，称作消息摘要。

【知识点 2】 数字签名

1. 数字签名，是指对纸上手写签名的数字模拟。数字签名使用了非对称加密技术和数字摘要技术，非对称加密技术会产生一个公钥（publickey）和一个私钥（privatekey），公钥和私钥是一对，私钥保存在所有者手中，需要对外人保密，公钥可以向其他信息接收方公开。如果用私钥对数据加密只有公钥才能解密，相反公钥加密过的数据，只有对应的私钥才能解密。

2. 数字签名涉及公钥、私钥和钱包等工具，有两个作用：一是证明消息确实是由信息发送方签名并发出来的；二是确定消息的完整性。数字签名技术是将摘要信息用发送者的私钥加密，与原文一起传送给接收者。接收者只有用发送者的公钥才能解密被加密的摘要信息，然后用 Hash 函数对收到的原文产生一个摘要信息，与解密的摘要信息对比。如果相同，则说明收到的信息是完整的，在传输过程中没有被修改，否则说明信息被修改过，因此数字签名能够验证信息的完整性。

3. 常用的数字签名算法有对称加密算法、非对称加密算法。比特币使用的数字签名方案叫作椭圆曲线数字签名算法（Elliptic Curve Digital Signature Algorithm，ECDSA），ECDSA 是基于椭圆曲线数学的一种公钥加密的算法。

【知识点 3】 共识机制

1. 由于点对点网络下存在较高的网络延迟，各个节点所观察到的事务先后顺序不可能完全一致。因此区块链系统需要设计一种机制对在差不多时间内发生的事务的先后顺序进行共识。这种对一个时间窗口内的事务的先后顺序达成共识的算法称为共识机制。共识机制是区块链节点就区块信息达成全网一致共识的机制，可以保证最新区块被准确添加至区块链、节点存储的区块链信息一致不分叉，甚至可以抵御恶意攻击。

2. 当前主流的共识机制包括：工作量证明、权益证明、工作量证明与权益证明混合、股份授权证明、瑞波共识协议等。

（1）工作量证明（Proof of Work，PoW），顾名思义，即指工作量的证明。

（2）权益证明（Proof of Stake，PoS），是指一个根据持有货币的量和时间，进行利息发放和区块产生的机制。

（3）工作量证明与权益证明混合（PoW＋PoS），在该机制中，区块被分成两种形式：PoW 区块及 PoS 区块。

（4）股份授权证明，是一种新的保障网络安全的共识机制。股份授权证明机制可以大大缩小参与验证和记账节点的数量，从而达到秒级的共识验证。

（5）瑞波共识协议（Ripple Consensus Protocol，RCP），是使一组节点能够基于特殊节点列表达成共识，RCP 效率高，使用场景有限。

3. Pool 验证池基于传统的分布式一致性技术建立，并辅之以数据验证机制，是目前区块链中广泛使用的一种共识机制。

Pool 验证池不需要依赖代币就可以工作，在成熟的分布式一致性算法（Pasox、Raft）基础之上，可以实现秒级共识验证，更适用于有多方参与的多中心商业模式。

【知识点 4】 智能合约

1. 智能合约，是指一段部署在分布式账本中的代码，它可以处理信息，接收、存储和发送价值，是一个能够自动执行合约条款的计算机程序。

2. 智能合约拥有自治、自足和分布式的特点，它由代码定义并独立执行。智能合约是一套以数字形式定义的承诺，承诺控制着数字资产并包含了合约参与者约定的权利和义务，由计算机系统自动执行。

3. 智能合约程序不只是一个可以自动执行的计算机程序，它本身就是一个系统参与者，对接收到的信息进行回应，可以接收和储存价值，也可以向外发送信息和价值。

4. 将智能合约以数字化的形式写入区块链中，由区块链技术的特性保障存储、读取、执行整个过程透明可跟踪、不可篡改。

5. 基于区块链的智能合约包括事务处理和保存的机制，以及一个完备的状态机，用于接收和处理各种智能合约，而且事务的保存和状态处理都在区块链上完成。

6. 基于区块链的智能合约构建及执行分为如下几个步骤：多方用户共同参与制定一份智能合约；合约通过 P2P 网络扩散并存入区块链；区块链构建的智能合约自动执行。

【知识点 5】 动态点对点网络

1. 与传统的中心化集中式架构相比，区块链弱化了中央服务器的概念。各个节点不再区分服务器和客户端的关系，每个节点既可请求服务也可提供服务，各个节点可以直接交换资源而不再需要通过服务器的桥接，用户与用户之间可以实现资源的直接分享与利用。在区块链分布式网络中,所有节点都是同等地位。一笔刚通过验证且被传递到区块链网络中任意节点的交易会被发送到周边的相邻节点,而每一个相邻节点又会将交易发送到其他的相邻节点。以此类推,在短时间之内,一笔有效的交易就会传播到网络中的各个角落,直到所有连接到网络的节点都接收到它。

2. 区块链是一个动态的网络,不断有新节点的加入和原区块链网络中节点的退出。新节点的不断加入为系统引入新的资源,整个网络由此得以构建和发展,资源的丰富性与多样性随之扩充,点对点网络的分散性、健壮性、可用性与整体性也将随着节点的数量增加而增强。

三 区块链面临的问题

【知识点1】 区块链性能和容量问题

1. 目前的区块链系统,尤其是金融区块链系统中,存在数据确认时间较长和交易频率过低的问题。

2. 区块链的去中心化程度与共识机制的性能效率难以两全,去中心化程度越高,共识机制的效率则会降低。反之,当区块链的去中心化程度越高时,由共识机制的效率直接决定的交易时延就越长,交易吞吐就越低。

【知识点2】 区块链安全性局限

1. 51%攻击。区块链需要引入大量公共资源参与到体系中来,若参与计算的节点数太少,则会面临51%攻击的可能性,对体系的良好运转产生威胁。

2. 私钥与终端安全。在目前比特币的机制下,私钥存储在用户终端本地。如果用户的私钥被窃取,将给用户资金造成严重损失。

【知识点3】 区块链发展受到现行制度的制约

一方面,区块链去中心、自治化的特性淡化了国家监管的概念,给现行体制带来了冲击。另一方面,与区块链相关的经济活动缺乏必要的制度规范和法律保护,无形中加大了市场主体的风险。

四 区块链在税务领域的应用

【知识点1】 区块链电子发票

1. 区块链电子发票:由深圳市税务局主导、腾讯提供底层技术支持,区块链电子发票是全国范围内首个"区块链+发票"生态体系应用研究成果,得到税务总局的批准与认可。采用区块链电子发票，经营者可以在区块链上实现发票申领、开具、查验、入账；消费者可以实现链上存储、流转、报销；而对于负责监督管理的税务局而言，这是一种全流程监管的科技创新，可以实现无纸化智能税务管理。

2. 区块链电子发票具有全流程完整追溯、信息不可篡改等特性，与发票逻辑相吻合，能够有效规避假发票，完善发票监管流程。区块链电子发票将连接每一个发票干系人，可以追溯发票的来源、真伪和入账等信息，解决发票流转过程中一票多报、虚报虚抵、真假难验等难题。此外，还具有降低成本、简化流程、保障数据安全和隐私的优势。

【知识点2】 应用展望

中共中央办公厅、国务院办公厅印发了《关于进一步深化税收征管改革的意见》，要求探索区块链技术在社会保险费征收、房地产交易和不动产登记等方面的应用，并持续拓展在促进涉税涉费信息共享等领域的应用。

比如，创建一个增值税标准和协议可以让分布式账本技术与税收相关联，从收据到银行存单，将所有的交易统一起来。这个系统会包括强化税收监管的智能合约，偷税漏税行为将比现有的审计方式更容易被发现。将区块链技术应用于税收领域会增强整个经济体中实时交易的透明度，区块链公开透明的特性还能够为向中小企业提供融资的贷款人提供包括信用状况在内的各项必要数据，以便贷款人准确识别和评估借款行为背后的信用风险。

>> 第九节
网络规划与建设

一 网络规划与分层设计

【知识点1】 网络系统总体目标与设计原则

1. 层次化组网原则。
2. 可靠性组网原则。
3. 实用性和先进性组网原则。
4. 灵活性和可扩展性组网原则。
5. 易操作性和易管理性组网原则。

【知识点2】 网络性能评价

1. 延迟。

延迟也称为传输延迟，描述的是分组从源站开始产生直至最后成功传送到目标站所需的时间。它由以下四个部分组成：排队延迟、访问延迟、发送时间、传播延迟。

2. 吞吐率。

吞吐率是度量网络传输数据能力的一个重要参数，是单位时间内网络上的总通信量。

3. 资源利用率。

资源利用率主要度量资源的忙空比，是评价网络性能价格比的重要参数，可分为总利用率和净利用率两类。总利用率是用户数据处理和开销一起占总容量的百分比。净利用率也称有效利用率，是用户数据处理占总容量的百分比。

资源利用率主要包括CPU利用率、传输线路利用率、内存利用率、磁盘利用率以及网络利用率等。

【知识点3】 层次化网络设计

大规模的网络一般为三层结构，即核心层、汇聚层、接入层。

1. 核心层。

核心层提供核心节点之间的高速数据转发。核心层应该具有以下特性：可靠性、高效性、冗余性、容错性、可管理性、适应性、低延时性等。核心层设备可以考虑采用双机冗余热备份或负载均衡功能，从而进一步提高网络性能和可用性。

2. 汇聚层。

汇聚层为核心层和接入层提供连接，主要负责路由聚合，收敛数据流量。汇聚层具有实施策略、安全、工作组接入、虚拟局域网（VLAN）之间的路由、源地址或目的地址过滤等多种功能。在汇聚层中，应该采用支持三层交换技术和VLAN的交换机，以达到网络隔离和分段的目的。

3. 接入层。

接入层为用户提供网络访问和管理功能。接入层可以选择不支持VLAN和三层交换技术的普通交换机。

二 设备选择

【知识点1】 设备选型的基本原则

1. 产品系列与厂商的选择。
2. 网络的可扩展性考虑。

3. 网络技术先进性考虑。
4. 设备的性价比和质量考虑。

【知识点2】 路由器选型
1. 路由器分类。
路由器按性能可以分为高、中、低档；按结构可分为骨干级路由器、企业级路由器和接入级路由器；按功能可分为边界路由器和中间节点路由器。

2. 路由器的关键技术指标。
（1）吞吐量，是指路由器的包转发能力。
（2）背板能力，是路由器输入端与输出端之间的物理通道。传统的路由器采用的是共享背板的结构，高性能路由器一般采用交换式结构，背板能力决定吞吐量。
（3）丢包率，是指在稳定的持续负荷情况下，由于包转发能力的限制而造成包丢失的概率。
（4）时延，是指数据包第一个比特进入路由器到最后一个比特离开路由器的时间间隔，该时间间隔标志着路由器转发包的处理时间。
（5）突发处理能力，是以最小帧间隔发送数据包而不引起丢失的最大发送速率来衡量的。
（6）路由表容量，路由器的一个重要任务就是建立和维护一个与当前网络链路状态与节点状态相适应的路由表。路由表容量指标标志着该路由器可以存储的最多的路由表项的数量。
（7）服务质量，主要表现在列队管理机制、端口硬件队列管理和支持 QoS 协议上。
（8）网管能力，表现在网络管理员可以通过网络管理程序和通用的网络管理协议SNMP 等，对网络资源进行集中的管理与操作。
（9）可靠性与可用性，表现在设备的冗余、热插拔组件、无故障工作时间、内部时钟精度等方面。

【知识点3】 交换机选型
1. 按网络覆盖范围划分：广域网交换机（用于电信城域互联和互联网接入等领域的广域网中）、局域网交换机（在局域网内使用，提供高速独立的通信信道）。
2. 按传输介质和传输速度划分：以太网交换机、千兆以太网交换机、ATM 交换机、FDDI 交换机等。
3. 按应用层次划分：企业级交换机（一般作为企业主干网来构建高速局域网）、校园交换机（一般作为网络的主干交换机，用于较大型的网络）、部门级交换机（可以是固定配置的也可以是模块配置的）、桌面型交换机（特点是 MAC 地址表容量小，且端口数也不多，只具备最基本的交换机特性）。

4. 按交换机的结构划分：固定端口交换机（端口数目固定不变，只能提供数量有限、类型固定的端口）、模块化交换机（可由用户选择不同数量、速率和类型的模块，以适应不同的网络需求）。

5. 按交换机工作的协议层划分：第二层交换机（应用于OSI/RM的第二层，只能工作在数据链路层，一般作为桌面型交换机）、第三层交换机（应用于OSI/RM的第三层，工作在网络层，具有路由功能，可作为大中型网络的基本配置设备）、第四层交换机（应用于OSI/RM的第四层，现在实际应用中使用较少）。

【知识点4】 交换机主要技术指标

交换机主要技术指标有：背板带宽，是交换机输入端与输出端之间的物理通道；全双工端口带宽；帧转发速率，是指交换机每秒钟能够转发的帧的最大数量；机箱式交换机的扩展能力；支持VLAN能力。

【知识点5】 交换机配置选择

交换机配置选择包括：机架插槽数、扩展槽数、最大可堆叠数、端口密度与端口类型、最小/最大GE端口数、支持的网络协议类型、缓冲区大小、MAC地址表大小、可管理性、设备冗余。

三 综合布线

【知识点1】 综合布线的概念

综合布线技术是使用模块化、结构化的方法，为不同建筑物或建筑群设计信息传输的通道。综合布线系统，是指按照标准、统一和简单的结构化方式设计和布置建筑物或建筑群内的各种信息传输系统的通信线路。因此，综合布线系统就是一种标准、通用的信息传输系统。

结构化综合布线系统是组建计算机网络的基础工程。

【知识点2】 常见的综合布线设计标准

常见的综合布线设计标准有《综合布线工程设计规范》（GB 50311—2016）、《综合布线系统工程验收规范》（GB/T 50312—2016）。

【知识点3】 综合布线子系统

综合布线子系统包括工作区子系统、水平干线子系统、管理子系统、垂直干线子系统、设备间子系统、建筑群子系统。

【知识点4】 综合布线的设计、施工与验收

1. 设计。

工程设计将对布线全过程产生决定性的影响，因此设计者应认真审慎，做好充分的调查研究，收集相关资料（包括建筑物的一些图纸资料、装修的图纸资料、其他工程的资料以及结构化综合布线方面的资料等）并充分考虑到经济方面的许可、具体应用的需求、施工进度的要求等各个方面。

2. 施工。

一般施工阶段直接牵涉很多方面的因素，因此协调工作特别重要，同时施工现场的指挥人员必须有较高的素质。临场的决断能力往往取决于对设计的理解以及对布线技术规范的掌握。

3. 验收。

综合布线施工的验收主要分六部分：环境检查、器材检查、设备安装检验、工程电气测试、消防安全检查、工程验收文档。

四 税务系统省级广域网设计

【知识点1】 省级广域网建设目标

1. 网络业务承载。

省级、地市级、区县级广域网应采用双线路冗余结构，需要在保证关键业务传输质量的基础上尽可能地充分利用广域双线路带宽资源，实现高效率、高可靠的数据流传输。

2. 路由实现。

省各级网络的路由设计需按照网络层次划分路由网络，根据各省实际情况，可选择划分为一个自治系统（AS），或由多个AS构建，需采用适当的区域内路由协议和区域间路由协议。

3. QoS技术。

采用QoS技术，支持IP QoS机制，支持基于MPLS/BGP实现QoS控制，为VPN用户实现端到端的QoS服务。支持在边缘网络中定义IP QoS级别，对接入层业务进行细分和区分服务，并继承到MPLS域中，实现端到端的QoS，提供基于业务的时延、抖动等的保障。

4. 网络可用性。

支持多种方式保证网络可用性，关键节点设备冗余备份，关键线路冗余备份，采

用高可靠性技术，如 VRRP、HSRP、堆叠、线路捆绑、BFD、FRR 等，保障网络的持续可用和故障恢复时间。

5. 安全性。

在系统设计中，既要考虑信息资源的充分共享，还要注意信息的保护和隔离，因此系统应分别针对不同的应用和不同的网络通信环境，采取不同的措施，包括系统安全机制、网段的划分、用户准入控制、网络边界安全等。

6. IPv6 技术。

支持丰富的 IPv4 向 IPv6 的各种过渡技术，支持通过 IPv6 技术构建 MPLS VPN 网络。

7. MPLS VPN 技术。

采用 MPLS/BGP VPN 作为实现基本 MPLS VPN 业务的技术路线，支持 MPLS L2 和 L3 VPN，提供 MPLS L2 VPN 的支持能力，包括支持 VPLS（多点的 MPLS L2 VPN）能力。同样在考虑部署 MPLS L2 VPN 时也必须支持跨自治系统的能力。

8. 网络管理。

税务信息化系统是跨区域的大型分布式网络应用系统，因此必须有完善的系统监控管理解决方案。

【知识点2】 省级广域网拓扑结构

税务系统省级广域网应采用树状结构。

1. 采用重要节点双冗余结构。

省—市—区（县）局网络节点应配置双核心网络设备，采用双线路互为备份的方式，双节点互为备份，避免单故障点，确保系统级的高可靠性。

2. 采用分层分级结构。

省—市—区（县）局作为本级汇集节点，分别接入上级节点路由器，并汇集下级节点路由器，进行省各级网络路由汇聚和交互，执行管理、访问、安全等控制策略，实现对省网的分层、分级拓扑和策略管理与维护。

3. 采用线路分担结构。

由于省内广域线路带宽资源有限，主、备线路应实现不同类型业务分流，充分利用网络线路，增强整体网络系统承载能力，为税务系统网络应用提供更好的适应性、扩展性和可靠性。

【知识点3】 省级广域网网络层次

税务系统省级广域网应按照逻辑层次划分为四级。

1. 省级。由各省（自治区、直辖市或计划单列市）省核心节点到各地市级汇聚设备及之间的线路组成。

2. 地市级。由各地市网络汇聚节点到各区县网络接入节点的接入设备及之间的线路组成。

3. 区县级。由各区县网络接入节点到各税所网络接入节点的接入设备及之间的线路组成。

4. 税所级。由各税所网络末端接入节点及之间的线路组成。

【知识点4】 线路技术

税务网络系统的省各级广域网的线路连接主要可采用SDH、MSTP、WDM、光纤直连等线路技术。省级广域网核心节点与骨干接入节点间可以通过城域WDM连接，或通过路由器设备的GE端口经光纤直连。省各级广域网原则上须通过SDH、MSTP实现连接，也可通过WDM、光纤直连连接。具体线路技术的选择应根据业务量要求以及城域传送网的资源情况、光纤线路资源情况等确定。

第四章
网络安全

>> 知识架构

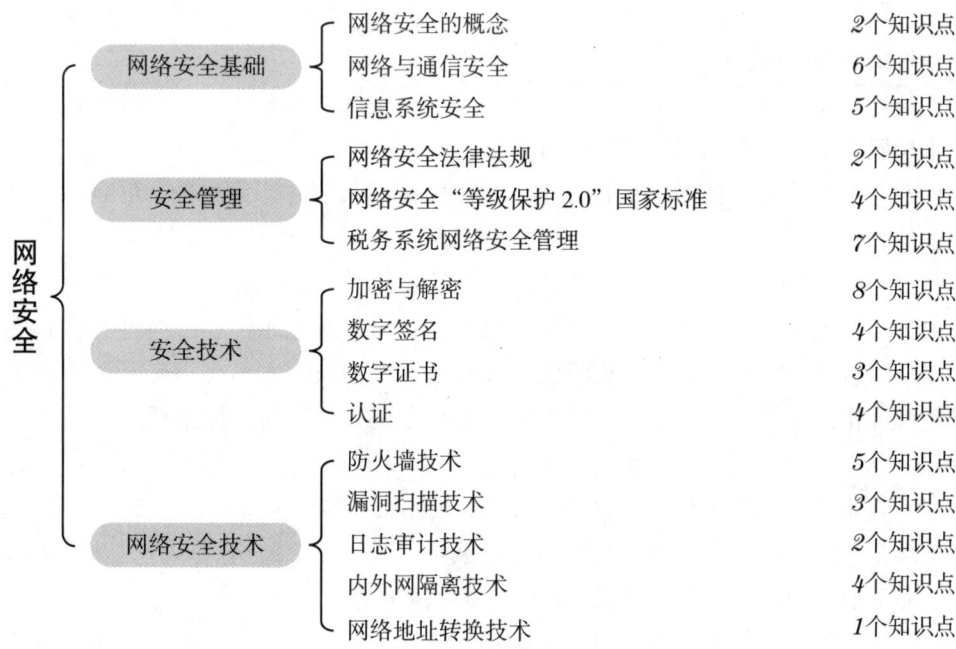

>> 第一节
网络安全基础

一 网络安全的概念

【知识点1】 网络安全的定义

网络安全是指网络系统的硬件、软件及其系统中的数据受到保护，不因偶然的或者恶意的原因而遭受到破坏、更改、泄露，系统连续可靠正常地运行，网络服务不中断。一般包含网络的保密性、完整性和可用性。

【知识点2】 网络空间安全

网络空间安全涉及以信息构建的各种空间领域。网络空间既是人的生存环境，也是信息的生存环境，因此，网络空间安全是人和信息对网络空间的基本要求。

二、网络与通信安全

【知识点1】 网络与通信安全的威胁

1. 网络通信安全是保障信息在传输形式中实现的可用性、完整性、可靠性以及具有较大的保密性。

2. 通信技术的威胁具有多来源的特征，按其来源可以划分为以下三个方面：

（1）病毒与木马。病毒是当已感染的软件运行时，通过恶性程序向计算机软件添加代码，修改程序的工作方式，从而获取计算机的控制权。木马是指未经用户同意进行非授权操作的一种恶意程序。木马程序不能独立侵入计算机，而是要依靠黑客来进行传播。

（2）漏洞。漏洞是在硬件、软件、协议的具体实现或系统安全策略上存在的缺陷，可以使攻击者能够在未授权的情况下访问或破坏系统。网络漏洞可以分为基于头部的漏洞、基于协议的漏洞、基于验证的漏洞和基于流量的漏洞。

（3）安全攻击。安全攻击可以分为被动攻击和主动攻击。被动攻击企图了解或利用系统信息但是不影响系统资源。主动攻击则试图改变系统资源或影响操作系统。

【知识点2】 物理层安全

1. 物理层常见的攻击方法有以下三种。

（1）硬件地址欺骗。攻击者将自己的物理地址伪装成合法主机的物理地址，则可以实施物理地址欺骗，诱使交换机将本应传输给合法主机的流量转发给攻击者。

（2）网络嗅探。黑客可以利用网络嗅探器读取收到的每一个数据包。

（3）物理攻击。物理攻击是指对设备或物理网络的破坏，如隔断网络电缆、路由器电源中断等。

2. 物理层的攻击可能发生在有线网络，也可能发生在无线网络，物理层安全策略可以用来减少物理网络的攻击，主要有以下两种。

（1）虚拟局域网（Virtual Local Area Network，VLAN）是一种在物理局域网内划分逻辑上独立的虚拟网络的方法。VLAN 分为两种：一种是静态 VLAN，是基于固定端口划分的；另一种是动态 VLAN，动态 VLAN 配置是根据设备的硬件地址划分 VLAN，提供了一定程度的安全性。所有的 VLAN 之间的流量都必须经过路由器，使安全性有所提高，VLAN 也可以用作网络管理工具，因为它们在物理网络基础上产生了逻辑网络。

（2）网络访问控制（Network Access Control，NAC）是一种对网络访问进行控制并根据用户验证、系统配置信息的系统，未授权的设备不能访问网络，或被隔离到一个独立的网络。访问控制策略包括入网访问控制策略、操作权限控制策略、目录安全控制策略、属性安全控制策略、网络服务器安全控制策略、网络监测和锁定控制策略、防火墙控制策略 7 个方面。

【知识点 3】 网络层安全

1. 网络层的安全威胁。

（1）IP 欺骗。IP 欺骗是指行动产生的 IP 数据包为伪造的源 IP 地址，以便冒充其他系统或发件人的身份。

（2）ICMP 攻击。ICMP 协议本身的特点决定了它非常容易被用于攻击网络上的路由器和主机。例如，向目标主机长时间、连续、大量地发送 ICMP 数据包，也会最终使系统瘫痪。大量的 ICMP 数据包会形成"ICMP 风暴"，使目标主机耗费大量的 CPU 资源进行数据处理，疲于奔命。

2. 网络层常用的安全对策。

（1）IP 过滤。IP 过滤是基于 IP 头中的值阻止 IP 流量的概念，通常在路由器中完成。最常见的过滤标准是 IP 地址字段、端口号和协议类型。

（2）网络地址转换（Network Address Translation，NAT）。网络地址转换也称网络掩蔽或者 IP 掩蔽（IP Masquerading），是一种在 IP 数据包通过路由器或防火墙时重写来源 IP 地址或目的 IP 地址的技术。

（3）虚拟专用网（Virtual Private Network，VPN）。虚拟专用网可用来提供双方设备间的加密和验证通信信道。VPN 在公用网络上建立专用网络，进行加密通信。VPN 网关通过对数据包的加密和数据包目标地址的转换实现远程访问。

（4）IP 安全（Internet Protocol Security，IPSec）。IP 安全是一个协议包，通过对 IP 协议的分组进行加密和认证来保护 IP 协议的网络传输协议族（一些相互关联的协议的集合）。IPSec 是一种专为 IPv6 设计的支持加密和验证的协议。IPSec 能够减少嗅探和验证攻击，实现密钥的分发。

【知识点 4】 传输层安全

1. 传输层的安全威胁。

（1）TCP 协议攻击。针对 TCP 协议的攻击可以分为两大类：第一类是攻击者在端点，并与攻击目标进行不正确通信；第二类是攻击者能够嗅探流量，并将数据包插入

TCP 协议流中。

（2）DNS 劫持。DNS 劫持又称域名劫持，指攻击者利用其他攻击手段（如劫持了路由器或域名服务器等），篡改了某个域名的解析结果，使指向该域名的 IP 变成了另一个 IP，导致对相应网址的访问被劫持到另一个不可达的或者假冒的网址，从而实现非法窃取用户信息或者破坏正常网络服务的目的。

2. 传输层安全。

传输层安全（Transport Layer Security，TLS）用于两个应用程序之间提供保密性和数据完整性。TLS 是安全套接层（Secure Socket Layer，SSL）标准化后的产物。TLS/SSL 协议最常见的用途是为 Web 流量提供安全保障。

【知识点5】 应用层安全

1. 电子邮件安全。

电子邮件主要采用 SMTP、POP、IMAP、MIME 等协议。电子邮件一般安全策略有以下三种。

（1）加密和验证。加密一直用于防止恶意浏览数据，并防止嗅探网络流量。最常见的是绝对私密协议（Pretty Good Privac，PGP），PGP 可以解决窃听问题，并可以用于识别电子邮件消息的发送者和接收者。

（2）电子邮件过滤。电子邮件过滤器一般配置在电子邮件服务器之前，是接收电子邮件的第一个 MTA。过滤列表有黑名单、白名单、灰名单。

（3）内容过滤处理。内容过滤处理通过查询可能引起安全问题的具体内容，分析电子邮件消息内容以便确定其是否包含恶意内容。最常用的类型是电子邮件病毒扫描程序，可以扫描所有电子邮件病毒。内容过滤器的一个弱点是不能打开或分析已经加密的电子邮件。

2. Web 安全。

Web 安全策略有以下两种。

（1）URL 过滤。URL 过滤器的判断依据是基于最终目的地址或被请求的网址。URL 过滤有客户端、代理服务器和网络三种主要方法，每一种方法都部署一个禁止访问站点的黑名单或一个仅由能被访问站点组成的白名单。

（2）内容过滤。内容过滤更进一步地采纳了 URL 过滤的思想，并试图检验 HTTP 的载荷。有些 URL 过滤器也执行内容过滤。内容过滤器有两种主要类型，即入站的和出站的，两者之间的唯一不同点是它们所寻找的内容的类型。

3. 远程访问安全。

远程控制网络安全策略主要有以下六种。

（1）加密远程访问。加密远程访问分为两类：基于应用程序的加密和基于通道的加密。基于应用程序的加密是在应用程序协议里包含加密功能。基于通道的加密是使用软件楔子（有时是支持通道的硬件）来创建一个加密的通道。

（2）安全外壳协议（Secure Shell，SSH）。SSH 是建立在应用层基础上的，专为远程登录会话和其他网络服务提供安全性的协议。SSH 支持机器验证和流量加密，以 rlogin 远程访问协议为模型，在正确使用时可弥补网络中的漏洞。

（3）远程桌面（Remote Desktop，RDP）。远程桌面是微软公司用来使客户端连接到基于 Windows 服务器的协议和应用程序。远程桌面支持加密和用户验证，使用一次一密会话密钥的对称密钥加密算法（RC4），即在客户端和服务器交换公共密钥之后，交换一次性会话密钥。

（4）超文本传输安全协议（Hyper Text Transfer Protocolover Secure SocketLayer，HTTPS）。HTTPS 是以安全为目标的 HTTP 通道，简单讲是 HTTP 的安全版。即 HTTP 下加入 SSL 层，HTTPS 的安全基础是安全套接层（SSL），因此加密的详细内容就需要 SSL，用于安全的 HTTP 数据传输。

（5）FTPS。FTPS 是一种对常用的文件传输协议（FTP）添加传输层安全（TLS）和安全套接层（SSL）加密协议支持的扩展协议。

（6）SSH 文件传输协议（SSH File Transfer Protocol，SFTP）。SFTP 是一个新的基于 SSH 的协议，支持相同类型的 FTP 所支持的命令和功能，可以为传输文件提供一种安全的网络加密方法。

【知识点6】 无线网络安全
1. 无线网络安全威胁。
（1）恶意连接。一个无线设备被装置伪装成一个合法的接入点，使攻击者可以从合法用户处盗取密码，然后使用盗取的密码侵入合法接入点。

（2）拒绝服务（DoS）。在无线网络的环境中，DoS 攻击发生于攻击者连续使用大量的、各种各样消耗系统资源的协议信息，来轰炸无线接入点或者其他可以访问的无线端口。

（3）网络注入。网络注入攻击的目标是暴露于未过滤的网络信息流之中的无线接入点。

（4）欺骗和非授权访问。攻击者通过伪造身份和地址的方式实施欺骗攻击，通过服务网络的验证，进而实现对无线网络各种资源和服务的非法访问。

（5）网络接管。网络接管是指攻击者通过某些技术接管已有的无线网络连接。

2. 无线安全措施。
无线安全措施包括安全无线传输、安全无线接入点和安全无线网络。
（1）安全无线传输。对于无线传输的过程，安全威胁包括监听、改变或插入信息和分配。为了对付监听,可以使用信息隐藏和加密等安全无线传输技术。

(2) 安全无线接入点。无线接入点的主要安全威胁是网络的未认证入侵。防止此类入侵的主要方法是 IEEE 802.1X 标准,对基于端口的网络访问进行控制。

(3) 安全无线网络。可以使用下列技术来保证无线网络安全:使用加密手段;使用杀毒软件、反间谍软件和防火墙;关闭标识符广播;改变路由器的标识符,改变路由器的预设密码;只允许专用的计算机访问无线网络。

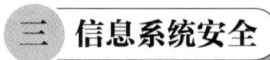

三 信息系统安全

【知识点1】 设备安全

信息系统设备的安全是信息系统安全的首要问题,主要包括以下三个方面。

(1) 设备的稳定性:设备在一定时间内不出故障的概率。

(2) 设备的可靠性:设备能在一定时间内正常执行任务的概率。

(3) 设备的可用性:设备随时可以正常使用的概率。

信息系统的设备安全是信息系统安全的物质基础。除了硬件设备外,软件系统也是一种设备,要确保软件设备的安全。

【知识点2】 数据安全

数据的安全属性包括秘密性、完整性和可用性。很多情况下,即使信息系统设备没有受到损坏,其数据安全也可能已经受到危害,如数据泄露、数据篡改等。由于危害数据安全的行为具有较高的隐蔽性,数据应用用户往往并不知情,因此危害性很高。

【知识点3】 内容安全

内容安全是信息安全在政治、法律、道德层次上的要求。

(1) 信息内容在政治上是健康的。

(2) 信息内容符合国家的法律法规。

(3) 信息内容符合道德规范。

【知识点4】 行为安全

数据安全本质上是一种静态的安全,而行为安全是一种动态的安全。

(1) 行为的秘密性:行为的过程和结果不能危害数据的秘密性。必要时,行为的过程和结果也应是秘密的。

(2) 行为的完整性:行为的过程和结果不能危害数据的完整性,行为的过程和结果是预期的。

(3) 行为的可控性：当行为的过程偏离预期时，能够发现、控制或纠正。

行为安全强调的是过程安全，体现在组成信息系统的硬件设备、软件设备和应用系统协调工作的程序（执行序列）符合系统设计的预期，这样才能保证信息系统的"安全可控"。

【知识点5】 信息安全的基本要素

信息安全的基本要素包括保密性、完整性、可用性、可控性和不可否认性。

1. 保密性。

保密性即信息不被透露给非授权用户、实体或过程。保密性是建立在可靠性和可用性基础之上的，常用的保密技术有以下几点：

（1）防侦收（使对手收不到有用的信息）。

（2）防辐射（防止有用的信息以各种途径辐射出去）。

（3）信息加密（在密钥的控制下，用加密算法对信息进行加密处理，即使对手得到了加密后的信息也会因没有密钥而无法读懂）。

（4）物理保密（使用各种物理方法保证信息不被泄露）。

2. 完整性。

完整性即在传输、存储信息或数据的过程中，确保信息或数据不被非法篡改或在篡改后被迅速发现，能够验证所发送或传送的东西的准确性，并且进程或硬件组件不会被以任何方式改变，保证只有得到授权的人才能修改数据。

完整性服务的目标是保护数据免受未授权用户的修改，包括数据的未授权创建和删除。通过如下行为，完成完整性服务：

（1）屏蔽，从数据中生成受完整性保护的数据。

（2）证实，对受完整性保护的数据进行检查，以检测完整性故障。

（3）去屏蔽，从受完整性保护的数据中重新生成数据。

3. 可用性。

可用性即让得到授权的实体在有效时间内能够访问和使用所要求的数据和数据服务。提供数据可用性保证的方式有如下几种：

（1）性能、质量可靠的软件和硬件。

（2）正确、可靠的参数配置。

（3）配备专业的系统安装和维护人员。

（4）网络安全能得到保证，发现系统异常情况时能阻止入侵者对系统的攻击。

4. 可控性。

可控性是指网络系统和信息在传输范围和存放空间内的可控程度，是对网络系统和信息传输的控制能力特性。使用授权机制控制信息传播范围、内容，必要时能恢复密钥，实现对网络资源及信息的可控性。

5. 不可否认性。

不可否认性即对出现的安全问题提供调查，使参与者（攻击者、破坏者等）不可否认或抵赖自己的行为，实现信息安全的审查性。

第二节 安全管理

一、网络安全法律法规

【知识点1】 我国现行网络安全相关法律法规

1. 《中华人民共和国电子签名法》（2004年8月28日第十届全国人民代表大会常务委员会第十一次会议通过，自2005年4月1日起施行，2015年4月24日第十二届全国人民代表大会常务委员会第十四次会议第一次修正，2019年4月23日第十三届全国人民代表大会常务委员会第十次会议第二次修正），是为了规范电子签名行为、确立电子签名的法律效力、维护有关各方的合法权益而制定的法律，它规定了安全电子签名与手书电子签名具有同等效力。

2. 《中华人民共和国网络安全法》（2016年11月7日第十二届全国人民代表大会常务委员会第二十四次会议通过，自2017年6月1日起施行）（以下简称《网络安全法》），是为了保障网络安全，维护网络空间主权和国家安全、社会公共利益，保护公民、法人和其他组织的合法权益，促进经济社会信息化健康发展而制定的法律。该法律属于基本法律，是网络安全法律体系的重要组成部分。

3. 《中华人民共和国密码法》（2019年10月26日第十三届全国人民代表大会常务委员会第十四次会议通过，自2020年1月1日起施行），是总体国家安全观框架下，国家安全法律体系的重要组成部分。明确对核心密码、普通密码与商用密码实行分类管理的原则。

4. 《中华人民共和国数据安全法》（2021年6月10日第十三届全国人民代表大会常务委员会第二十九次会议通过，自2021年9月1日起施行），是为了规范数据处理活动，保障数据安全，促进数据开发利用，保护个人、组织的合法权益，维护国家主权、安全和发展利益而制定的法律。

5. 《中华人民共和国个人信息保护法》（2021年8月20日第十三届全国人民代表

大会常务委员会第三十次会议通过，自 2021 年 11 月 1 日起施行），是为了保护个人信息权益、规范个人信息处理活动、促进个人信息合理利用而制定的法律，是一部保护个人信息的专门法律。

【知识点2】 网络安全法

1. 《网络安全法》第十三条规定，国家支持研发开发有利于未成年人健康成长的网络产品和服务，依法惩治利用网络从事危害未成年人身心健康的活动，为未成年人提供安全、健康的网络环境。

2. 《网络安全法》第十四条规定，任何个人和组织有权对危害网络安全的行为向网信、电信、公安等部门举报。收到举报的部门应当及时依法作出处理；不属于本部门职责的，应当及时移送有权处理的部门。

3. 《网络安全法》第四十三条规定，个人发现网络运营者违反法律、行政法规的规定或者双方的约定收集、使用其个人信息的，有权要求网络运营者删除其个人信息。网络运营者应当采取措施予以删除或者更正。

4. 《网络安全法》第四十四条规定，任何个人和组织不得窃取或者以其他非法方式获取个人信息，不得非法出售或者非法向他人提供个人信息。

5. 《网络安全法》第四十七条规定，网络运营者应当加强对其用户发布的信息的管理，发现法律、行政法规禁止发布或者传输的信息的，应当立即停止传输该信息，采取消除等处置措防止信息扩散，保存有关记录，并向有关主管部门报告。

二、网络安全"等级保护2.0"国家标准

【知识点1】 网络安全"等级保护2.0"国家标准的由来

2017 年，《网络安全法》的正式实施，标志着"等级保护2.0"的正式启动。《网络安全法》明确国家实行网络安全等级保护制度，对一旦遭到破坏、丧失功能或者数据泄露，可能严重危害国家安全、国计民生、公共利益的关键信息基础设施，在网络安全等级保护制度的基础上，实行重点保护。上述要求为网络安全等级保护赋予了新的含义。

【知识点2】 网络安全等级保护对象

网络安全等级保护对象包括网络基础设施（广电网、电信网、专用通信网络等）、云计算平台/系统、大数据平台/系统、物联网、工业控制系统、采用移动互联技术的系统等。

【知识点3】 等级定义

我国的信息系统的安全保护等级分为五级。

1. 第一级为自主保护级。由用户来决定如何对资源进行保护，以及采用何种方式进行保护。该级别适用于一般的信息系统，其受到破坏后，会对公民、法人和其他组织的合法权益产生损害，但不损害国家安全、社会秩序和公共利益。

2. 第二级为指导保护级。该级别的安全保护机制支持用户具有更强的自主保护能力。特别是具有访问审计能力，即它能创建、维护受保护对象的访问审计跟踪记录，记录与系统安全相关事件发生的日期、时间、用户和事件类型等信息，所有和安全相关的操作都能够被记录下来，以便当系统发生安全问题时，可以根据审计记录分析追查事故责任人。该级别适用于一般的信息系统，若其受到破坏，会对社会秩序和公共利益造成轻微损害，但不损害国家安全。

3. 第三级为监督保护级。它具有第二级系统审计保护级的所有功能，并对访问者及其访问对象实施强制访问控制。通过对访问者和访问对象指定不同安全标记，限制访问者的权限。该级别适用于涉及国家安全、社会秩序和公共利益的重要信息系统，若其受到破坏，会对国家安全、社会秩序和公共利益造成损害。

4. 第四级为强制保护级。它将前三级的安全保护能力扩展到所有访问者和访问对象，支持形式化的安全保护策略。其本身构造也是结构化的，以使之具有相当的抗渗透能力。该级别的安全保护机制能够使信息系统实施一种系统化的安全保护。该级别适用于涉及国家安全、社会秩序和公共利益的重要信息系统，若其受到破坏，会对国家安全、社会秩序和公共利益造成严重损害。

5. 第五级为专控保护级。它具备第四级的所有功能，还具有仲裁访问者能否访问某些对象的能力。因此，该等级的安全保护机制不能被攻击、被篡改，具有极强的抗渗透能力。该级别适用于涉及国家安全、社会秩序和公共利益的重要信息系统的核心子系统，若其受到破坏，会对国家安全、社会秩序和公共利益造成特别严重损害。

【知识点4】 等级保护工作主要内容

等级保护工作包括定级、备案、建设整改、等级测评、监督检查五个阶段。

1. 定级、备案。明确等级保护对象，开展定级备案工作。"等级保护2.0"国家标准不再自主定级，而是通过"确定定级对象—初步确定等级—专家评审—主管部门审核—公安机关备案审查—最终确定等级"这种线性的定级流程，系统定级必须经过专家评审和主管部门审核，才能到公安机关备案，整体定级更加严格。

2. 建设整改。确定等级保护对象的安全保护等级后，根据不同对象的安全保护等级完成安全建设或安全整改工作。根据需求制订建设整改方案，按照国家相关规范和技术标准，使用符合国家有关规定，满足安全等级需求的产品，开展信息系统安全建设整改。

3. 等级测评。选择具有国家相关技术资质和安全资质的测评单位进行等保测评。系统运营、使用单位向所在地设区的公安机关提交测评报告。

4. 监督检查。公安机关依据相关管理办法和工作规范，监督检查运营使用单位开展等级保护工作，定期对第三级以上的信息系统进行安全检查。运营使用单位应当接受公安机关的安全监督、检查、指导，如实向公安机关提供有关材料。

三 税务系统网络安全管理

【知识点1】 信息安全风险评估

风险评估是信息安全管理的基础，风险评估与管理是指识别、评定、控制风险的过程。即在风险评估的基础上，能够识别出组织面临的各种风险及其可能造成的损失，并采用适当的管理手段与技术手段及恰当的控制措施，化解和减缓各种安全风险，将风险降至组织可以接受的程度。

【知识点2】 风险评估主要步骤

1. 系统特征描述。

首先定义工作范围，确定信息系统的边界，识别信息资产以及系统的相关信息。通常这些信息分为以下几个方面：硬件、软件、系统边界、系统运行过程、数据和信息、系统和数据的关键性及敏感性、使用和支持系统的人员、系统的用户、网络拓扑结构、系统中的信息流、管理系统的安全策略、系统的各类控制措施、系统的物理安全环境，等等。对于设计阶段或开发阶段的系统，可以从设计文档或需求文档中提取相关的信息。一般可以采用问卷调查、现场面谈、文档检查、使用自动扫描工具等方法获取系统的相关信息及特征。

2. 威胁识别。

对威胁的识别关键在于对威胁源的识别，威胁源按照其性质可分为自然威胁、环境威胁和人为威胁三种。

3. 弱点识别。

弱点是指系统的缺陷或薄弱环节，对于威胁的分析必然要包含对于系统弱点的分析。仍然以问卷调查、现场面谈、文档检查等方法来对系统的弱点进行识别。另外，还可使用自动化弱点扫描工具、系统安全测试和评价、穿透性测试等手段来识别系统的弱点。

4. 控制分析。

控制分析是对组织已经实现的或计划实现的安全控制进行分析。安全控制措施包含技术措施和管理措施，技术控制措施是融入计算机硬件、软件中的保护措施（如访问控制机制、标识和鉴别机制、加密方法、入侵检测软件等）；管理措施包含安全策略、操作规程、人员和环境安全管理制度等。还可以将安全控制措施分为预防性控制措施和检测性控制措施。预防性控制是禁止发生与安全策略冲突的事件，如访问控制、加密、标识和鉴别等；检测性控制是对安全策略的冲突或试图冲突发出警告，包含审计追踪、入侵检测、日志检查等。

5. 可能性分析。

可能性分析是对一个潜在的弱点在相关的威胁环境中被攻击的可能性进行分析。可能性分析涉及威胁源的动机和能力、弱点的性质、安全控制的存在和有效性三个方面的因素。可能性分析结果可根据威胁源分为高、中、低三种。

6. 影响分析。

影响分析是对弱点一次成功的攻击所产生的负面影响进行确认。影响分析应考虑以下因素：信息系统运行的过程、信息系统和数据对于组织的价值和重要性、信息系统和数据的敏感性。影响分析可以用完整性、可用性和保密性三个安全目标的损失或降低来描述，这三个安全目标所受到的影响一般使用高、中、低定性指标来描述。

因此，在影响分析中应该根据影响分析对象的性质，分别采用定性和定量的分析方法，综合地使用定性和定量的方法来分析所受到的影响。

7. 风险确定。

风险确定的目的是评估信息系统的风险级别。评估风险级别应该考虑以下因素：给定的威胁源试图攻击一个给定的系统弱点的可能性（概率）、一个威胁源成功攻击了一个系统弱点后造成的危害大小、现有的或计划中的安全控制措施降低或消除风险的程度。

为了便于度量风险，可以制定一个风险级别矩阵。将威胁可能性（概率）乘以威胁影响得出风险级别。

8. 控制建议。

控制建议是指针对已经识别的风险，提出减缓和消除这些风险的安全控制建议。通过这些安全控制将信息风险级别降低到一个可以接受的水平。在考虑安全控制措施的建议方案时应考虑以下四个因素：安全控制措施的有效性、安全性、可靠性，符合现行的安全法律法规，符合组织的安全策略，对业务流程及系统性能的影响。

9. 结果文档。

经过以上几个步骤，威胁源以及系统弱点已经被识别出来，风险被评估并且确定了风险级别，针对风险的安全控制建议已经提出。把结果整理成正式文档，便是一份风险评估报告。风险评估报告是一份非常重要的管理报告，是信息安全管理以及变更管理的主要参考依据。

【知识点3】 税务系统应急预案体系

网络与信息安全事件应急工作中很重要的一项任务是应急预案的编制工作，税务系统网络与信息安全应急预案分为以下三大类。

1. 应急响应工作总体预案。由税务总局组织编制《税务系统网络与信息安全应急响应总体预案》。

2. 应急工作综合预案。税务系统各省级税务局依据《税务系统网络与信息安全应急响应总体预案》编制各省级单位的应急工作综合预案。

3. 专项应急预案。税务总局和各省级税务机构分别编写各级专项应急预案，为统一编制工作，税务总局同时发布了《税务系统网络与信息安全专项应急预案编写规范》。

【知识点4】 专项预案分类

专项预案分类依据网络与信息安全事件影响的对象、事件本身性质和响应单位（事件发现、事件处置、事件责任单位）的不同划分为四类：基础环境类、业务系统类、安全事件类和其他类。

1. 基础环境类。如《机房电力中断专项应急预案》《广域网通信中断专项应急预案》《机房灾害专项应急预案》。

2. 业务系统类。如《综合征收管理系统专项应急预案》《网上申报系统专项应急预案》《增值税新管理系统专项应急预案》。

3. 安全事件类。如《网络攻击事件专项应急预案》《计算机病毒传播事件专项应急预案》《信息泄露事件专项应急预案》。

4. 其他类。如《其他特殊情况专项应急预案》。

【知识点5】 专项预案编制部门

1. 专项预案的编制工作由税务总局网络与信息安全应急办公室总体规划部署，各级应急办公室组织发起；各省业务系统的专项应急预案由省局网络与信息安全应急办公室审核批准后发布实施，并在税务总局网络与信息安全应急办公室备案。

2. 税务总局组织专项预案技术委员会，由业务系统开发厂商、设备厂商、内部与外部安全专家共同组成，技术委员会协助各类专项预案的编制工作，对专项预案中的安全技术提供咨询与编写建议。

3. 专项预案编制组由各级应急保障组的人员组成，编制组负责按照总体规划完成专项预案规划中预案的编制与修订工作。

【知识点6】 应急演练机构组织与职责

各级税务机关的应急响应工作由本级网络与信息安全应急工作办公室负责组织、协调和检查，各专项保障组负责具体实施。应急工作专项保障组包括行政办公保障组、业务综合保障组、技术保障组和基础设施与后勤保障组。

【知识点7】 应急演练具体内容

1. 演练形式。

税务系统开展网络与信息安全演练的方式分为以下几种：按组织形式划分，应急演练可分为模拟演练和实战演练；按内容划分，应急演练可分为单项演练和综合演练；按目的与作用划分，应急演练可分为检验性演练、示范性演练和研究性演练。

2. 演练内容。

应急演练的内容设置应基于应急响应预案。为了提高应急演练的效率，可将两个或多个相关的应急响应预案设计在一个应急演练方案中。

应急演练内容设置应遵循以下原则：

（1）依据应急响应预案设置应急演练内容，使预案中规定的内容得到较全面的测试。

（2）保证演练参与人员的广泛性，使应急响应人员的能力得到全面提高。

（3）演练内容的设置应尽量减少或避开对生产系统和现实工作的影响。

（4）演练内容的设置应尽可能地避免可能导致意外情况的发生。

（5）演练内容的设置应使演练成果便于推广。

3. 演练场景。

选择网络与信息安全事件应急演练场景时可参照的常见事件包括机房灾害、硬件故障、软件故障、税务系统故障、通信中断、安全事件等，如表4-1所示。

表4-1　　　　　　　　　　　　事件分类

事件分类（应急演练场景）					
类型		包含的事件			
基础环境类	机房灾害	电力中断	空调中断	UPS故障	漏水
	硬件故障	主机	存储	网络	
	软件故障	数据库	中间件	操作系统	
	通信中断	局域网	广域网	互联网	
业务系统类	税务系统故障	综合征管业务	网上报税业务	……	
安全事件类	安全事件	蠕虫（恶意代码）	病毒	木马	DDoS	入侵
		信息泄露	网络攻击		

>> 第三节
安全技术

一 加密与解密

【知识点1】概述

在安全领域，利用密钥加密算法对通信的过程进行加密是一种常见的安全手段。利用该手段能够保障数据达到安全通信的三个目标：数据的保密性，防止用户的数据被窃取或泄露；数据的完整性，防止用户传输的数据被篡改；通信双方的身份确认，确保数据来源于合法的用户。

【知识点2】对称加密算法

采用单钥密码系统的加密方法，同一个密钥可以同时用于信息的加密和解密，这种加密方法称为对称加密，也称为单密钥加密。需要对加密和解密使用相同密钥的加密算法。由于其速度快，对称性加密通常在消息发送方需要加密大量数据时使用。对称性加密也称为密钥加密。密钥是控制加密及解密过程的指令。算法是一组规则，规定如何进行加密和解密。对称加密算法拥有算法公开、计算量小、加密速度和效率高等优点，但是也存在密钥单一、密钥管理困难等缺点。

【知识点3】分组密码

最常用的对称加密算法是分组密码。分组密码处理固定大小的明文输入分组，且对每个明文分组产生同等大小的密文分组。常见的对称分组密码有以下三种。

1. 数据加密标准（Data Encryption Standard，DES）。DES是一种使用密钥加密的块算法。DES设计中遵循了分组密码设计的两个原则：混淆（confusion）和扩散（diffusion）。混淆是使密文的统计特性与密钥的取值之间的关系尽可能复杂化。扩散的作用就是将每一位明文的影响尽可能迅速地作用到较多的输出密文位中。

2. 三重数据加密算法（Triple DES，3DES）。3DES相当于是对每个数据块应用三次DES加密算法。3DES即是设计用来提供一种相对简单的方法，即通过增加DES的密钥长度来避免类似的攻击，而不是设计一种全新的块密码算法。3DES的基本缺陷是算法软件运行相对缓慢。

3. 密码学中的高级加密标准（Advanced Encryption Standard，AES）。AES 又称 Rijndael 加密法，是美国联邦政府采用的一种区块加密标准。AES 使用的分组大小为 128 比特，密钥长度可以为 128 比特、192 比特或 256 比特。AES 结构非常简单，其解密算法也是按照相反的顺序使用扩展密钥，但是解密算法与加密算法不同，这是 AES 特殊结构的结果。

【知识点4】 流密码

1. 流密码（stream cipher）也称序列密码，它是对称密码算法的一种。流密码具有实现简单、便于硬件实施、加解密处理速度快、没有或只有有限的错误传播等特点，典型的应用领域包括无线通信、外交通信。典型的流密码一次加密一个字节的明文，尽管流密码可能设计成一次操作一个比特或者比字节大的单位。

2. 常见的流密码算法有 RC4 算法。RC4 是密钥大小可变的流密码，使用面向字节的操作，这个算法基于随机交换的使用。为网络浏览器和服务器之间的通信定义的 SSL/TLS 表中使用 RC4，也被用于属于 IEEE 802.11 无线 LAN 标准一部分的 WEP 协议。

【知识点5】 非对称加密算法

1. 非对称加密算法是一种密钥的保密方法。非对称加密算法需要两个密钥：公开密钥（public key，简称公钥）和私有密钥（private key，简称私钥）。公钥与私钥是一对，如果用公钥对数据进行加密，只有用对应的私钥才能解密。非对称加密算法基于数学函数，不像对称加密算法那样是基于比特模式的简单操作。非对称加密算法具有安全性高、算法强度复杂的优点，其缺点为加解密耗时长、速度慢，只适合对少量数据进行加密。

2. 非对称加密算法采用公钥和私钥两种不同的密钥来进行加解密。公钥和私钥是成对存在的，公钥是从私钥中提取产生，并公开给所有人的，如果使用公钥对数据进行加密，那么只有对应的私钥才能解密，反之亦然。

【知识点6】 公钥证书

解决公钥的伪造方法是使用公钥证书，公钥证书由公钥加上公钥所有者的用户 ID 及可信的第三方签名的整个数据块组成。用户可以通过安全渠道把他的公钥提交给 CA，以获取证书。然后用户就可以发布这个证书，任何需要该用户公钥的人都可以获取这个证书，并且通过所附的可信签名验证其有效性。

【知识点7】 RSA

RSA加密算法是一种非对称加密算法。RSA是分组密码，对于某个 n，它的明文和密文都是 $0 \sim n-1$ 的整数。对极大整数做因数分解的难度决定了RSA算法的可靠性。换言之，对一极大整数做因数分解越困难，RSA算法越可靠。目前只有短的RSA钥匙才可能被强力方式破解。到目前为止，世界上还没有任何可靠的攻击RSA算法的方式。只要其钥匙的长度足够长，用RSA加密的信息实际上是不能被破解的。

【知识点8】 密钥交换

密钥交换（Diffe-Hellman）是一种非对称加密算法。该算法的目的是使两个用户能够安全地交换密钥，供以后加密消息时使用，这个机制的巧妙在于需要安全通信的双方可以用这个方法确定对称密钥。然后可以用这个密钥进行加密和解密。但是，这个密钥交换协议/算法只局限于密钥的交换，而不能进行消息的加密和解密。双方确定要用的密钥后，要使用其他对称密钥操作加密算法实现加密和解密消息。

该算法的有效性是建立在计算离散对数很困难的基础上的。该算法的安全性在于：虽然计算模幂运算相对容易，但是计算离散对数却非常困难，对于大素数，计算离散对数被认为是不可行的。该算法的缺陷是，对于中间人攻击，这种密钥交换协议比较脆弱，因为它不能认证参与者，这种弱点可以通过使用数字签名和公钥证书来克服。

二 数字签名

【知识点1】 数字签名的概念

数字签名（Digital Signature）是签名者使用私钥对待签名数据的杂凑值做密码运算得到的结果，该结果只能用签名者的公钥进行验证。

一套数字签名通常定义了两种运算，一种用于签名，另一种用于验证。数字签名只有发送者才能产生，别人不能伪造这一段数字串。由于签名与消息之间存在着可靠的联系，接收者可以利用数字签名确认消息来源以及确保消息的完整性、真实性和不可否认性。

【知识点2】 消息的完整性

由于签名本身和要传递的消息之间是有关联的，消息的任何改动都将引起签名的变化。消息的接收方在接收到消息和签名之后，经过对比就可以确定消息在传输的过程中是否被修改，如果被修改过，则签名失效。这也显示出了签名不能够通过简单的复制从一个消息应用到另一个消息。

【知识点3】 消息的真实性

由于与接收方的公钥相对应的私钥只有发送方拥有，因此接收方或第三方可以证实发送者的身份。如果接收方的公钥能够解密签名，则说明消息确实是发送方发送的。

【知识点4】 消息的不可否认性

签名方日后不能否认自己曾经对消息进行的签名，因为私钥被用在了签名产生的过程中，而私钥只有发送者才拥有，因此只要用相应的公钥解密了签名，就可以确定该签名一定是发送者产生的。但是，如果使用对称性密钥进行加密，不可否认性是不被保证的。

三、数字证书

【知识点1】 数字证书的概念

数字证书是指在互联网通信中标志通信各方身份信息的一个数字认证，人们可以在网上用它来识别对方的身份。数字证书从本质上来说是一种电子文档，是由电子商务认证中心（以下简称CA中心）所颁发的一种较为权威与公正的证书。CA中心采用以数字加密技术为核心的数字证书认证技术。通过数字证书，CA中心可以对互联网上所传输的各种信息进行加密、解密、数字签名与签名认证等各种处理，同时也能保障在数字传输的过程中不被不法分子所侵入，或者即使受到侵入也无法查看其中的内容。

【知识点2】 数字证书的原理

1. 数字证书提供了一种网上验证身份的方式，主要采用公开密钥体制，还包括对称密钥加密、数字签名、数字信封等技术。通过使用数字证书，运用对称和非对称密码体制等密码技术建立一套严密的身份认证系统，每个用户自己设定一把特定的仅为本人所知的私有密钥（私钥），用它进行解密和签名。

2. 数字证书的基本架构是公开密钥PKI，即利用一对密钥实施加密和解密。密钥包括私钥和公钥。私钥主要用于签名和解密，由用户自定义，只有用户自己知道；公钥用于签名验证和加密，可被多个用户共享。

3. 数字证书主要具有三方面特征：安全性、唯一性、便利性。

【知识点3】 数字证书的分类

1. 服务器证书（SSL证书）。服务器证书被安装在服务器设备上，用来证明服务器的身份和进行通信加密。服务器证书可以用来防止欺诈钓鱼站点。服务器证书主要用于服务器（应用）的数据传输链路加密和身份认证，不同的产品对于不同价值的数据要求不同的身份认证。

2. 电子邮件证书。电子邮件证书用来证明电子邮件发件人的真实性。它并不证明数字证书上面 CN 字段所标识的证书所有者姓名的真实性，只证明邮件地址的真实性。收到具有有效电子签名的电子邮件，除了能确定邮件确实由指定邮箱发出外，还可以确信该邮件从被发出后没有被篡改过。另外，使用收件人的邮件证书，还可以向其发送加密邮件，该加密邮件可以在非安全网络传输。

3. 客户端个人证书。客户端个人证书主要被用来进行身份验证和电子签名，被存储在专用的智能密码钥匙中，使用时需要输入保护密码。使用该证书需要物理上获得其存储介质的智能密码钥匙，且需要知道智能密码钥匙的保护密码，这也被称为双因子认证。这种认证手段是目前在互联网中最安全的身份认证手段之一。

四 认证

【知识点 1】 认证的概念

人们在网络上进行一些活动时通常需要登录某个业务平台，这时需要进行身份认证。身份认证主要通过以下三种基本途径之一或其组合来实现：

（1）所知（what you know）：个人所知道的或掌握的知识，如口令。

（2）所有（what you have）：个人所拥有的东西，如身份证、护照、信用卡、钥匙或证书等。

（3）个人特征（what you are）：个人所具有的生物特性，如指纹、掌纹、声音、脸形、DNA、视网膜等。

【知识点 2】 基于口令的认证

基于口令的认证方式是较常用的一种技术。在最初阶段，用户首先在系统中注册自己的用户名和登录口令。系统将用户名和口令存储在内部数据库中。这个口令一般是长期有效的，因此也称为静态口令。当进行登录时，用户系统产生一个类似于时间戳的东西，把这个时间戳使用口令和固定的密码算法进行加密，连同用户名一同发送给业务平台，业务平台根据用户名查找用户口令进行解密，如果平台能恢复或接收到那个被加密的时间戳，则对解密结果进行比对，从而判断认证是否通过；如果业务平台不能获知被加密的时间戳，则解密后根据一定规则（如时间戳是否在有效范围内）判断认证是否通过。静态口令的应用案例随处可见，如本地登录 Windows 系统、网上博客、即时通信软件等。

【知识点 3】 双因子身份认证技术

在一些对安全要求更高的应用环境,简单地使用口令认证是不够的,还需要使用其他硬件来完成,如 U 盾、网银交易就使用这种方式。在使用硬件加密和认证的应用中,通常使用双因子认证,即口令认证与硬件认证相结合来完成对用户的认证,其中硬件部分被认为是用户所拥有的物品。使用硬件设备进行认证的好处是,无论用户使用的计算机设备是否存在木马病毒,都不会感染这些硬件设备,从而在这些硬件设备内部完成的认证流程不受木马病毒的影响,从而可提高安全性。

【知识点 4】 生物特征识别认证技术

生物特征识别技术主要指使用计算机及相关技术,利用人体本身特有的行为特征和(或)生理特征,通过模式识别和图像处理的方法进行身份识别。生物特征主要分为生理特征和行为特征。生理特征是人体本身固有的特征,是先天性的特征,基本不会或很难随主观意愿和客观条件发生改变,是生物特征识别技术的主要研究对象,其中比较具有代表性的技术主要有指纹识别、人脸识别、虹膜识别等;行为特征主要指人的动作特征,是人们在长期生活过程中形成的行为习惯,利用该特征的识别技术主要包括声音识别、笔迹识别等。

>> 第四节
网络安全技术

一 防火墙技术

【知识点 1】 防火墙的概念

1. 防火墙是一种用来加强网络之间访问控制、防止外部网络用户以非法手段通过外部网络进入内部网络访问内部网络资源、保护内部网络操作环境的特殊网络互联设备。

2. 防火墙系统应具备三个条件:内部和外部之间的所有网络数据流必须经过防火墙;只有符合安全策略的数据流才能通过防火墙,这也是防火墙的主要功能——审计和过滤数据;防火墙自身应对渗透免疫。

3. 防火墙技术主要有包过滤技术、代理技术、状态检测技术、网络地址转换技术、

VPN 技术、内容检查技术以及其他技术。

【知识点2】 防火墙的基本类型

1. 网络层防火墙。网络层防火墙可视为一种 IP 封包过滤器，运作在底层的 TCP/IP 堆栈上，可以以枚举的方式只允许符合特定规则的封包通过，其余的一概禁止穿越防火墙（病毒除外，防火墙不能防止病毒侵入）。这些规则通常可以经由管理员定义或修改，不过某些防火墙设备可能只能套用内置。

2. 应用层防火墙。应用层防火墙在 TCP/IP 堆栈的应用层上运作，用户使用浏览器时所产生的数据流或使用 FTP 时的数据流都属于这一层。应用层防火墙可以拦截进出某应用程序的所有封包，并且封锁其他的封包（通常是直接将封包丢弃）。

3. 数据库防火墙。数据库防火墙是一款基于数据库协议分析与控制技术的数据库安全防护系统，基于主动防御机制实现数据库的访问行为控制、危险操作阻断、可疑行为审计。

数据库防火墙通过 SQL 协议分析，根据预定义的禁止和许可策略让合法的 SQL 操作通过，阻断非法违规操作，形成数据库的外围防御圈，实现 SQL 危险操作的主动预防、实时审计。

数据库防火墙面对来自外部的入侵行为，提供 SQL 注入禁止和数据库虚拟补丁包功能。

【知识点3】 包过滤技术

1. 包过滤型防火墙放在网络中的适当位置，其对数据包实施有选择地通过。选择依据即为系统内设置的过滤规则（通常称访问控制列表），只有满足过滤规则的数据包才能被转发到相应的网络接口，其余数据包则被丢弃。

2. 包过滤一般的检查包括：IP 源地址、IP 目的地址、协议类型（TCP 包、UDP 包和 ICMP 包）、TCP 或 UDP 的源端口、TCP 或 UDP 的目的端口、ICMP 消息类型、TCP 报头的 ACK 位。

3. 包过滤包括按地址过滤和按服务过滤。对用户来说，包过滤技术有帮助保护整个网络，减少暴露的风险；对用户完全透明，不需要对客户端做任何改动，也不需要对用户做任何培训；很多路由器可以做数据包过滤，因此不需要专门添加设备。

4. 包过滤的缺点主要表现在：包过滤规则难以配置，一旦配置，数据包过滤规则也难以检验；包过滤仅可以访问包头中的有限信息；包过滤是无状态的，因为包过滤不能保持与传输相关的状态信息或与应用相关的状态信息。

【知识点4】 代理技术

代理技术又称应用层网关技术。代理技术企图在应用层实现防火墙的功能。代理技术的特点有：网关理解应用协议，可以实施更细粒度的访问控制；对每一类应用，都需要一个专门的代理；灵活性不够。

【知识点5】 状态检测技术

基于状态检测技术的防火墙不仅对数据包进行检测，还对控制通信的基本状态信息（包括通信信息、通信状态、应用状态和操作信息）进行检测。与传统包过滤防火墙的静态过滤规则表相比，它具有更好的灵活性和安全性。将状态检测型防火墙与应用层网关相比，状态检测型防火墙所具有的安全保护能力与应用层网关基本相同，且状态检测型防火墙更加灵活，比应用层网关具有更好的扩展能力。

二、漏洞扫描技术

【知识点1】 漏洞扫描技术的概念

1. 漏洞扫描技术也称脆弱性评估，其基本原理是采用模拟黑客攻击的方式对目标可能存在的已知安全漏洞进行逐项检测，可以对工作站、服务器、交换机、数据库等各种对象进行安全漏洞检测。一般来说，安全扫描器具备信息收集和漏洞检测两个功能。

2. 安全扫描技术主要分为两类：基于主机的安全扫描技术和基于网络的安全扫描技术。相应地，也可以将安全扫描器分为主机型安全扫描器和网络型安全扫描器。主机型安全扫描器用于扫描本地主机。网络型安全扫描器通过网络来测试主机安全性。

3. 按照扫描过程的不同方面，扫描技术又可分为 Ping 扫描技术、端口扫描技术、操作系统探测扫描技术、漏洞扫描技术四类。其中，端口扫描技术和漏洞扫描技术是网络安全扫描技术中的两种核心技术。

【知识点2】 端口扫描技术

端口扫描技术是一项自动探测本地和远程系统端口开放情况的策略及方法。端口扫描技术的原理是端口扫描向目标主机的 TCP/IP 服务端口发送探测数据包，并记录目标主机的响应。通过分析响应来判断服务端口是打开还是关闭，进而得知端口提供的服务或信息。按照端口连接的情况，端口扫描技术可分为全连接扫描、半连接扫描、秘密扫描和其他扫描。

【知识点3】 漏洞扫描技术

漏洞扫描技术建立在端口扫描技术基础之上。漏洞扫描技术的原理是主要通过以下两种方法来检查目标主机是否存在漏洞：一是在端口扫描后得知目标主机开启的端口及端口上的网络服务，将这些相关信息与网络漏洞扫描系统提供的漏洞库进行匹配，查看是否有满足匹配条件的漏洞存在。二是通过模拟黑客的攻击手法，对目标主机系统进行攻击性的安全漏洞扫描，如测试弱口令等。若模拟攻击成功，则表明目标主机系统存在安全漏洞。

三 日志审计技术

【知识点1】 设置日记记录

1. 当启动一个日志记录程序时，首先要对该程序的初始值进行一系列的设置，重点考虑需要记录的行为内容、日志记录需要保存的时间、何种事件发生后应在第一时间向安全管理员进行报警等。

2. 需要记录的行为：需要明确应该对系统的哪些事件做出记录。

3. 记录保留时间：根据时间或存储空间的规则覆盖相应的日志文件，具体使用哪种规则需要安全管理人员根据安全的优先级来判断。

4. 设置报警系统：主流的操作系统都可以在特定安全事件发生后向安全管理员进行报警，系统报警形式主要包括电子邮件、纸质报告、短信、即时通信、电话等多种形式。报警机制可由以上多种方式组成。

5. Windows 日志记录：Windows 操作系统中优先级最高的记录机制是事件查看器，其允许系统记录不同类型的系统事件。所有的 Windows 系统都有三种基本的日志文件，分别记录安全日志、应用日志和系统日志。

6. UNIX 日志记录：UNIX 系统通过使用 syslog 日志函数来记录日志，syslog 广泛应用于系统日志。syslog 日志消息既可以记录在本地文件中，也可以通过网络发送到接收 syslog 的服务器上。完整的 syslog 日志包含产生日志的程序模块、时间、主机名或 IP 地址、进程名、进程 ID 和正文等信息。

【知识点2】 日志数据分析

1. 对系统进行日志记录之后要通过分析这些数据对系统环境进行监控。具体有建立正常行为基准和监测异常行为两个操作。

（1）建立正常行为基准。

分析日志文件的第一步就是了解哪些行为属于正常行为，这些正常行为也可以称为行为基准。作为系统管理员，要为系统确定合适的基准以监测系统的故障。

（2）监测异常行为。

建立行为基准之后，下一步就是监测异常行为，需要考虑以下三方面因素。

①行为偏离行为基准的程度，首先要确定正常行为的阈值，不同系统的相应阈值是不同的。

②偏差行为发生的时间，某些正常情况下，系统的行为也有可能超出基准的阈值范围。这些行为是否为异常事件还要取决于行为持续的时间。根据不同的系统及不同的安全需求，时间标准是不同的。

③需要报告的异常事件类型，每个系统都存在着一些更能说明系统正在遭受安全威胁的事件，对这类事件应立即报告给系统管理员。

2. 简化数据。

日志记录的一个常见错误就是为避免错过任何细节而存储大量数据。因此，日志记录的一个基本原则是尽可能缩小日志记录的范围从而缩减日志记录的数据和日志分析所用的时间。

四 内外网隔离技术

【知识点1】 物理隔离

物理隔离，是指内部网络与外部网络在物理上没有相互连接的通道，两个系统在物理上完全独立。

【知识点2】 用户级物理隔离

第一阶段，主要采用双机物理隔离系统。主要原理是将两套主板、芯片、网卡和硬盘系统合并为一台计算机使用。它的最大优点是不需要重新启动系统，可以随时切换内网和外网状态，但这使客户端的成本过高，且要求双网线的布线结构，技术含量不高。

第二阶段，主要采用双硬盘物理隔离系统，在选择不同的硬盘时，同时选择了隔离卡的不同的网络接口，连接到不同的网络。

第三阶段，主要采用单硬盘物理隔离系统，即客户端仍然采用类似第二代的双网线安全隔离卡技术，不同的是只采用一个网络接口。

【知识点3】 网络级物理隔离

1. 隔离集线器。

从内部结构来讲，隔离集线器相当于内网和外网两个集线器的集成。隔离集线器只有与其他隔离措施（如物理隔离卡等）相配合，才能实现真正的物理隔离。

2. 互联网信息转播服务器。

互联网信息转播服务器是一种非实时的互联网访问方式。这种系统由采集服务器、转播服务器和相应的切换开关构成。采集服务器与转播服务器之间采用单向数据通道，只允许数据单向流动到转播服务器，这样可以防止内部网络信息向外部泄露。

3. 隔离服务器。

隔离服务器是目前比较新的物理隔离技术。系统由隔离服务器和防火墙组成。隔离服务器有内部网络和外部网络两个接口，但不同时连接两个网络。外部数据进入内网前需经过防火墙的过滤。这种物理隔离系统较好地解决了内网和外网切换时必须重新启动系统后才能转换状态带来的使用不便、数据不能共享等问题。但由此产生了安全性能降低的问题，其安全性不如完全的物理隔离系统。

【知识点4】 内外网数据交换解决方案

整个网络按照安全域划分为以下六个安全区域：内部区域、数据交换安全区、数据处理安全区、数据受理安全区、互联网接入区域、外部区域。

内部区域为税务业务专网，与外界通过防火墙进行逻辑隔离，设置严格访问服务策略，严格控制访问行为，内部区域的安全级别原则上最高。

数据交换安全区中放置与银行、政府或其他部门专网进行数据交换的机器。

数据处理安全区中放置重要的后台服务器，这些服务器存放税务系统对外服务所需的数据。

数据受理安全区中的机器为外部区域中的用户提供具体的服务。

互联网接入区域提供互联网接入服务。

外部区域是互联网等不属于税务专网的外部网络区域。

五　网络地址转换技术

【知识点】 网络地址转换技术

网络地址转换（Network Address Translation，NAT）最初的设计目的是增加私有组织的可用地址空间和解决将现有的私有 TCP/IP 网络连接到互联网上的 IP 地址编号问题。

NAT 技术在解决 IP 地址短缺的同时提供了以下功能：内部主机地址隐藏、网络负载均衡、网络地址交叠。正是由于网络地址转换技术提供了内部主机地址隐藏的技术，故其成为防火墙实现中经常采用的核心技术之一。

第五章
数据库管理与应用

第五章 数据库管理与应用

>> **知识架构**

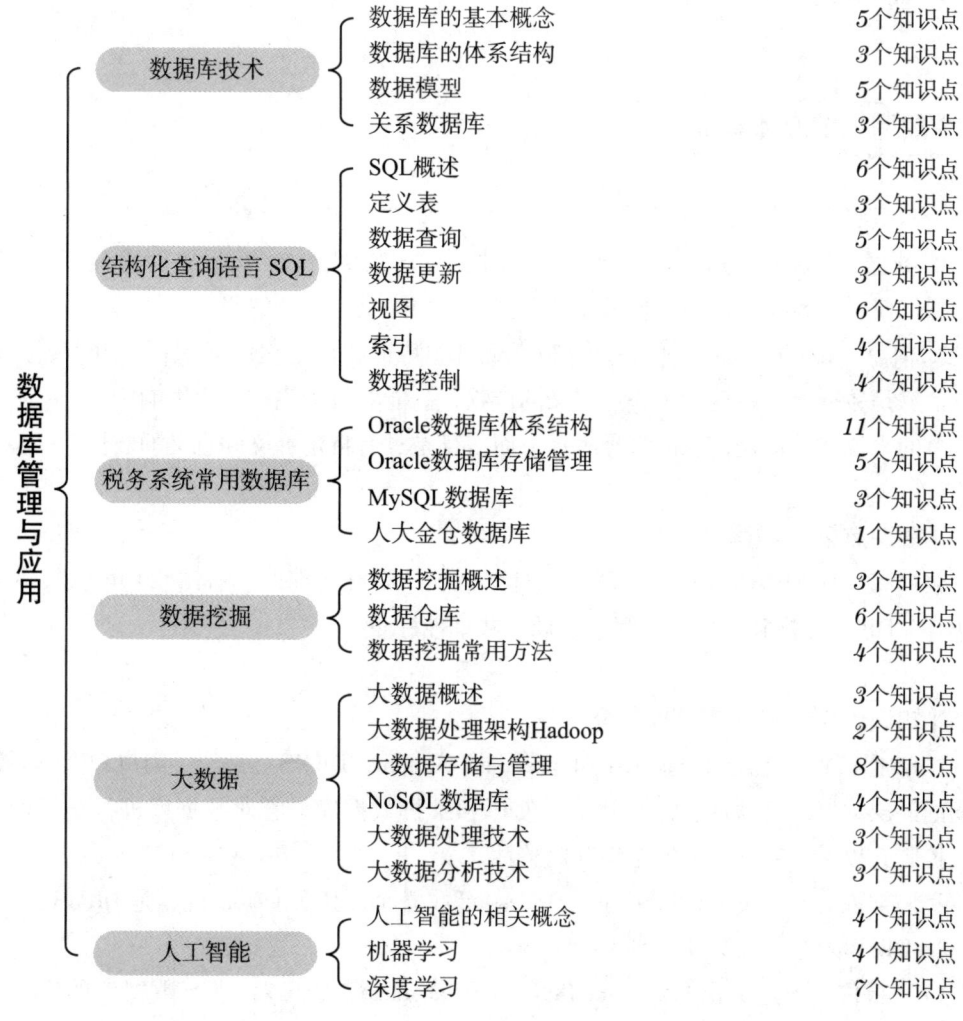

第一节 数据库技术

一、数据库的基本概念

【知识点1】 数据和信息

1. 数据（Data）。数据也称资料，是用来描述客观事物的、可以鉴别的符号。单纯的数据仅仅是对客观事物的一种描述，不会对事物提供判断、解释。

2. 信息（Information）。信息是反映客观事物特征的可通信的知识。相对于数据来说，信息是数据处理以后赋予一定语义的产物，它能对行为主体产生影响。

总的来说，数据是信息的符号表示，而信息是具有特定释义和意义的数据。

【知识点2】 数据库

数据库（Database，DB）本质是长期存储在计算机内部的、有组织、可共享的数据集合。DB 的数据独立性高、冗余度低、共享性好。

【知识点3】 数据库管理系统

1. 数据库管理系统（Database Management System，DBMS）是位于用户和操作系统之间的一层数据管理软件，用于建立、使用和维护数据库。它对数据库进行统一的管理和控制，以保证数据库的安全性和完整性。

我们常说的 Oracle、SQL Server、Access 等数据库，其实准确地说就是 DBMS。

2. DBMS 一般具备以下功能：

（1）提供数据定义语言（Data Definition Language，DDL），进行数据库的定义和建立。

（2）提供数据操作语言（Data Manipulation Language，DML），进行数据处理工作。

（3）维护数据库的运行，提供完整性、安全性和并发性方面的控制能力。

常见的 DBMS 有 DB2、Oracle、SQL Server、Access 等。

【知识点4】 数据库系统

数据库系统（Database System，DBS），是指基于数据库的计算机系统，一般由数据库及其管理系统、应用系统及其开发工具、计算机硬件平台、数据库管理员（Database Administrator，DBA）和用户等几个部分构成。通常情况下把 DBS 简称为 DB。

【知识点5】 数据管理技术发展历程

数据管理技术不断发展，主要经历了人工管理、文件系统和数据库系统三个阶段。

二　数据库的体系结构

【知识点1】 数据库体系结构

DBS 从内到外分为三个层次，分别称为内模式、模式（schema）和外模式。两种映射是外模式/模式映射和模式/内模式映射。

【知识点2】 三级模式

1. 内模式。

内模式也称存储模式，一个 DB 只有一个内模式。它是数据物理结构和存储方式的描述，是数据在 DB 内部的表示方式。DBMS 通过提供内模式描述语言（内模式 DDL，或者存储模式 DDL）来严格地定义内模式。

2. 模式。

模式也称概念模式，是 DB 中全体数据的逻辑结构和特征的描述，是所有用户的公共数据视图。它是 DBS 模式结构的中间层，既不涉及数据的物理存储细节和硬件环境，也与具体的应用程序及其所使用的开发工具无关。一个 DB 只有一个模式。

3. 外模式。

外模式也称子模式或用户模式，它是数据库用户（包括应用程序员和最终用户）能够看见和使用的局部数据的逻辑结构和特征的描述，是数据库用户的数据视图，是与某一应用有关的数据的逻辑表示。外模式通常是模式的子集，一个 DB 可以有多个外模式。DBMS 通过提供子模式描述语言（子模式 DDL）来严格地定义子模式。

【知识点3】 两种映射

DB 的三级模式和两种映射保证了 DB 的数据独立性，数据独立性包括逻辑数据独立性和物理数据独立性。

1. 外模式/模式映射。

外模式/模式映射实现了外模式到模式之间的相互转换。当模式发生改变时，只要改变其映射，就可以使外模式保持不变，对应的应用程序也保持不变，可保证数据与程序的逻辑独立性。

2. 模式/内模式映射。

模式/内模式映射可实现模式到内模式之间的相互转换。当数据的存储结构发生变化时，只需改变模式/内模式映射就能保持模式不变，因此应用程序也可以保持不变，保证了数据与程序的物理独立性。

三　数据模型

【知识点1】　数据模型的概念

数据模型（datamodel）是现实世界数据特征的抽象。也就是说，数据模型是用来描述数据、组织数据和对数据进行操作的。现有的DBS均是基于某种数据模型的。

【知识点2】　三类数据模型

1. 概念数据模型。

概念数据模型是面向数据库用户的现实世界的数据模型，主要用来描述世界的概念化结构，它使数据库的设计人员在设计的初始阶段摆脱计算机系统及DBMS的具体技术问题，集中精力分析数据以及数据之间的联系等，与具体的DBMS无关。概念数据模型必须转换成逻辑数据模型，才能在DBMS中实现。

2. 逻辑数据模型。

逻辑数据模型是用户在DB中看到的数据模型，是具体的DBMS所支持的数据模型，主要有网状数据模型、层次数据模型和关系数据模型三种类型。

3. 物理数据模型。

物理数据模型是描述数据在存储介质上的组织结构的数据模型，它不但与具体的DBMS有关，而且与操作系统和硬件有关。每一种逻辑数据模型在实现时都有与其相对应的物理数据模型。DBMS为了保证其独立性与可移植性，将大部分物理数据模型的实现工作交由系统自动完成，而设计者只设计索引、聚集等特殊结构。

【知识点3】　数据模型的组成要素

数据模型是严格定义的一组概念的集合。数据模型通常由数据结构、数据操作和数据的完整性约束条件三部分组成。

1. 数据结构。

数据结构描述DB的组成对象以及对象之间的联系。数据结构描述的内容包括两类：一类是与对象的类型、内容、性质有关的，如网状模型中的数据项、记录，关系模型中的域、属性、关系等；另一类是与数据之间联系有关的对象，如网状模型中的系型（Set Type）。

在 DBS 中，人们通常按照其数据结构的类型来命名数据模型。总之，数据结构是所研究的对象类型的集合，是对系统静态特性的描述。

2. 数据操作。

数据操作，是指对 DB 中各种对象（型）的实例（值）允许执行的操作集合，包括操作及有关的操作规则。DB 主要有查询和更新（包括插入、删除、修改）两大类操作。数据模型必须定义这些操作的确切含义、操作符号、操作规则（如优先级）以及实现操作的语言。总之，数据操作是对系统动态特性的描述。

3. 数据的完整性约束条件。

数据的完整性约束条件是一组完整性规则的集合。完整性规则是给定的数据模型中数据及其联系所具有的制约和依存规则，用以限定符合数据模型的数据库状态以及状态的变化，以保证数据的正确、有效、相容。数据模型还应该提供定义完整性约束条件的机制，以反映具体应用所涉及的数据必须遵守的特定的语义约束条件。

【知识点4】 概念模型

1. 概念模型。

概念模型实际上是现实世界到机器世界的一个中间层次。概念模型用于信息世界的建模，是现实世界到信息世界的第一层抽象，是数据库设计人员进行数据库设计的有力工具，也是数据库设计人员和用户之间进行交流的语言。最为常用的概念模型是实体—联系方法（Entity-Relationship Approach）。

2. 信息世界中的基本概念。

实体（entity）：客观存在并可相互区别的事物称为实体。实体可以是具体的人、事、物，也可以是抽象的概念或联系。

属性（attribute）：实体所具有的某一特性称为属性。一个实体可以由若干个属性来刻画。

码（key）：也称键，唯一标识实体的属性集称为码。

域（domain）：属性的取值范围称为该属性的域。

实体型（entity type）：具有相同属性的实体必然具有共同的特征和性质。用实体名及其属性名集合来抽象和刻画同类实体，称为实体型。

实体集（entity set）：同型实体的集合称为实体集。

联系（relationship）：在现实世界中，事物内部以及事物之间是有联系的，这些联系在信息世界中反映为实体（型）内部的联系和实体（型）之间的联系。实体内部的联系，通常是指组成实体的各属性之间的联系。实体（型）之间的联系，通常是指不同实体集之间的联系。

两个实体型之间的联系可以分为三类：①一对一联系（1:1）；②一对多联系

($1:n$);③多对多联系（$m:n$）。

3. 概念模型的表示方法。

实体—联系方法（E-R 方法）用 E-R 图来描述现实世界的概念模型，E-R 方法也称为 E-R 模型。

E-R 图提供了表示实体型、属性和联系的方法：

（1）实体型。用矩形表示，矩形框内写明实体名。

（2）属性。用椭圆形表示，并用无向边将其与相应的实体连接起来。

（3）联系。用菱形表示，菱形框内写明联系名，并用无向边分别与有关实体连接起来，同时在无向边旁标上联系的类型（$1:1$, $1:n$ 或 $m:n$）。

【知识点5】 最常用的数据模型

目前，数据库领域中最常用的数据模型有四种：

（1）层次模型（Hierarchical Model）；

（2）网状模型（Network Model）；

（3）关系模型（Relational Model）；

（4）面向对象模型（Object Oriented Model）。

其中层次模型和网状模型统称为格式化模型。

四 关系数据库

【知识点1】 关系数据库基本概念

关系数据库是当前使用最为普遍的数据库，关系数据库采用关系模型。

1. 关系。

在关系模型中，基本数据结构被限制为二维表格。因此，数据在用户视角下的逻辑结构就是一张二维表，每一张二维表称为一个关系。并非任何一个二维表都是一个关系，只有具备以下特征的二维表才是一个关系：

（1）表中没有组合的列，也就是说每一列都是不可再分的；

（2）表中每一列的所有数据都属于同一种类型；

（3）表中各列都指定了一个不同的名字；

（4）表中没有数据完全相同的行；

（5）表中行之间顺序位置的调换和列之间位置的调换不影响它们所表示的信息内容。

2. 元组和属性。

笛卡尔积中每一个元素（$d_1, d_2, \cdots, d_n$），叫作一个 n 元组（n-tuple），或简称

元组。当关系是一张表，二维表中的每行（即数据库中的每条记录）就是一个元组，每列就是一个属性。在二维表里，元组也称为记录。

3. 关键字（关键码）。

在一个关系中，能够唯一地标识一个元组的属性或属性组合称为候选关键字。有时可能有多个候选关键字，可从中选择一个作为主关键字（主键）。主关键字在关系中用来作为插入、删除、检索元组的区分标志。如果一个关系中的属性或属性组合并不是该关系的关键字，但是另外一个关系的关键字，则称其为该关系的外关键字（外键）。

【知识点2】 关系数据库的体系结构

关系模型基本上遵循 DB 的三级体系结构。在关系模型中，概念模式是关系模式的集合，外模式是关系子模式的集合，内模式是存储模式的集合。

1. 关系模式。

关系模式是对关系的描述，它包括模式名、组成该关系的诸属性名、值域名和模式的主键。具体的关系称为实例（Instance）。关系模式是用 DDL 定义的。关系模式的定义包括模式名、属性名、值域名及模式的主键。

2. 关系子模式。

用户使用的数据不直接来自关系模式中的数据，而是从若干关系模式中抽取满足一定条件的数据。这种结构可用关系子模式实现。子模式定义语言还可以定义用户对数据进行操作的权限。由于关系子模式来源于多个关系模式，因此是否允许对子模式的数据进行插入和修改是不确定的。

3. 存储模式。

存储模式描述了关系是如何在物理存储设备上存储的，关系存储时的基本组织方式是文件。由于关系模式有关键码，因此存储一个关系可以用散列方法或索引方法实现，如果关系中元组数目较少（100 以内），也可以用堆文件的方式实现。此外，还可以对任意的属性集建立辅助索引。

【知识点3】 关系模型的完整性规则

关系模型的完整性规则可以实现对数据的约束。关系模型提供了三类完整性规则：实体完整性规则、参照完整性规则、用户自定义完整性规则。其中，实体完整性规则和参照完整性规则是关系模型必须满足的完整性约束条件，称为关系完整性规则由系统自动支持。

1. 实体完整性规则。

实体完整性规则规定关系中元组的主键值不能为空。

2. 参照完整性规则。

参照完整性规则的形式定义如下：

如果属性集 K 是关系模式 R1 的主键，K 也是关系模式 R2 的外键，那么在 R2 的关系中，K 的取值只允许两种可能，或者为空值，或者等于 R1 关系中某个主键值。这条规则的实质是"不允许引用不存在的实体"。

3. 用户自定义完整性规则。

用户自定义完整性规则是针对某一具体数据的约束条件，由应用环境决定。它反映某一具体应用所涉及的数据必须满足的语义要求。系统应提供定义和检验这类完整性的机制，以便用统一的系统方法处理它们。

>> 第二节
结构化查询语言 SQL

一 SQL 概述

【知识点1】 SQL 的概念

经过不断修改、扩充和完善，SQL 语言最终发展成为关系数据库的标准语言。国际标准化组织（ISO）把美国国家标准局（ANSI）公布的 SQL 作为国际标准。大多数 DB 均用 SQL 作为共同的数据存取语言和标准接口，这使不同 DBS 之间的互操作有了共同的基础；同时各数据库厂家又在 SQL 标准的基础上进行扩充，形成自己的语言。

【知识点2】 SQL 语言的特点

SQL 语言风格统一，充分体现了关系数据语言的特点和优点。SQL 语言具有以下四个特点。

1. 综合统一。

SQL 语言集 DDL、DML、数据控制语言（Data Control Language，DCL）的功能于一体，语言风格统一，可以独立完成 DB 生命周期中的全部活动。

2. 高度非过程化。

SQL 是一种第四代语言（4GL），用户只需提出"做什么"，无须具体指明"怎么做"，因此用户无须了解存取路径，存取路径的选择以及 SQL 语句的操作过程由系统自动完成。这不但大幅减轻了用户负担，而且有利于提高数据独立性。

3. 统一的语法结构。

SQL 语言既是自含式语言，又是嵌入式语言。在两种不同的使用方式下，SQL 语言的语法结构基本上是一致的。作为自含式语言，它能够独立地用于联机交互的使用方式，用户可以在终端键盘上直接键入 SQL 命令对数据库进行操作。作为嵌入式语言，SQL 语句能够嵌入高级语言（如 PowerBuilder、VC、VB、Delphi、Java、C）程序中，供程序员设计程序时使用。

4. 语言简洁，易学易用。

SQL 语言的核心动词只有以下九个：

（1）数据查询：SELECT；

（2）数据定义：CREATE、DROP、ALTER；

（3）数据操纵：INSERT、UPDATE、DELETE；

（4）数据控制：GRANT、REVOKE。

【知识点 3】 SQL 命令的分类

SQL 命令主要的分类包括：数据定义语言（DDL）、数据操作语言（DML）、数据查询语言（DQL）、数据控制语言（DCL）、数据管理命令（DAC）、事务控制命令（TCL）。

1. DDL 用于创建和重构数据库对象，如创建和删除表。最基础的 DDL 命令包括：CREATE TABLE、ALTER TABLE、DROP TABLE、CREATE INDEX、ALTER INDEX、DROP INDEX、CREATE VIEW、DROP VIEW。

2. DML 用于操作关系型数据库对象内部的数据。DML 的三个基本命令是：INSERT、UPDATE、DELETE。

3. DQL 是现代关系型数据库用户最关注的部分，它的基本命令是 SELECT。这个命令有很多选项和子句，用于构成对关系型数据库的查询。

4. DCL 用于控制对数据库里数据的访问。这些 DCL 命令通常用于创建与用户访问相关的对象，以及控制用户的权限。这些控制命令包括：ALTER PASSWORD、GRANT、REVOKE、CREATE SYNONYM。这些命令通常与其他命令组合在一起使用。

5. DAC 用于对数据库里的操作进行审计和分析，还有助于分析系统性能。常用的两个 DAC 命令是 START AUDIT、STOP AUDIT。

6. TCL 是用于管理数据库事务的命令，如下所示：

（1）COMMIT：保存数据库事务；

（2）ROLLBACK：撤销数据库事务；

（3）SQVEPOINT：在一组事务里创建标记点以用于回退（ROLLBACK）；

（4）SET TRANSACTION：设置事务的名称。

【知识点4】 SQL 支持三级模式结构

SQL 语言支持关系数据库三级模式结构。其中，外模式对应视图和部分表，模式对应表，内模式对应存储文件。

【知识点5】 SQL 会话

SQL 会话是用户利用 SQL 命令与关系数据库进行交互时发生的事情。当用户与数据库创建连接时，会话就被创建了。

当用户连接到数据库时，SQL 会话就被初始化了。命令 CONNECT 用于创建与数据库的连接，它可以申请连接，也可以修改连接。连接数据库通常需要用到以下命令：CONNECT username@ database。

当用户与数据库断开连接时，SQL 会话就结束了。命令 DISCONNECT 用于断开用户与数据库的连接。当使用 EXIT 命令离开数据库时，SQL 会话结束。

【知识点6】 SQL 基本数据类型

1. 定长字符串。定长字符串通常具有相同的长度，是使用定长数据类型保存的。下面是 SQL 定长字符串的标准：CHARACTER (n)。

2. 变长字符串。SQL 支持变长字符串，也就是长度不固定的字符串。下面是 SQL 变长字符串的标准：CHARACTER VARYING (n)。n 是一个数字，表示字段里能够保存的最多字符数量。常见的变长字符串数据类型有 VARCHAR、VARINARY 和 VARCHAR2。

3. 大数据类型。二进制大对象（Binary Large Object，BLOB）的数据是很长的二进制字符串（字节串）。BLOB 适合在数据库里存储二进制媒体文件，如图像和 MP3。

4. 数值类型。数值被保存在定义为某种数值类型的字段里，一般包括 NUMBER、INTEGER、REAL、DECIMAL 等。

5. 日期和时间数据类型很显然是用于保存日期和时间信息的。标准 SQL 支持 DATETIME 数据类型，它包含以下类型：DATE、TIME、DATETIME、TIMESTAMP。DATETIME 数据类型的元素包括：YEAR、MONTH、DAY、HOUR、MINUTE、SECOND。日期数据一般不指定长度。

6. 直义字符串。直义字符串就是一系列字符，这是由用户或程序明确指定的。直义字符串包含的数据与前面介绍的数据类型具有一样的属性，但字符串的值是已知的。一般来说，字符型字符串需要使用单引号，而数值型不需要。将一个数据转换成数值类型的过程属于隐式转换。在这个过程中，数据库会自动判断应该使用哪种数据类型。

7. NULL 数据类型。NULL 值表示没有值。NULL 值在 SQL 里有广泛的应用，包括表的创建、查询的搜索条件，甚至是在直义字符串里。如果某个字段必须包含数据，就把它设置为 NOT NULL。

8. 布尔值。布尔值的取值范围是 TRUE、FALSE 和 NULL，用于进行数据比较。大多数数据库实现并没有一个严格意义上的布尔类型，而是代之以各自不同的实现方法。

9. 自定义类型。自定义类型是由用户定义的类型，它允许用户根据已有的数据类型来定制自己的数据类型，从而满足数据存储的需要。语句 CREATE TYPE 用于创建自定义类型。

10. 域。域是能够被使用的有效数据类型的集合。域与数据相关联，从而只接受特定的数据。在域创建之后，可以向域添加约束。

二、定义表

【知识点 1】 创建表

1. 表是关系型数据库里最主要的数据存储对象，其最简单形式是由行和列组成，分别都包含着数据。表在数据库占据实际的物理空间，可以是永久的或是临时的。

2. SQL 里的 CREATE TABLE 语句用于创建表。DBA 通常会采用某种"命名规范"来决定如何命名数据库里的对象，以便区分它们的用途。

3. 建表的同时通常还可以定义与该表有关的完整性约束条件，这些完整性约束条件被存入系统的数据字典中，当用户操作表中数据时由关系数据库管理系统（RDBMS）自动检查该操作是否违背这些完整性约束条件。如果完整性约束条件涉及该表的多个属性列，则必须定义在表级上，否则既可以定义在列级，也可以定义在表级。

【知识点 2】 修改表

1. 在表被创建之后，可以使用 ALTER TABLE 命令对其进行修改。可以添加列、删除列、修改列定义、添加和去除约束，在某些实现中还可以修改表 STORAGE 值。改变数据表也可能会破坏用户的应用程序中所涉及的改变的域的部分。

2. 基本表的修改有以下三种情况：

（1）使用 ADD 子句增加新列。

（2）使用 MODIFY 子句修改列的原定义。

（3）使用 DROP 子句删除指定的完整性约束条件。

3. 无论基本表中原来是否已有数据，新增加的列一律为空值。

【知识点 3】 删除表

1. 当某个基本表不再需要时，可使用 DROP TABLE 语句进行删除。

2. 如果使用了 RESTRICT 选项，并且表被视图或约束所引用，DROP 语句就会返回一个错误。当使用了 CASCADE 选项时，删除操作会成功执行，而且全部引用视图和约束都被删除。

3. 删除表时，在提交命令之前要确保指定了表的规划名或所有者，否则可能误删除其他的表。如果使用多用户账户，在删除表之前一定要确定使用了适当的用户名连接数据库。

三、数据查询

【知识点1】 SELECT 语句

1. SELECT 语句代表了 SQL 里的数据查询语言，是构成数据库查询的基本语句。它并不是一个单独的语句，需要一个或多个条件子句（元素）。FROM 子句是一条必要的子句，必须与 SELECT 联合使用。

2. 在查询里，关键字 SELECT 后面是字段列表，它们是查询输出的组成部分。星号（*）表示输出结果里包含表里的全部字段，选项 ALL 用于显示一列的全部值，包括重复值。选项 DISTINCT 禁止在输出结果里包含重复的行。关键字 FROM 后面是一个或多个表的名称，用于指定数据的来源。SELECT 语句后面的字段列表中使用逗号进行分隔，FROM 子句里的表也是如此。

3. FROM 子句必须与 SELECT 语句联合使用，它是任何查询的必要元素，其作用是告诉数据库从哪些表里获取所需的数据，它可以指定一个或多个表，但必须至少指定一个表。WHERE 子句里可以有多个条件，它们之间以操作符 AND 或 OR 连接。

4. 一般需要让输出结果以某种方式进行排序，为此可以使用 ORDER BY 子句，它能够以用户指定的列表格式对查询结果进行排列。ORDER BY 子句的默认次序是升序 ASC。需要降序排列的时候，使用关键字 DESC。SQL 排序是基于字符的美国信息交换标准代码（American Standard Code for Information Interchange，ASCII）排序。

5. 为了在 SELECT 语句里访问另一个用户的表，必须在表的名称之前添加规划名或相应的用户名。

【知识点2】 常用操作符

操作符是一个保留字或字符，主要用于 SQL 语句的 WHERE 子句来执行操作，如比较和算术运算。操作符用于在 SQL 语句里指定条件，还可以联接一个语句里的多个条件。

1. 比较操作符。

比较操作符用于在 SQL 语句里对单个值进行测试。这里要介绍的比较操作符包

括 =、< >、< 和 >。这些操作符用于测试：相等、不相等、小于和大于。

如果相等比较过程中的两个值相等，那么这个比较的返回值就是 TRUE，否则就是 FALSE。这个布尔值（TRUE 或 FALSE）用于决定是否返回数据。

在 SQL 里表示不相等的操作符是 < >。如果两个值不相等，条件就返回 TRUE，否则就返回 FALSE。另一种表示不相等的方式是 !=，而且很多主要的 SQL 采用这种方式。在 Microsoft SQL Server、MySQL 和 Oracle 中，两种方式是通用的。

2. 逻辑操作符。

逻辑操作符用于对 SQL 关键字而不是符号进行比较。

操作符 IS NULL 用于与 NULL 值进行比较。

操作符 BETWEEN 用于寻找位于一个给定最大值和最小值之间的值，这个最大值和最小值是包含在内的，也就是说，BETWEEN 是包含边界值的。

操作符 IN 用于把一个值与一个指定列表进行比较，当被比较的值至少与列表中的一个值相匹配时，它会返回 TRUE。使用操作符 IN 可以得到与操作符 OR 一样的结果，但它的处理速度更快。

操作符 LIKE 利用通配符把一个值与类似的值进行比较，通配符有两个：百分号（%）、下划线（_）。百分号代表零个、一个或多个字符，下划线代表一个数字或字符。这些符号可以复合使用。

操作符 EXISTS 用于搜索指定表里是否存在满足特定条件的记录。

比较操作符和逻辑操作符都可以单独或彼此复合使用。

3. 连接操作符。

连接操作符包括 AND 和 OR。连接操作符可以使在一个 SQL 语句里用多个不同的操作符进行多种比较。

操作符 AND 可以使在一条 SQL 语句的 WHERE 子句里使用多个条件。所有由 AND 连接的条件都必须为 TRUE，SQL 语句才会实际执行。

操作符 OR 可以在 SQL 语句的 WHERE 子句里连接多个条件，只要 OR 连接的条件里至少有一个是 TRUE，SQL 语句就会执行。

当 SQL 语句里包含多个条件和操作符时，利用圆括号把语句按照逻辑关系进行划分可以提高语句的可读性。如果不使用圆括号，系统通常会按照从左向右的顺序，依次对操作符进行处理。

【知识点3】 连接查询（多表查询）

若一个查询中涉及两个以上的表，则称为连接查询或多表查询。连接查询是关系数据库中最主要的查询，主要包含交叉连接查询（非限制连接查询）、等值连接查询、非等值连接查询、自身连接查询、外连接查询和复合条件连接查询。其中，交叉连接查询得到的结果是查询表的笛卡尔积，没有实际应用的意义。复合条件连接查询就是在连接查询的过程中，通过添加过滤条件来限制查询结果，使查询结果更加精确。对以上两种查询不作展开介绍。

1. 等值连接与非等值连接。

当一个查询涉及数据库的多个表时，一般要按照一定的条件把这些表连接在一起，以便能够共同提供用户需要的信息。用来连接两个表的条件称为连接条件或连接谓词，比较运算符主要有＝、＞、＜、＞＝、＜＝、！＝。当连接运算符为"＝"时，称为等值连接。使用其他运算符称为非等值连接。

进行多表连接查询时，SELECT 子句与 WHERE 子句中的属性名前都加上表名前缀，这是为了避免混淆。如果属性名在参加连接的各表中是唯一的，则可以省略表名前缀。

别名的使用：进行多表连接查询时，为了避免列名混淆，SELECT 子句与 WHERE 子句中的属性名前都加表名前缀，可以用表别名代替表名。表别名写在 FROM 子句的表名后面。一旦给表赋予了别名，该别名的使用就必须贯穿整个 SELECT 命令，不能再使用原来的名字来引用表。尤其是在自身连接时，为了能区分连接的表，必须给表取不同的别名。

2. 自身连接。

连接操作不仅可以在两个表之间进行，还可以是一个表与其自己进行连接，这种连接称为表的自身连接。在自身连接中，可以给一个表赋予不同的别名，这样就可以将一个表看作两个不同的表，与等值连接一样处理。

3. 外连接。

在通常的连接操作中，只有满足连接条件的元组才能作为结果输出。外连接包括左外连接、右外连接和全外连接三种，对应的运算符通常为 LEFT［OUTER］JOIN、RIGHT［OUTER］JOIN、FULL［OUTER］JOIN。如果使用 LEFT JOIN 就表示左边的表是主表，该表中记录将全部显示，即使右边表中没有相关记录。

【知识点4】 嵌套查询

在 SQL 语言中，一个 SELECT...FROM...WHERE 语句称为一个查询块。将一个查询块嵌套在另一个查询块的 WHERE 子句或 HAVING 短语的条件中的查询称为嵌套查询或子查询，它允许根据另一个查询的结果检索数据。其中外层的查询块叫作外部查询（或父查询），而内层的查询块叫作内部查询（或子查询）。需要注意的是，子查询中不能包含 ORDER BY 子句，因为 ORDER BY 只能对查询的最终结果排序，而子查询只是中间结果。另外，父查询除了是 SELECT 语句块外，还可以是 INSERT、UPDATE 或 DELETE。

1. 子查询的优点和缺点。

子查询的优点：子查询能够将比较复杂的查询分解为几个简单的查询，更符合人们解决问题的一般思路，易于理解。

子查询的缺点：子查询的执行过程比连接操作慢。

2. 带有 IN 的子查询。

这种子查询属于不相关子查询。子查询的结果作为外查询的条件，它是嵌套查询中用得最多的谓词。

3. 带有比较运算符的子查询。

带有比较运算符的子查询，是指父查询与子查询之间用比较运算符进行连接。当用户能确切知道内层查询返回的是单值时，可以用 > 、< 、= 、>= 、<= 、! = 或 < > 等比较运算符。

4. 带有 ANY（SOME）或 ALL 谓词的子查询。

用比较运算符只能引导单一行子查询，但如果子查询返回结果多于一个值，还需要用这些值跟某列进行比较，则再使用比较运算符引导就无法实现，可以在比较运算符的基础上加上 ANY（有些系统是 SOME）或 ALL 谓词来解决这个问题。

5. 带有 EXISTS 谓词的子查询。

EXISTS 代表存在量词。使用 EXISTS 关键字引入一个子查询时，就相当于进行一次存在测试。外部查询的 WHERE 子句测试子查询返回的行是否存在。子查询实际上不产生任何数据，它只返回 TRUE 或 FALSE 值。

使用 EXISTS 的子查询与其他子查询略有不同：EXISTS 关键字前面没有列名、常量或其他表达式。

由 EXISTS 引入的子查询的选择列表几乎都是由星号（*）组成的。由于只是测试是否存在符合子查询中指定条件的行，所以不必列出列名。

子查询条件涉及父查询的某列。

【知识点5】 集合查询

每一个 SELECT 语句都能获得一个或一组元组。若要把多个 SELECT 语句的结果合并为一个结果，可用集合操作来完成。集合操作主要包括并操作 UNION、交操作 INTERSECT 和差操作 MINUS。参加集合操作的各查询结果的列数必须相同，对应项的数据类型也必须相同。

1. 集合的并操作 UNION。

使用 UNION 运算符可将多个 SELECT 查询结果合并起来，形成一个完整的查询结果，系统合并时会自动去掉重复的元组。需要注意的是，参加 UNION 操作的各数据项数目必须相同，对应项的数据类型也必须兼容，否则会出现错误。

2. 集合的交操作 INTERSECT。

INTERSECT 操作允许找出两个表共有的行，在 SQL 语句中虽然没有提供专门的交运算符，但可以通过其他方式来实现。

3. 差操作 MINUS。

MINUS 操作允许确定存在于一个表中但不存在于另一表中的行。不同于 UNION 和 INTERSECT 两个运算符，MINUS 运算符没有交换性。

四 数据更新

【知识点1】 插入数据

SQL 的数据插入语句 INSERT 通常有两种形式：一种是插入单个元组，另一种是插入子查询结果，前者一次插入一个元组，后者可以一次插入多个元组。

1. 插入单个元组。

插入单个元组的 INSERT 语句的格式为：

INSERT INTO <表名> [（<属性列1> [，<属性列2>…]）]

VALUES（<常量1> [，<常量2>]…）；

如果某些属性列在 INTO 子句中没有出现，则新记录在这些列上将取空值（NULL）。在表定义时说明了 NOT NULL 的属性列不能取空值，否则插入记录失败。

2. 插入多个元组。

子查询不仅可以嵌套在 SELECT 语句中，用以构造父查询的条件，也可以嵌套在 INSERT 语句中，用以生成要插入的数据。插入子查询的 INSERT 语句语法如下：

INSERT INTO <表名> [（<属性列1> [，<属性列2>…]）]

<SELECT 子句>；

其功能是把从子查询中得到的多条数据一次性插入表中，实现数据批量插入的功能。

【知识点2】 修改数据

1. 修改操作又称更新操作，其语句的一般格式为：

UPDATE <表名>

SET <列名1> = <表达式1> [，<列名2> = <表达式2>]…

[WHERE <条件>]；

其中，SET 子句用于指定修改方法，即用 <表达式> 的值取代相应的属性列值。如果省略 WHERE 子句，则表示要修改表中的所有元组。该语句在实现批量数据修改时非常有效。

2. 带子查询的修改语句。

因为 UPDATE 有 WHERE 子句，而 WHERE 子句后面可以跟子查询，所以子查询也可以嵌套在 UPDATE 语句中，用以构造执行修改操作的条件。

【知识点3】 数据删除

1. 如果表中有多余数据，可以在打开表时手工删除数据，也可以用 SQL 语句删除数据。删除语句的一般格式为：

DELETE

FROM <表名>

［WHERE <条件>］；

DELETE 语句的功能是从指定表当中删除满足 WHERE 子句条件的所有元组。如果省略 WHERE 子句，表示删除表中的全部元组，但表的定义仍存在。也就是说，删除的是表中的数据，而不是表的定义。

2. 子查询也可以嵌套在 DELETE 语句中，用以构造执行删除操作的条件。

五 视图

【知识点1】 视图的概念

视图是从一个或几个基本表（或视图）导出的表，是基于某个查询结果的虚拟表，用户通过它来浏览表中感兴趣的部分或全部数据，而数据的物理存放位置仍然在表中，这些表称作视图的基表。

视图和表有本质的区别，视图在数据库中存储的是视图的定义，而不是查询的数据。当 DBMS 处理视图的操作时，它会在数据库中找到视图的定义，然后把对视图的查询转化为对基本表的查询。

【知识点2】 视图的作用

1. 使用视图有下列优点：

（1）聚焦特定的数据。不需要了解和使用的数据不加入视图，这样可以提高数据的安全性。

（2）简化数据操作。通过将复杂查询（如多表的连接查询）定义为视图，可以简化操作。

（3）定制用户数据。视图可以让使用同一数据库的不同用户看到不同的数据。

（4）视图对重构数据库提供了一定程度的逻辑独立性。

（5）合并分离的数据。可以将两个或更多基于不同表的查询结果合并为一个单独的结果集，可以将这样的结果集创建为一个视图，让用户看起来就像一个单独的表一样。

（6）屏蔽数据库的复杂性（隔离变化）。用户不必了解复杂的数据库中的表结构，并且数据库表的更改也不影响用户对数据库的使用。

（7）简化用户权限的管理。只需授予用户使用视图的权限，而不必指定用户只能使用表的特定列，也提高了安全性。

（8）便于数据共享。各用户不必都定义和存储自己所需的数据，可共享数据库的数据，同样的数据只需存储一次。

2. 使用视图也有其相应的缺点。例如，有时会造成系统性能下降，并且会使用户对数据的修改受到很大限制等。

【知识点3】 定义视图

1. 定义视图的一般格式为：
CREATE VIEW
<视图名>[(<列名1>[,<列名2>]…)]
AS <子查询>
[WITH CHECK OPTION]；

2. 选项 WITH CHECK OPTION 表示对视图进行 UPDATE、INSERT 和 DELETE 操作时要保证更新、插入或删除的行满足视图定义中的谓词条件（即子查询中的条件表达式）。

3. 组成视图的属性列全部省略或全部指定。若不指定视图的属性列，则视图的属性为 <子查询> 中的 SELECT 子句的目标列。以下情况需指定全部属性列名称：

（1）当视图的属性列含有集函数或表达式；

（2）子查询中使用多个表或视图，其中含有相同的属性名；

（3）需要在视图中使用新的列名。

【知识点4】 查询视图

视图一经定义，用户就可以如同基本表那样对它进行查询。但是，视图中不含有通常意义的记录，视图查询实际上是对基本表的查询，其查询结果是从基本表得到的，所以，同样一个视图查询，在不同执行时间可能得到不同的结果，因为在这段时间里，基本表可能发生变化。

【知识点5】 更新视图

由于视图最终是建立在表的基础上，所以对视图的插入、更新、删除等操作最终都转化成对基本表的操作,对用户来说,转换的过程是透明的。视图可以和基本表一样被查询,但利用视图进行数据增、删、改的操作会受到一定的限制,一般的数据库系统不支持以下五种视图的数据更新操作:

(1) 由两个以上基本表导出的视图。

(2) 视图的字段来自表达式或函数。

(3) 视图中有分组子句或使用了 DISTINCT 语句。

(4) 视图定义中有嵌套查询,且内层查询涉及了与外层一样的导出该视图的基本表。

(5) 在一个不允许更新的视图上定义的视图。

【知识点6】 删除视图

一个视图不管是否可更新,都可以删除它。其语句格式是:

DROP VIEW <视图名>;

一个视图被删除后,与该视图有关的操作就不能再执行,由该视图导出的其他视图也将失效。视图建好后,若导出此视图的基本表被删除,该视图将失效,但一般不会出现自动删除的情况。

六 索引

【知识点1】 索引概述

1. 简单来说,索引就是一个指针,指向表里的数据。数据库里的索引与图书中的索引十分类似。索引在数据库里也指向数据在表里的准确物理位置。索引通常与相应的表是分开保存的,其主要目的是提高数据检索的性能。索引的创建与删除不会影响到数据本身,但会影响数据检索的速度。索引也会占据物理存储空间,而且可能会比表本身还大。如果表里没有索引,在执行同样的查询时,数据库就会进行全表扫描。索引通常以一种树形结构保存信息,因此查询速度比较快。索引具有一个根节点,也就是每个查询的起始点。

2. 索引的作用包括以下五点:

(1) 通过创建唯一索引,可以保证数据记录的唯一性。

(2) 可以大幅提高数据检索速度。

(3) 可以加快表与表之间的连接。

(4) 在使用 ORDER BY 和 GROUP BY 子句进行检索数据时,可以显著减少查询中分组和排序的时间。

(5) 使用索引可以在检索数据的过程中使用优化隐藏器,提高系统性能。

3. 索引分为聚簇索引和非聚簇索引两种。在聚簇索引中，索引树的叶级页包含实际的数据；记录的索引顺序与物理顺序相同。

【知识点2】 索引的创建

1. 创建索引的一般格式为：

CREATE［UNIQUE］［CLUSTER］INDEX <索引名>

ON <表名>（<列名1>[<次序>][, <列名2>[<次序>]]…)；

其中：

<次序>指定索引值的排列次序，包括 ASC（升序）和 DESC（降序）两种，默认值为 ASC。

UNIQUE 表示此索引的每一个索引值只对应唯一的数据记录。

CLUSTER 表示要建立的索引是聚簇索引。

2. 创建索引的特殊格式。

（1）唯一索引。唯一索引用于改善性能和保证数据完整性。唯一索引不允许表里具有重复值，允许 NULL 值的字段上也不能创建唯一索引。除此之外，它与普通索引的功能一样。其语法如下所示：

CREATE UNIQUE INDEX INDEX_NAME ON TABLE_NAME(COLUMN_NAME)；

（2）组合索引。组合索引是基于一个表里两个或多个字段的索引。在创建组合索引时，需要考虑性能的问题，因为字段在索引里的次序对数据检索速度有很大的影响。一般来说，最具有限制的值应该排在前面，从而得到最好的性能。但是，总是会在查询里指定的字段应该放在首位。组合索引的语法如下所示：

CREATE INDEX INDEX_NAME ON TABLE_NAME(COLUMN1,COLUMN2)；

（3）隐含索引。隐含索引是数据库服务程序在创建对象时自动创建的。在创建主键或唯一性约束时，数据库会自动为它们创建索引。

【知识点3】 修改索引

创建索引后，也可以对其进行修改。其语法如下所示：

ALTER INDEX INDEX_NAME；

对生产系统进行修改时需要特别小心。大部分情况下，对索引进行的修改操作会被马上执行，引起系统资源的额外消耗。此外，大部分数据库在进行索引修改时无法进行查询操作，从而会对系统的运行产生影响。

【知识点4】 删除索引

索引已经建立，就由系统来选择和维护，用户无权干预。但有些索引的维护反而

加重了系统的负担,就不得不删除这些不必要的索引。删除索引的一般格式为:
DROP INDEX INDEX_NAME;

七 数据控制

【知识点1】 数据控制语言

数据控制语言(Data Control Language,DCL)命令通常用于创建与用户访问相关的对象,以及控制用户的权限。权限是通过 GRANT 命令分配的,用 REVOKE 命令撤销。

【知识点2】 数据库权限

1. 权限是用于访问数据库本身、访问数据库里的对象、操作数据库里的数据、在数据库里执行各种管理功能的许可级别。权限有两种类型:系统权限和对象权限。

2. 系统权限允许用户在数据库里执行管理操作,如创建数据库、删除数据库、创建用户账户、删除用户账户、删除和修改数据库对象、修改对象的状态、修改数据库的状态以及其他会对数据库造成重要影响的操作。

3. 对象权限是针对对象的许可级别,意味着必须具有适当的权限才能对数据库对象进行操作。对象的所有者自动被授予与对象相关的全部权限。使用 GRANT 和 REVOKE 命令的人通常是数据库管理员(DBA)。

【知识点3】 控制用户访问

1. SQL 里用两个命令控制数据库访问,包括权限的授予与撤销,分别是 GRANT 命令和 REVOKE 命令。

(1)GRANT 命令。GRANT 命令用于向现有数据库用户账户授予系统级和对象级权限。当对象的所有者利用 GRANT OPTION 把自己对象的权限授予另一个用户时,这个用户还可以把这个对象的权限授予其他用户。使用 ADMIN OPTION 授予权限之后,用户不仅拥有了权限,也具有了把这个权限授予其他用户的能力。但 GRANT OPTION 用于对象级权限,而 ADMIN OPTION 用于系统级权限。

(2)REVOKE 命令。REVOKE 命令撤销已经分配给用户的权限,它有两个选项:RESTRICT 和 CASCADE。当使用 RESTRICT 选项时,只有当 REVOKE 命令里指定的权限撤销之后不会导致其他用户产生报废权限时,REVOKE 才能顺利完成。而 CASCADE 会撤销权限,不会遗留其他用户的权限。

2. 控制对单独字段的访问。

不仅能够把表作为一个整体来分配对象权限(INSERT、UPDATE 和 DELETE),还可以分配表里指定字段的权限来限制用户的访问。数据库账户 PUBLIC 是一个代表数据库里全体用户的账户。所有用户都属于 PUBLIC 账户。如果某个权限被授予 PUBLIC 账户，那么数据库全部用户都具有这个权限。

3. 权限组。

权限组是一组权限的集合。这些权限组是通过不同的名称来引用的。通过使用权限组，可以更方便地给用户授予和撤销权限。

CONNECT 组允许用户连接到数据库，并且对能够访问的数据库对象执行操作。RESOURCE 组允许用户创建对象、删除其拥有的对象、授予其拥有的对象的权限等。DBA 组允许用户在数据库里执行任何操作，用户可以访问任何数据库对象，执行任何操作。在向 PUBLIC 授予权限时，可能会意外地让用户能够访问本不该访问的数据。

【知识点 4】 通过角色控制权限

角色是数据库里的一个对象，具有类似权限组的特性。通过使用角色，不必明确地直接给用户授予权限，从而减少安全维护工作。使用角色可以更方便地进行组权限管理。

在数据库中分配权限时，需要考虑好一个用户需要哪些权限，以及其他用户是否需要同样的权限。角色是由 CREATE ROLE 语句创建的；向角色授予权限与向用户授予权限是一样的；DROP ROLE 这个语句用于删除角色。

>> 第三节
税务系统常用数据库

一 Oracle 数据库体系结构

【知识点 1】 Oracle 体系结构

1. Oracle 体系结构，是指 Oracle 数据库管理系统的组成部分和这些组成部分之间的相互关系。其通常由两个主要部分组成，分别是 DBMS 和数据库文件（Database File）。其中 DBMS 由一组 Oracle 后台进程和一些服务器分配的内存空间组成；数据库文件则是一系列物理文件的集合。

2. Oracle 数据库系统 = 实例 + 数据库，其中数据库用来存储真实的数据库数据，并以物理文件的形式存在；实例则有自己的生命周期，可以启动、运行、关闭，通过内存中的一个动态生命周期来显现自身的存在。一个数据库服务器上可以有多个数据库，如果要使用这些数据库，须创建多个实例（Instance），这些实例都有一个独立的符号数据库实例名称（SID）以示区分。实例是用户与数据库之间的中间层。

【知识点2】 实例的概念

Oracle 实例是访问 Oracle 数据库所需的一部分计算机内存和辅助处理后台进程。内存结构由系统全局区（SGA）、程序全局区（PGA）、用户全局区（UGA）组成，这些内存区域是实例运行的重要基础。其中 UGA 如果使用共享服务器，将会从 SGA 中分配，如果使用专用服务器，就从 PGA 中分配。在 Oracle 实时应用集群（RAC）中，会同时有多个实例使用同一个数据库，这些实例会位于不同服务器并保持相互连接。

【知识点3】 系统全局区

系统全局区（System Global Area，SGA）由一组所有用户共享的内存结构组成，里面存储了 Oracle 数据库实例的数据和控制信息。SGA 也称共享全局区（Shared Global Area）。当数据库实例启动时，SGA 的内存自动被分配；当数据库实例关闭时，SGA 内存被回收。SGA 是占用内存最大的一个区域，同时也是影响数据库性能的重要因素。SGA 主要包括以下几部分。

1. 共享池。

共享池保存了进程最近执行过的 SQL 语句、PL/SQL 过程与包、锁、数据字典信息以及其他信息，是对 SQL 语句和 PL/SQL 程序进行语法分析、编译、执行的内存区。这个内存区主要由数据字典缓存和库缓存组成。

数据字典缓存：存储了最近经常使用的数据字典信息。这个缓存在 Oracle 使用过程中经常被访问，用于解析 SQL 语句并判断操作对象的基本内容，或者判断权限是否存在。

库缓存：保存最近使用过的 SQL 语句、PL/SQL 过程和包等内容。

2. 数据缓存区。

数据缓存区保存的是数据文件中最近或者经常使用的数据块，在 Oracle 读取相应的数据时，先从硬盘读取数据文件，并将数据放入数据缓存区中，然后在内存中对数据进行处理。

3. 结果缓存。

结果缓存存储的是查询得到的结果，查询是 Oracle 使用非常频繁的操作，为了保证查询的性能，可以将查询的结果保存在缓存中，等下一次进行查询时，可以直接从缓存中获取数据。

4. 大型池。

大型池是对那些需要较大的内存、较频繁输入输出的操作提供的相对独立的内存空间。大型池的设定是为了保证共享池高效率地工作。需要大型池的操作主要包括数据库的备份与恢复工作、Oracle 的批量操作等。

5. Java 池。

Java 池是为了满足在 Oracle 中内嵌 Java 存储过程或其他 Java 程序运行时而需要的内存，包括对 Java 语言支持的语法分析表、执行方案、虚拟机数据，以及 Java 代码等内容。

6. 重做日志缓存区。

重做日志缓存区是为了在存储重做日志文件的过程中提高存储效率而设计的缓存区域，其保存最近使用过的重做日志记录。

7. 流池。

流池提供专门的流复制功能，这个部分可以使用内存块，也可以使用 SGA 的可变区域。

上面几部分内存加起来，就是 SGA 内存的总和。其中比较重要的是共享池和数据缓存区，它们对 Oracle 系统的性能影响最大。

【知识点 4】 程序全局区

1. 程序全局区（Process Global Area，PGA）是 Oracle 为服务进程分配的专门用于当前用户会话的内存区。这个内存区是非共享的，用来保存特定服务进程的数据和控制信息的内存结构，只有这个特定的服务进程才能访问它自己的 PGA 内存区。所有服务进程的 PGA 内存区的总和就是实例的 PGA 内存区的大小。

2. PGA 是服务器进程独享的区域，这是与 SGA 的最大区别。当用户进程的会话结束时，Oracle 会自动释放 PGA 所占有的内存区。根据存放信息的类型不同，PGA 区可以分为几个部分：排序区、会话区和堆栈区。

【知识点 5】 用户全局区

用户全局区（User Global Area，UGA）与特定的会话相关联。对于专用服务器连接模式，UGA 在 PGA 中分配；对于共享服务器连接模式，UGA 在 SGA 的大型池中分配。

【知识点 6】 Oracle 数据库逻辑存储结构

1. 逻辑存储结构。

逻辑存储结构是 Oracle 数据库逻辑角度上的存储结构，主要描述 Oracle 数据库的内部存储结构，即从技术概念上描述在 Oracle 数据库中如何组织、管理数据。通过查询 Oracle 数据库的数据字典可以找到逻辑结构的描述。逻辑存储结构包括表空间、段、区、数据块。其中一个表空间可以包含多个段，一个段可以包含多个区，一个区可以包含多个块，最后多个表空间可以组成数据库。

2. 表空间。

表空间（Tablespace）是数据库的基本逻辑存储结构，即一系列数据文件的集合。每个数据库至少应该有一个表空间，而一个表空间只能属于一个数据库，每一个表空间在磁盘上的存储可以是一个或者多个数据文件。表空间是最大的逻辑存储单元，所有的方案定义与数据都会存储在表空间中，其中非常重要的一个表空间是 SYSTEM 表空间，用来存储方案对象的定义，而数据可以根据用户的指定存储到对应的表空间中，一个用户的不同方案对象的数据也可以存储在不同的表空间中。

3. 段。

段（Segment）用来存储表空间中某一种特定的具有独立存储结构的对象的所有数据，它由一个或者多个区组成。当创建表、索引等为对象时，Oracle 会为这些对象分配段以作为存储空间。段会随着数据的增加而逐渐增大。而一个段会由多个区组成，每次增加段是通过增加区的个数实现，区是数据块的整数倍。

常见的段的分类：数据段、索引段、临时段、撤销段、索引分区段、表分区段、二进制大对象段。

4. 区。

区（Extent）是由物理上连续存放的数据块构成的。区是 Oracle 存储分配的最小单位，由一个或多个数据块组成，一个或多个区可以组成一个段。在数据库中创建带有实际存储结构的方案对象时，会分配若干个区给该对象。

5. 数据块。

数据块（Block）是 Oracle 用来管理存储空间的最小数据存储单位，也是输入输出时数据操作的最小单位。在操作系统中，对应数据库输入输出操作的最小单位是操作系统块。数据块的大小是操作系统块大小的整数倍。数据块可以存储各种类型的数据，并且每个数据块都具有相同的结构。块的大小是一个表空间的属性。SYSTEM 和 SYSAUX 表空间具有相同的、标准的块大小，这个大小是在创建数据库时由 DB_BLOCK_SIZE 初始化参数指定，并且在创建数据库后不能改变。

【知识点 7】 Oracle 数据库物理存储结构

1. 物理存储结构。

Oracle 数据库的数据逻辑是存储在表空间中，并且由表空间继续分成多个段、区、数据块的逻辑存储结构；其与表空间对应的是物理存储结构中的数据文件，一个表空间由多个数据文件组成。数据文件是操作系统文件，是物理存储结构中最重要的内容，Oracle 通过表空间来创建数据文件，一个数据文件只能属于一个表空间。

2. 数据文件。

数据文件即实际存储数据的文件，包括全部的数据库数据，是实际存在的操作系统文件，逻辑数据库结构（如表、段、区、数据块）的物理数据就存储在这个数据文件之中。每个 Oracle 数据库都包含一个或多个数据文件，可以通过查询数据字典 DBA_DATA_FILES 和 V$DATAFILE 来了解表空间和与其对应的数据文件。临时表空间对应的数据文件称为临时文件，查询数据字典 DBA_TEMP_FILES 和 V$TEMPFILE 可以了解临时表空间包含的临时文件信息。一个表空间可以对应若干个数据文件，但一个数据文件只能属于一个表空间。除 SYSTEM 表空间外，任何表空间可以从联机切换到脱机状态，表空间的脱机也代表着数据文件的脱机，在脱机状态下可以对数据库进行备份与恢复工作。

3. 重做日志文件。

重做日志文件（Redo Log File）用于记录对数据库所有数据的修改信息，可用于数据恢复；数据的修改包括用户对数据的修改，以及管理员对数据库结构的修改。每个数据库至少有两个重做日志文件，通过 LGWR 进程负责向其中写入信息，并且在两个重做日志文件之间进行切换，一个写满，再写第二个；另外，可以通过归档后台进程（ARCn）对重做日志文件进行归档，以便对重做日志文件进行一种保护，更好地保证在产生故障时数据库的恢复。可以通过 V$LOGFILE 对重做日志文件信息进行查询。

4. 控制文件。

控制文件（Control File）是 Oracle 用于存放系统配置信息数据的文件，它是一个二进制文件，并不大，负责维护数据库的全局结构，支持数据库的启动和运行。控制文件在创建数据库时产生，每个数据库至少有一个对应的控制文件。但一般数据库系统在安装完成后会自动创建三个控制文件，每个控制文件记录相同的信息。

5. 归档重做日志文件。

归档重做日志文件（Archived Redo Log File）是对已经写满的日志文件复制并保存后生成的文件。可以设置数据库在归档后自动保存日志文件。ARCn 在后台负责把写满的重做日志文件复制到归档日志目标中。在数据库恢复时归档重做日志文件起决定性作用。

6. 参数文件。

参数文件（Parameter File）也称初始化参数文件，是用来在启动实例时配置数据库基本信息的文件。其中的初始化设置内容包括 SID、数据库主要文件的位置、实例所使用的主要内存区域的大小等。从 Oracle 9i 开始，参数文件有两种类型：服务器参数文件（SPFILE）和文本参数文件（PFILE），这两种参数文件的内容和作用相同，可以通过其中一种来配置实例和数据库的一些选项，默认状态下是使用服务器参数文件。服务器参数文件是一个二进制文件，不能直接编辑，存储在 Oracle 数据库的服务器上。

可以进行编辑的是文本参数文件。参数文件是在启动数据库以后，创建实例或读取控制文件之前进行读取，其中的参数是进行基本配置与数据库运行的主要依据。

7. 口令文件。

口令文件（Password File）是用于验证特权用户的文件，它是一个二进制文件。特权用户，是指一些具有特殊权限的数据库特殊用户，这些用户可以实现启动实例、关闭实例、创建数据库、备份等重要操作，默认的特权用户是 SYS。

【知识点8】 Oracle 关键进程

当数据库启动时会产生多个后台进程，这些后台进程不管用户是否连接都会启动，这些进程可以同时处理多个用户的请求，进行复杂的数据操作，同时维护数据库系统并保证系统具有良好的性能，这些进程包括进程监控后台进程（PMON）、系统监控后台进程（SMON）、数据库写入后台进程（DBWn）、日志写入后台进程（LGWR）、归档后台进程（ARCn）、调度后台进程（Dnnn）、检查点（CKPT）、恢复后台进程（RECO）、锁进程（LCKn）。

1. PMON。

PMON 对 Oracle 中运行的各种进程进行监控，并且对异常情况进行针对性处理。

2. SMON。

SMON 对系统运行过程中发生的事务进行监控，并且负责对系统故障等进行必要的维护工作。

3. DBWn。

数据库缓存包含了用户使用的数据，数据库将数据从磁盘读入缓存，各种服务器进程会对它们进行读取和修改。当要把这些缓存的数据内容写回磁盘时，DBWn 负责执行这些数据的写入操作。

4. LGWR。

LGWR 是负责管理重做日志高速缓存区的进程，用于把重做日志记录从高速缓存区按照操作顺序写入重做日志文件，每个实例只能有一个 LGWR 进程。

重做日志文件的修改是在数据库运行过程中产生的，不过重做日志的记录会首先保存在重做日志高速缓存区中，然后在一定的条件下由 LGWR 进程将缓存区中的重做日志记录成批写入重做日志文件。

5. ARCn。

ARCn 的作用是负责在重做日志文件写满后或者在重做日志文件进行切换时，将重做日志文件的内容复制到指定的归档重做日志文件中，这样可以防止因为重做日志文件数据已满，写入的新数据覆盖旧数据的状况出现。

6. Dnnn。

Dnnn 是多线程服务器体系结构（共享服务器模式）的一个部分，以后台进程的形式运行。调度程序对用户的请求进行排列，形成一个进程队列，这个队列会共享一个服务器进程，这样可以同时处理多个请求。

7. CKPT。

引入 CKPT 的目的是协调 LGWR 和 DBWn 的一致性。CKPT 的设定可以根据实际要求来确定时间间隔，如果间隔太短，将会产生过多的硬盘输入输出操作；如果间隔太长，数据库的每次恢复将需要更多的时间来保证数据库的完整性。

8. RECO。

RECO 是在具有分布式选项时所使用的一个进程，可自动解决在分布式事务中产生的故障。RECO 进程不需要数据库系统管理员的控制，可自动运行。

9. LCKn。

LCKn 的作用是当多个数据库实例访问相同的数据库对象时，避免数据库对象访问冲突。其通过在某一实例访问时锁定相应的数据库对象，而在访问结束之后再对这个对象解锁实现。它在具有并行服务器选件环境下使用，可多至 10 个进程（LCK0，LCK1，…，LCK9）。

【知识点9】 数据字典简介

数据字典是 Oracle 数据库的核心组件，它由一系列只读的数据字典表和数据字典视图组成，但与审计有关的数据字典（以 AUD$ 开头的表）除外，因为这些表是可以修改的。数据字典表中记录了数据库的系统信息，如方案对象的信息、实例运行的性能信息（如实例的状态、SGA 区的信息）。Oracle 服务器通过数据字典中的信息对 Oracle 数据库进行管理和维护。数据字典分为基表和数据字典视图两大类。

数据字典主要保存以下信息：数据库中所有方案对象的定义信息，如表、视图、索引、同义词、存储过程、函数、包、触发器和各种对象；存储空间的分配信息，如为某个对象分配了多少存储空间，或者该对象使用了多少存储空间；安全信息，如用户、权限、角色、完整性约束等信息；实例运行时的性能和统计信息；其他数据库本身的基本信息。

【知识点10】 数据字典的组成

数据字典中的信息通过表和视图的方式进行组织管理。因此，数据字典的组成包括数据字典表和数据字典视图两部分。

1. 数据字典表。

数据字典表中存储的信息通常都是经过加密处理的。大部分数据字典表的名称中都包含如$等这样的特殊符号。数据字典表属于SYS用户，在创建数据库时通过自动运行sql.bsq脚本来创建数据字典表。数据字典表（$表）用来记录数据表、索引、视图和数据文件等对象的内容。这部分字典表特征是以$结尾，如TAB$、COL$和TS$等。

2. 数据字典视图。

数据字典视图把数据字典基表的信息转换成人们较为容易理解的形式，它们包括了用户名、用户的权限、对象名、约束和审计等方面的信息。数据字典视图是通过运行catalog.sql脚本文件来产生的。Oracle中的数据字典有静态和动态之分。静态数据字典在用户访问数据字典时，其内容不会发生改变；而动态数据字典的内容依赖数据库具体运行情况，反映数据库运行的一些内在信息。

静态数据字典主要是由表和视图组成。静态数据字典中的视图分为三类，它们分别由三个前缀构成：USER_*、ALL_*、DBA_*。

动态性能表和动态性能视图：在例程的运行过程中，Oracle会在数据字典中维护一系列虚拟的表，在其中记录与数据库活动有关的性能统计信息，这些表被称为动态性能表。动态性能视图属于SYS用户，Oracle自动在动态性能视图表上创建了一些视图，即动态性能视图，所有动态性能视图都以V_$开头。Oracle为这些视图创建了公共同义词，这些同义词都以V$开头。因此动态性能视图也被称为"V$视图"。

【知识点11】 Oracle数据库连接模式

Oracle数据库存在两种连接模式：一种是一个会话建立一个连接的专用服务器模式；另一种是多个会话共用一个连接的共享服务器模式。

专用服务器模式，是指该服务器连接只提供给单个用户使用，不得与其他用户共用。当用户采取专用服务器方式请求连接时，服务器会专门为该用户创建一个连接进程提供服务。

共享服务器模式，通过资源调度来动态管理会话与实例建立连接，可供使用的连接数一定，这些连接供所有的会话共享，可以有效地减少资源负载。

二 Oracle数据库存储管理

【知识点1】 存储结构

1. Oracle数据库从存储结构上可以分为物理存储结构和逻辑存储结构。物理存储结构指数据库文件在磁盘中的物理存放方式，是操作系统操作Oracle数据库时能够看见的结构，在数据库运行时需要使用这些数据库文件。逻辑存储结构由Oracle数据库创建和管理，Oracle数据库最主要的逻辑存储结构是表空间，表空间中包含了多个数据文件。

2. Oracle 的物理存储结构主要指数据库文件，包括控制文件、数据文件、重做日志文件、服务器参数文件、口令文件等。

3. Oracle 的逻辑存储结构是 Oracle 内部管理数据库对象的方式，是数据库中数据的逻辑组织方式。在物理上，数据库中数据存储在磁盘中的数据文件上，而数据文件中的数据存储在操作系统块（OS 块）中。Oracle 逻辑存储结构主要包括数据块、区、段和表空间。

（1）数据块（Data Block）：数据块是 Oracle 管理存储空间的最小单元，通常是操作系统块的整数倍，具体大小由初始化参数 DB_BLOCK_SIZE 确定。数据库创建后，数据块大小不允许修改。

（2）区（Extent）：区比数据块高一级，是为某个段分配的若干邻近数据块的集合。Oracle 在进行存储空间分配、回收和管理时都是以区为基本单位。

（3）段（Segment）：段是比区更高一级的逻辑存储结构，段由多个区组成。这些区可以是连续的，也可以是不连续的。当用户在数据库中创建各种具有实际存储结构的对象时，Oracle 将为这些实际对象（表、索引等）创建段，这些对象将全部保存在其段中，一般情况下一个对象只会有一个段。

（4）表空间（Tablespace）：表空间是最高一级的逻辑存储结构，Oracle 就是由若干个表空间组成的。段就包含在表空间中。通过表空间，Oracle 可以将相关的逻辑存储结构和对象组合在一起。

【知识点2】 控制文件管理

1. 控制文件是一个二进制文件，它记载了数据库的物理存储结构和当前状态。在启动数据库时，Oracle 从初始化参数文件中获得控制文件的名字及位置，打开控制文件，然后从控制文件中读取数据文件和重做日志文件的信息，最后打开数据库。在数据库运行时，Oracle 会修改控制文件。一个控制文件只属于一个数据库，创建数据库的同时创建控制文件。当改变数据库的物理存储结构时，Oracle 会更新控制文件。任何用户包括 DBA 都不能修改控制文件中的数据，控制文件的修改由 Oracle 自动完成。

2. DBA 要保证控制文件不出任何问题，通常采用以下管理措施：在初始化参数文件中指定控制文件；多路复用控制文件；备份控制文件。

3. 查询参数 CONTROL_FILES 和数据字典 V$CONTROLFILE 可得到控制文件的名称。

4. 添加、移动和删除控制文件可以通过修改 CONTROL_FILES 参数的形式来完成。

【知识点3】 重做日志文件管理

在 Oracle 中，事务对数据库所做的修改将以重做记录的形式保存在重做日志缓存中。当事务提交时，由 LGWR 进程将缓存中与该事务相关的重做记录全部写入重做日志文件，此时该事务被认为成功提交。

1. 重做日志文件。

重做日志文件是由重做记录组成的，重做记录也叫重做条目，它由一组修改向量组成。每个修改向量都记录了数据库中某个数据块所做的修改。每个 Oracle 数据库都至少需要拥有两个重做日志文件，Oracle 是以循环方式使用重做日志文件的。即当一个重做日志文件被写满后，后台 LGWR 进程开始写入下一个重做日志文件；当所有重做日志文件都写满后，LGWR 进程再重新写入第一个重做日志文件中。在默认安装 Oracle 数据库时，会有 3 个重做日志文件。

2. 重做日志文件组。

为提高数据库的可靠性，Oracle 提供了多路复用联机重做日志文件的功能。当采用多路复用联机日志文件时，LGWR 会将同一个重做日志信息同时写入多个相同的联机重做日志文件中。这样，即使某个重做日志文件被损坏，数据库仍能不受影响地继续运行。互为镜像的多个重做日志文件组成了一个重做日志文件组，重做日志文件组中的每一个重做日志文件称为成员，日志组中的所有成员必须具有相同的大小。

3. 数据库的归档模式。

在向重做日志文件中写入新的日志信息时，是否需要对原有的日志信息进行备份，根据用户需求的不同，存在两种处理模式：一种是不需要数据库进行自动备份，这种模式称为非归档模式，此时原来重做日志文件中的日志信息被新的日志覆盖，将不复存在；另一种是在新的日志信息改写原有的重做日志文件以前，数据库自动对原有的联机重做日志文件进行备份，这种操作模式称为归档模式，备份操作由后台进程 ARCn 完成，备份文件称为归档重做日志文件。

4. 日志切换和检查点。

日志切换，是指停止向某个重做日志文件组写入，而向另一个重做日志文件组写入。在日志切换的同时，还要产生检查点（CKPT）操作，一些信息被写入控制文件中。当发生日志切换时，系统会在后台完成检查点操作，将 SGA 的数据缓冲区中已修改过的数据块写入数据文件，并更新控制文件和数据文件的头部，以保证控制文件、数据文件头、日志文件头的系统更改号一致，这是数据库保持数据完整性的一个重要机制。

【知识点4】 表空间管理

1. 表空间概述。

表空间是 Oracle 数据库中最大的逻辑存储单位，也是直接与数据库物理存储结构相关联的逻辑单位。一个表空间只能属于一个数据库，一个数据文件只能属于一个表空间，表空间与物理上的一个或多个数据文件相对应，表空间的大小等于构成该表空间的所有数据文件大小的总和。Oracle 数据库中一般有两类表空间：系统表空间和非系统表空间。

系统表空间和数据库一起建立，包含了数据字典和系统管理信息。系统表空间包括 SYSTEM 表空间和 SYSAUX 表空间。非系统表空间可以由 DBA 创建，在非系统表空间中存储一些单独的段，这些段可以是用户的数据段、索引段、回滚段和临时段等。引入非系统表空间可以方便磁盘空间的管理，也可以更好地控制分配给用户磁盘空间的数量。非系统表空间还可以将静态数据和动态数据有效分开，也可以按照备份的要求把数据分开存放。非系统表空间根据存储内容不同，分为永久表空间、临时表空间和撤销表空间。

2. 创建表空间。

通常，创建表空间操作由管理员 SYS 来执行。在表空间创建过程中，Oracle 会自动在数据字典和控制文件中记录下新建的表空间，并在物理磁盘上创建表空间所包含的所有数据文件。

3. 查询表空间信息。

使用数据字典 V$TABLESPACE 和 DBA_TABLESPACES 查询表空间的基本信息；使用数据字典 DBA_DATA_FILES 和 V$DATAFILE 查询表空间中包含数据文件的信息；使用数据字典 DBA_TEMP_FILES 和 V$TEMPFILE 查询临时表空间包含的临时文件信息；使用数据字典 DBA_FREE_SPACE 可以查询表空间中空闲空间的大小。

4. 表空间状态管理。

通过设置表空间的状态属性，可以限制其中数据的可用性。一个表空间具有脱机（OFFLINE）、联机（ONLINE）、只读（READ ONLY）和读写（READ WRITE）四种状态。其中表空间正常状态为 ONLINE、READ WRITE；非正常状态为 OFFLINE、READ ONLY。

（1）OFFLINE。

当表空间的状态属性为 OFFLINE 时，表空间不可用。任何保存在该表空间中的数据库对象将不可存取。在脱机状态下有三种模式：正常（NORMAL），默认的模式，表示表空间以正常方式切换到脱机状态；临时（TEMPORARY），表示表空间以临时的方式切换到脱机状态；立即（IMMEDIATE），表示表空间以立即的方式切换到脱机状态。

（2）ONLINE。

当表空间的状态属性为 ONLINE 时，用户可以访问数据库中的数据。

（3）READ ONLY。

当表空间的状态属性为 READ ONLY 时，无论用户具有何种权限，表空间中的数据都只能读取，不能更新。

（4）READ WRITE。

当表空间的状态属性为 READ WRITE 时，用户可以读取和更新数据库中的数据。

5. 删除表空间。

如果不再需要表空间和其中保存的数据，可以删除表空间。在 Oracle 数据库中，除了系统表空间外，其他表空间都可以删除。一旦表空间删除，该表空间的数据将无法恢复。

【知识点5】 数据文件管理

1. 数据文件概述。

Oracle 数据库的表空间在物理上表现为磁盘数据文件，也就是说，Oracle 数据库中的数据逻辑存储在表空间中，物理存储在表空间包含的数据文件中。表空间和数据文件关系密切，但又有些不同：一个表空间至少包含一个数据文件；段可以跨多个数据文件，但是不能跨多个表空间。

一个数据库必须有 SYSTEM 表空间和 SYSAUX 表空间，在创建数据库时，系统自动把第一个数据文件分配给 SYSTEM 表空间。

通过查询数据字典 DBA_DATA_FILES 和 V$DATAFILE 可以了解表空间和与其对应的数据文件。临时表空间对应的数据文件称为临时文件，查询数据字典 DBA_TEMP_FILES 和 V$TEMPFILE 可以了解临时表空间包含的临时文件信息。

2. 添加数据文件。

表空间的大小等于构成该表空间的所有数据文件大小的总和，增加表空间大小的最直接的办法就是为表空间添加一个新的数据文件。

添加数据文件使用 ALTER TABLESPACE…ADD DATAFILE 语句或 ALTER TABLESPACE…ADD TEMPFILE 语句。

3. 修改数据文件的大小。

增加表空间的大小，除了通过添加数据文件外，还可以通过修改表空间中已有的数据文件的大小来实现。修改数据文件大小有两种形式：重新设置数据文件大小和设置数据文件自动扩展。

4. 移动数据文件位置。

如果数据文件所在的磁盘已经没有足够的磁盘空间，则可以将数据文件从一个磁盘移动到另外一个磁盘。移动数据文件包括以下步骤：

（1）修改表空间为脱机状态。

（2）复制数据文件到另外一个磁盘。

（3）使用 ALTER TABLESPACE…RENAME DATAFILE…TO…语句修改数据文件的名称。

（4）修改表空间为联机状态。

（5）查询数据字典 DBA_DATA_FILES 确认数据文件移动成功。

由于系统表空间不可脱机，所以移动系统表空间的数据文件步骤略有不同，步骤如下：

（1）启动数据库到 MOUNT 状态。

（2）复制系统表空间的数据文件到另外一个磁盘。

（3）使用 ALTER DATABASE…RENAME FILE…TO…语句修改数据文件的名称。

（4）打开数据库。

在移动数据文件后，建议对控制文件或数据库进行备份。

5. 删除数据文件。

使用带 DROP DATAFILE 或 DROP TEMPFILE 子句的 ALTER TABLESPACE 命令删除数据文件或临时文件。当数据文件或临时文件被删除后，Oracle 系统把文件相关信息从数据字典和控制文件中删除，并删除磁盘上存储的对应物理文件。

三 MySQL 数据库

【知识点1】 MySQL 数据库简介

MySQL 是非常流行的关系型数据库管理系统（Relational Database Management System，RDBMS），在 Web 应用方面，是最好的此类应用软件之一。MySQL 所使用的 SQL 语言是用于访问数据库的最常用标准化语言。MySQL 软件采用了双授权政策，分为社区版和商业版，由于其体积小、速度快、总体拥有成本低，尤其开放了源码，因此一般中小型网站在开发时都选择其作为网站数据库。通常来说，Linux 作为操作系统，Apache 或 Nginx 作为 Web 服务器，MySQL 作为数据库，PHP/Perl/Python 作为服务器端脚本解释器，这四个软件都是免费或开放源码的软件，因此这种组合非常受欢迎。

【知识点2】 MySQL 数据库体系结构

MySQL 数据库体系结构主要由以下组件组成：连接池组件、管理服务和工具组件、SQL 接口组件、分析器组件、优化器组件、缓冲组件、插件式存储引擎、物理文件。

【知识点 3】 MySQL 数据库存储引擎

MySQL 数据库最常见的两种存储引擎是 MyISAM 和 InnoDB。MyISAM 是 MySQL 官方提供默认的存储引擎，其特点是不支持事务、表锁和全文索引，对于一些 OLAP 系统，操作速度快。InnoDB 存储引擎支持事务，主要面向 OLTP 方面的应用，其特点是行锁设置、支持外键，并支持类似于 Oracle 的非锁定读，即默认情况下读不产生锁。InnoDB 存储引擎提供了具有提交、回滚和崩溃恢复能力的事务安全。对比 Myisam 的存储引擎，InnoDB 写的处理效率差一些，并且会占用更多的磁盘空间以保留数据和索引。

四 人大金仓数据库

【知识点】 人大金仓数据库简介

人大金仓数据库管理系统（简称金仓数据库或 Kingbase ES）是北京人大金仓信息技术股份有限公司自主研制开发的具有自主知识产权的通用关系型数据库管理系统。金仓数据库主要面向事务处理类应用，兼顾各类数据分析类应用，可用作管理信息系统、业务及生产系统、决策支持系统、多维数据分析、全文检索、地理信息系统、图片搜索等的承载数据库。金仓数据库支持多种操作系统和硬件平台，支持 UNIX、Linux 和 Windows 等数十个操作系统产品版本；支持 X86、X86_64 及国产龙芯、飞腾、申威等 CPU 硬件体系结构。并具备与这些版本服务器和管理工具之间的无缝互操作能力。

>> 第四节
数据挖掘

一 数据挖掘概述

【知识点 1】 数据挖掘的定义

数据挖掘是从大量数据中挖掘有趣模式和知识的过程；数据挖掘从大量的、不完全的、有噪声的、模糊的、随机的应用数据中，提取隐含在其中的、人们事先不知道的但又是潜在有用的信息和知识。

【知识点 2】 数据挖掘的方法

数据挖掘涉及的方法很多，有多种分类法。

1. 根据挖掘任务可分为预测模型发现、数据总结、聚类、分类、关联规则发现、序列模式发现、依赖关系或依赖模型发现、异常和趋势发现等。

2. 根据挖掘对象可分为关系数据库、面向对象数据库、空间数据库、时态数据库、文本数据源、多媒体数据库、异质数据库、遗产数据库以及环球网 Web。

3. 根据挖掘方法可分为机器学习方法、统计方法、神经网络方法和数据库方法。①在机器学习方法中，可细分为归纳学习方法（决策树、规则归纳等）、基于范例学习、遗传算法等。②在统计方法中，可细分为回归分析（多元回归、自回归等）、判别分析（贝叶斯判别、费希尔判别和非参数判别等）、聚类分析（系统聚类、动态聚类等）、探索性分析（主元分析法、相关分析法）等。③在神经网络方法中，可细分为前向神经网络（BP 算法等）、自组织神经网络（自组织特征映射、竞争学习等）等。④数据库方法主要包括多维数据分析和联机分析处理（On-Line Analytical Processing，OLAP）方法，还有面向属性的归纳方法。

【知识点 3】 数据源

数据源包括数据库、数据仓库、Web、其他信息存储库或动态地流入系统的数据，这些数据可以是结构化的数据，也可以是非结构化数据，还可以是半结构化数据。

二、数据仓库

【知识点 1】 数据仓库的概念

数据仓库（Data Warehousing，DW）也可以认为是一个数据库，它是一个面向主题的、集成的、时变的、非易失的数据集合，支持管理决策制定。这四个特性将数据仓库与其他数据存储系统相区别。

1. 面向主题的。数据仓库围绕一些主题组织数据，更关注有利于给决策者或使用者提供信息的数据建模与分析，而不关注构造组织机构的日常操作和事务处理。数据仓库排除对于决策无用的数据，提供特定主题的简明视图。

2. 集成的。构造数据仓库是将多个异构的数据源，如关系数据库、互联网获取的数据、一般文件以及联机事务处理记录，集成在一起。使用数据清理和数据集成技术，可以确保命名约定、编码结构、属性度量的一致性。

3. 时变的。数据存储历史数据，其中的关键结构，隐式或显式地包含时间元素。

4. 非易失的。数据仓库从操作环境下的应用数据来获取数据，并独立地分离存放这些数据。因此，数据仓库不需要事务处理、恢复和并行控制机制，它只需要数据初始化装入和数据访问。

【知识点2】 数据仓库建模

数据仓库和 OLAP 工具基于多维数据模型，该模型将数据看作数据立方体形式。数据立方体以维对数据建模和观察，由维和事实定义。

维是透视或关于一个组织想要记录的实体，每一个维都有一个表与之相关联，这个表称为维表。维表可以由用户或专家设定，或者根据数据分布自动产生和调整。通常，多维数据模型围绕中心主题组织。事实是数值度量的，根据它们来分析维之间的关系。

最流行的数据仓库模型是多维数据模型，这种数据模型可以是星型模式、雪花模式、事实星座模式。

星型模式：最常见的模型范例，数据仓库包括一个大的、包含大批数据、不含冗余的中心表或者称为事实表；一组小的维表，每维一个。

雪花模式：雪花模式是星型模式的变种，其中某些维表是规范化的，因而把数据进一步分解到附加的表中。雪花模式和星型模式的区别在于，雪花模式的维表可能是规范化形式，以便减少冗余。这种表易于维护，且节省存储空间。然而，在执行查询时需要进行连接操作，会影响系统性能。

事实星座模式：复杂的应用可能需要多个事实表共享维表。这种模式可以看作星型模式集，也称作星系模式，或事实星座模式。

数据集市（Data Mart，DM）是数据仓库的一个部门子集，它针对的主题，是部分范围的，对于数据集市，流行星型模式或雪花模式，它们更适合对单个主题建模。数据仓库收集整个组织的主题，是企业范围的，对于数据仓库，通常使用星型模式，因为它能对多个主题建模。

【知识点3】 数据仓库的设计

数据仓库的设计必须考虑四种不同的视图：自顶向下视图、数据源视图、数据仓库视图和商务查询视图。

数据仓库的设计过程包含如下步骤：选取待建模的商务过程—选取商务处理的粒度—选取用于每个事实表记录的维—选取将安放在每个事实表记录中的度量。

【知识点4】 数据仓库的实现

1. 数据仓库要支持高效的数据立方体计算技术、存取方法和查询处理技术。

2. 数据立方体的有效计算：立方体计算的一种方法是扩充 SQL，使之包含 compute cube 操作。compute cube 操作在操作指定的维的所有子集上计算簇集；给定基本方体，方体的物化有三种选择，即不物化、完全物化、部分物化。

3. 索引联机分析处理（On-Line Analytical Process，OLAP）数据：位图索引允许在数据立方体中快速搜索，显著降低了空间和 I/O 开销；连接索引登记来自关系数据库的两个关系的可连接性，连接索引记录能够识别可连接的元组，而不必执行很大的连接操作，对于维护来自可连接的关系外码和与之匹配的主码的联系，连接索引特别有用。

【知识点 5】 ETL

ETL（Extract-Transform–Load）用来描述数据从源端经过抽取、转换、加载至目的端的过程，是构建数据仓库的重要一环。ETL 可以通过手动编写代码实现或者使用 ETL 工具，常用的 ETL 工具有 Informatica、Datastage、Kettle，ETL 工具具有以下优点：支持多种异构数据源的连接，图形化的界面操作很方便，处理海量数据速度快、流程更清晰。

【知识点 6】 OLTP 和 OLAP

1. 联机操作数据库系统的主要任务是执行联机事务和查询处理，这种系统称为联机事务处理（On-Line Transaction Processing，OLTP）系统，它涵盖了一个组织的大部分日常操作。数据仓库在数据分析和决策方面为用户或决策者提供服务，这种系统用不同的格式来组织和提供数据，这种系统称为联机分析处理（On-Line Analytical Processing，OLAP）系统。

2. OLTP 和 OLAP 的主要区别如下：

（1）基本含义不同。OLTP 是传统的关系型数据库的主要应用，主要是基本的、日常的事务处理，记录即时的增、删、改、查。OLAP 支持复杂的分析操作，侧重决策支持，并且提供直观易懂的查询结果。

（2）实时性要求不同。OLTP 实时性要求高，OLTP 数据库旨在使事务应用程序仅写入所需的数据，以便尽快处理单个事务。OLAP 的实时性要求不是很高，很多应用在较频繁的情况下每天更新一下数据。

（3）数据量不同。OLTP 数据量不是很大，一般只读/写数十条记录，处理简单的事务。OLAP 数据量大，因为 OLAP 支持的是动态查询，所以用户可能要通过将很多数据进行统计后才能得到想要知道的信息。

（4）用户和系统的面向性不同。OLTP 是面向顾客的，用于事务和查询处理。OLAP 是面向市场的，用于数据分析。

（5）数据库设计不同。OLTP 采用 E-R 模型和面向应用的数据库设计。OLAP 采用星型模式或雪花模式数据模型和面向主题的数据库设计。

三、数据挖掘常用方法

【知识点1】分类

分类是找出数据库中的一组数据对象的共同特点，并按照分类模式将其划分为不同的类，其目的是通过分类模型，将数据库中的数据项映射到某个给定的类别中。分类是一种重要的数据分析形式，它提取刻画重要数据类的模型。这种模型称为分类器，预测分类的（离散的、无序的）类标号。数据分类是两个阶段过程，包括学习阶段（构建分类模型）和分类阶段（使用模型预测给定数据的类标号）。分类可以应用到客户的分类、客户的属性和特征分析、客户满意度分析、客户的购买趋势预测等。分类的算法有：决策树、贝叶斯、支持向量机、K最近邻、集成学习、人工神经网络等。以下主要介绍决策树、贝叶斯、人工神经网络三种算法。

1. 决策树。

决策树是用于分类和预测的主要技术之一，决策树学习是以实例为基础的归纳学习算法，着眼于从一组无次序、无规则的实例中推理出以决策树表示的分类规则。构造决策树的目的是找出属性和类别间的关系，用来预测未知类别的记录的类别。它采用自顶向下的递归方式，在决策树的内部节点进行属性的比较，并根据不同属性值判断从该节点向下的分支，在决策树的叶节点得到结论。

2. 贝叶斯。

贝叶斯（Bayes）分类法是统计学分类方法。它可以预测类隶属关系的概率，如一个给定的元组属于一个特定类的概率。贝叶斯分类基于贝叶斯定理，利用贝叶斯定理来预测一个未知类别的样本属于各个类别的可能性，选择其中可能性最大的一个类别作为该样本的最终类别。

3. 人工神经网络。

人工神经网络（Artificial Neural Networks，ANN）是一种应用于类似大脑神经突出连接的结构进行信息处理的数学模型。大量的输入/输出单元（也可以称为节点或神经元）之间相互连接构成网络，其中每个连接都与一个权重相关联，这样的网络即神经网络。在学习阶段，调整这些权重，使得它能够预测输入元组的正确类标号来学习。神经网络需要很长的训练时间，因而更适合具有足够长的训练时间的应用。它需要大量的参数，如网络拓扑或结构，通常这些参数主要靠经验确定。神经网络已有上百种不同的模型，常见的有BP网络、径向RBF网络、Hopfield网络等。

【知识点2】回归分析

1. 回归分析反映了数据库中数据的属性值的特性，通过函数表达式数据映射的关系来发现属性值之间的依赖关系。它可以应用到数据序列的预测及相关关系的研究中去。回归分析方法反映的是事务数据库中属性值在时间上的特征，产生一个将数据项映射到一个实值预测变量的函数，发现变量或属性间的依赖关系，主要研究问题包括数据序列的趋势特征、数据序列的预测以及数据间的相关关系等。在回归分析中，当研究的因果关系只涉及因变量和一个自变量时，叫作一元回归分析；当研究的因果关系涉及因变量和两个或两个以上自变量时，叫作多元回归分析。

2. 线性回归是利用数理统计中的回归分析，来确定两个或两个以上变量间相互依赖的定量关系的一种统计分析方法，运用十分广泛。

3. Logistic 回归分析是一种概率模型，适合于病例—对照研究、随访研究和横断面研究，且结果发生的变量取值必须是二分的或多项分类。可用影响或引起因变量发生变化的因素为自变量建立回归方程。

【知识点3】 聚类分析

聚类分析（Cluster Analysis）简称聚类（Clustering），是一个把数据对象划分成子集的过程。每个子集是一个簇（Cluster），使得簇中的对象彼此相似，但与其他簇中的对象不相似。由聚类分析产生的簇集合称作一个聚类。在相同的数据集上，不同聚类方法可能产生不同的聚类，聚类的划分由聚类算法来实现。聚类分析已经广泛应用于许多领域，包括商务智能、图像模式识别、Web 搜索、生物学和安全领域。

1. K-Means 聚类。

K-Means 算法实际上通过计算不同样本间的距离来判断它们的相近关系，相近的就会放到同一个类别中。K-Means 聚类算法的优势在于速度非常快，因为我们所做的只是计算点和群中心之间的距离，并且它有一个线性复杂度 $O(n)$。另外，K-Means 也有两个缺点：第一，必须选择有多少组/类。然而在理想情况下，我们希望它能解决这些问题，因为它的关键在于从数据中获得一些启示。第二，K-Means 也从随机选择的聚类中心开始，在不同的算法运行中可能产生不同的聚类结果。因此，结果可能是不可重复的，并且缺乏一致性，然而其他聚类方法却更加一致。

2. DBSCAN 聚类。

DBSCAN（Density-Based Spatial Clustering of Applications with Noise）是一个比较有代表性的基于密度的聚类算法，类似于均值转移聚类算法。DBSCAN 与其他聚类算法相比具有一些优势。首先，它不需要一个预设定的聚类数量。它还将异常值识别为噪声，而不像均值偏移聚类算法，即使数据点非常不同，它也会将它们放入一个聚类中。其次，它还能很好地找到任意大小和任意形状的聚类。DBSCAN 的主要缺点是，当聚类具有不同的密度时，它的性能不像其他聚类算法那样好。这是因为当密度变化时，距离阈值 ε 和识别邻近点的 minPoints 的设置会随着聚类的不同而变化。当距离阈值 ε

变得难以估计时，这种缺点也会出现在非常高维的数据中。

3. 层次聚类。

层次聚类算法实际上分为两类：自上而下和自下而上。自下而上的算法在一开始就将每个数据点视为一个单一的聚类，然后依次合并（或聚集）类，直到所有类合并成一个包含所有数据点的单一聚类。因此，自下而上的层次聚类称为合成聚类（Hierarchical Agglomerative Clustering，HAC）。聚类的层次结构用树状图表示。"树"的"根"是收集所有样本的唯一聚类，而"叶子"是只有一个样本的聚类。

层次聚类算法不要求指定聚类的数量，我们甚至可以选择哪个聚类看起来最好。此外，该算法对距离度量的选择不敏感；而对于其他聚类算法，距离度量的选择是至关重要的。层次聚类算法的一个较好的用例是，当底层数据具有层次结构时，可以恢复层次结构；而其他聚类算法无法做到这一点。层次聚类的优点是以低效率为代价的，因为它具有 $O(n^3)$ 的时间复杂度。

【知识点4】关联规则

1. 关联规则（频繁项集）挖掘的目标是发现数据项集之间的关联关系或相关关系，是数据挖掘中的一个重要的课题。关联规则就是在给定训练项集上频繁出现的项集与项集之间的一种紧密的联系。其中，是否"频繁"是由人为设定的一个阈值即支持度（support）来衡量的，是否"紧密"也是由人为设定的一个关联阈值即置信度（confidence）来衡量的。这两种度量标准是频繁项集挖掘中两个至关重要的因素，也是挖掘算法的关键所在。对项集支持度和规则置信度的计算是影响挖掘算法效率的决定性因素，也是对频繁项集挖掘进行改进的入口点和研究热点。关联规则挖掘算法是关联规则挖掘研究的主要内容，迄今为止已提出了许多高效的关联规则挖掘算法。关联规则最著名的算法是Apriori算法。

2. Apriori算法使用一种称为逐层搜索的迭代方法，其中 k 项集用于搜索 $(k+1)$ 项集。首先，通过扫描数据库，累积每个项的计数，并收集满足最小支持度的项，找出频繁1项集的集合。该集合合计为 L_1。其实，使用 L_1 找出频繁2项集的集合 L_2，使用 L_2 找出 L_3，依次类推，直到不能再找到频繁 k 项集。找出每个 L_k 需要一次数据库的完整扫描。

第五节 大数据

一、大数据概述

【知识点1】 大数据的概念

大数据的特点通常归纳为"5V"：Volume（数据量）、Variety（多样性）、Value（价值）、Velocity（速度）、Veracity（真实性）。

【知识点2】 大数据计算模式

1. 批处理计算。批处理计算针对大规模数据的批量处理。MapReduce 可以并行执行大规模数据处理任务，用于大规模数据集的并行运算（单输入、两阶段、粗粒度数据并行的分布式框架）。

2. 流计算。流数据（或数据流），是指在时间分布和数量上无限的一系列动态数据集合体，数据的价值随着时间的流逝而降低，因此必须实时计算给出秒级响应。流计算是针对流数据的实时计算，即实时获取来自不同数据源的海量数据，经过实时分析处理，获得有价值的信息。

3. 查询分析计算。针对超大规模数据的存储管理和查询分析，需要提供实时或准实时响应。

4. 图计算。图计算是以图作为数据模型来表达问题并予以解决的过程。以高效解决图计算问题为目标的系统软件称为图计算系统。

【知识点3】 大数据技术

大数据技术的主要内容包括：数据采集、数据存取、基础架构、数据处理、统计分析、数据挖掘、模型分析、结果展现等。在海量的互联网数据、实时处理要求高、数据增长快的现状面前，传统的技术手段无法完成，针对以上问题，大数据技术提出和应用了分布式文件系统、分布式数据库、各种 NoSQL 存储方案等。

二、大数据处理架构 Hadoop

【知识点1】 Hadoop 简介

1. Hadoop 的核心是分布式文件系统（Hadoop Distributed File System，HDFS）和 MapReduce，Hadoop 技术是推动大数据应用的引擎，可以使用 Hadoop 技术收集、共享和分析来自网络的结构化、半结构化、非结构化数据。

2. Hadoop 的数据集会被划分为较小的块（通常64MB），通过 HDFS 分布在集群内多台机器上。Hadoop 集群可以并行读取数据，可以提供很高的吞吐量，能提供比一台高端服务器更好的性能，而廉价集群价格更便宜。Hadoop 集群内部既包含数据又包含计算环境，客户端仅需发送待执行的 MapReduce 程序，而这些程序代码一般都会很小（通常几千字节）。

【知识点2】 Hadoop 生态系统

1. HDFS 是 Hadoop 项目的两大核心之一，是针对谷歌文件系统（Google File System，GFS）的开源实现。HDFS 具有处理超大数据、流式处理、可以运行在廉价商用服务器上等优点。HDFS 在设计之初就是要运行在廉价的大型服务器集群上，因此在设计上就把硬件故障作为一种常态来考虑，在部分硬件发生故障的情况下依然能够保证文件系统的整体可用性和可靠性。HDFS 具有较高的读写速度、很好的容错性和可伸缩性，支持大规模数据的分布式存储，其冗余数据存储的方式很好地保证了数据的安全性。

2. HBase 是一个提供高可靠性、高性能、可伸缩、实时读写、分布式的列式数据库，一般采用 HDFS 作为其底层数据存储。

3. MapReduce 是针对谷歌 MapReduce 的开源实现，允许用户在不了解分布式系统底层细节的情况下开发并行应用程序，采用 MapReduce 来整合分布式文件系统上的数据，可保证分析和处理数据的高效性。

4. Hive 是一个基于 Hadoop 的数据仓库工具，可以用于对 Hadoop 文件中的数据集进行数据整理、特殊查询和分析存储。

5. Pig 是一种数据语言和运行环境，适合于使用 Hadoop 和 MapReduce 平台来查询大型半结构化数据集。

6. Zookeeper 是针对谷歌 Chubby 的一个开源实现，是高效和可靠的协同工作系统，提供分布式锁之类的基本服务（如统一命名服务、状态同步服务、集群管理、分布式应用配置项的管理等），用于构建分布式应用，减轻分布式应用程序所承担的协调任务。

7. Mahout 是 Apache 软件基金会旗下的一个开源项目，提供一些可扩展的机器学习领域经典算法的实现，旨在帮助开发人员更加方便快捷地创建智能应用程序。

8. Flume 是 Cloudera 提供的一个高可用的、高可靠的、分布式的海量日志采集、聚合和传输的系统。

9. Sqoop 是 SQL-to-Hadoop 的缩写，主要用于在 Hadoop 和关系数据库之间交换数据，可以改进数据的互操作性。

10. Apache Ambari 是一种基于 Web 的工具，支持 Apache Hadoop 集群的安装、部署、配置和管理。Ambari 目前已支持大多数 Hadoop 组件，包括 HDFS、MapReduce、Hive、Pig、HBase、Zookeeper、Sqoop 等。

三、大数据存储与管理

【知识点1】 HDFS 简介

HDFS 开源实现了 GFS 的基本思想。HDFS 支持流数据读取和处理超大规模文件，并能够运行在由廉价的普通机器组成的集群上。HDFS 在设计上实现了多种机制保证在硬件出错的环境中实现数据的完整性。

【知识点2】 HDFS 的优点

1. 兼容廉价的硬件设备。HDFS 设计了快速检测硬件故障和进行自动恢复的机制，可以实现持续监视、错误检查、容错处理和自动恢复，从而使得在硬件出错的情况下也能实现数据的完整性。

2. 流数据读写。HDFS 放松了一些 POSIX 的要求，从而能够以流式方式来访问文件系统数据。

3. 简单的文件模型。HDFS 采用了"一次写入、多次读取"的简单文件模型，文件一旦完成写入，关闭后就无法再次写入，只能被读取。

4. 大数据集。HDFS 中的文件通常可以达到 GB 甚至 TB 级别，一个数百台机器组成的集群里面可以支持千万级别这样的文件。

5. 强大的跨平台兼容性。HDFS 是采用 Java 语言实现的，具有很好的跨平台兼容性，支持 JVM（Java Virtual Machine）的机器都可以运行 HDFS。

【知识点3】 HDFS 的缺点

1. 不适合低延迟数据访问。HDFS 不适合用在需要较低延迟的应用场合。对于低延时要求的应用程序而言，HBase 是一个更好的选择。

2. 无法高效存储大量小文件。HDFS 无法高效存储和处理大量小文件，过多小文件会给系统扩展性和性能带来诸多问题。

3. 不支持多用户写入及任意修改文件。HDFS 只允许一个文件有一个写入者，不允许多个用户对同一个文件执行写操作，而且只允许对文件执行者追加操作，不能执行随机写操作。

【知识点 4】 HDFS 相关概念

1. 块。HDFS 默认一个块的大小是 64MB。在 HDFS 中的文件会被拆分成多个块，每个块作为独立的单元进行存储。HDFS 支持大规模文件存储；简化系统设计；适合数据备份。

2. 名称节点（NameNode）。负责管理分布式文件系统的命名空间（Namespace），保存了两个核心的数据结构即 FsImage 和 EditLog。

3. 第二名称节点（Secondary NameNode）。HDFS 在设计中采用了第二名称节点。第二名称节点具有两个方面的功能：首先，可以完成 EditLog 与 FsImage 的合并操作，减小 EditLog 文件大小，缩短名称节点重启时间；其次，可以作为名称节点的"检查点"，保存名称节点中的元数据信息。

【知识点 5】 HDFS 的存储原理

1. 数据的冗余存储。作为一个分布式文件系统，为了保证系统的容错性和可用性，HDFS 采用了多副本方式对数据进行冗余存储。这种多副本方式具有以下优点：①加快数据传输速度；②容易检查数据错误；③保证数据的可靠性。

2. 数据存取策略。数据存取策略包括数据存放、数据读取和数据复制等方面，它在很大程度上会影响到整个分布式文件系统的读写性能，是分布式文件系统的核心内容。

3. 数据错误与恢复。HDFS 具有较高的容错性，可以兼容廉价的硬件，它把硬件出错看成一种常态，而不是异常，并设计了相应的机制检测数据错误和进行自动恢复。

【知识点 6】 HBase 数据库的概念

HBase 是针对谷歌 Big Table 的开源实现，是一个高可靠、高性能、面向列、可伸缩的分布式数据库，主要用来存储非结构化和半结构化的松散数据。

【知识点 7】 HBase 数据模型

HBase 是一个稀疏、多维度、排序的映射表，这张表的索引是行键、列族、列限定符和时间戳。

1. 表。HBase 采用表来组织数据，表由行和列组成，列划分为若干个列族。

2. 行。每个 HBase 表都由若干行组成，每个行由行键（Row Key）来标识。访问表中的行只有三种方式：①通过单个行键访问；②通过一个行键的区间来访问；③全表扫描。

3. 列族。一个 HBase 表被分组成许多列族的集合，列族是基本的访问控制单元。列族需要在表创建时就定义好，数量不能太多（HBase 的一些缺陷使得列族数量只限于几十个），而且不要频繁修改。

4. 列限定符。列族里的数据通过列限定符（或列）来定位。列限定符不用事先定义，也不需要在不同行之间保持一致。

5. 单元格。在 HBase 表中，通过行、列族和列限定符确定一个单元格。单元格中存储的数据没有数据类型，总被视为字节数组（byte[ ]）。每个单元格中可以保存一个数据的多个版本，每个版本对应一个不同的时间戳。

6. 时间戳。每个单元格都保存着同一份数据的多个版本，这些版本采用时间戳进行索引。每次对一个单元格执行操作（新建、修改、删除）时，HBase 都会隐式地自动生成并存储一个时间戳。时间戳一般是 64 位整型，可以由用户自己赋值，也可以由 HBase 在数据写入时自动赋值。

【知识点8】 HBase 的实现原理

HBase 的实现包括三个主要的功能组件：①库函数，链接到每个客户端；②一个 Master 主服务器；③许多个 Region 服务器。Region 服务器负责存储和维护分配给自己的 Region，处理来自客户端的读写请求。主服务器 Master 负责管理和维护 HBase 表的分区信息。

HBase 使用类似 B + 树的三层结构来保存 Region 位置信息。

客户端访问用户数据之前，需要首先访问 Zookeeper，获取 – ROOT – 表的位置信息，然后访问 – ROOT – 表，获得 .META. 表的信息，接着访问 .META. 表，找到所需的 Region 具体位于哪个 Region 服务器，最后才会到该 Region 服务器读取数据。

四 NoSQL 数据库

【知识点1】 NoSQL 的概念

NoSQL（Not Only SQL），其含义是不仅是结构化查询，NoSQL 与 SQL 的区别是 NoSQL 不适用 SQL 作为查询语言。其数据存储不同于结构化数据库二维表模式，也无法使用传统的表连接操作。NoSQL 主要使用硬盘作为存储载体。NoSQL 采用的数据模型并非传统的关系数据库的关系模型，而是键/值、列族、文档等非关系模型。NoSQL 没有严格遵守传统数据库的 ACID 约束，具有灵活的水平可扩展性，可以支持海量数据存储。此外，NoSQL 数据库支持 MapReduce 编程，可以较好地应用于大数据时代的各种数据管理。

【知识点 2】 NoSQL 的特点

1. 灵活的可扩展性。

NoSQL 运行在 PC 服务器集群上，PC 集群扩充方便并且成本很低，NoSQL 在需要提升性能时，只需要增加 PC 集群的数量即可，而 PC 集群的价格低廉，具有很高的性价比和良好的水平扩展能力。

2. 灵活的数据模型。

NoSQL 的键值存储与文档数据库允许应用在一个数据单元中存入任何结构的数据，创建新的字段而不至于带来麻烦，在一个数据元素里能存储不同类型的数据。

3. 与云计算紧密融合。

云计算具有很好的水平扩展能力，可以根据资源使用情况进行自由伸缩，各种资源可以动态加入或退出，NoSQL 数据库可以凭借自身良好的横向扩展能力，充分自由利用云计算基础设施，很好地融入云计算环境中，构建基于 NoSQL 的云数据库服务。

【知识点 3】 NoSQL 的不足

1. 产品的成熟度不够。

NoSQL 数据库很多技术和功能还需要完善，还不是很成熟。大多数 NoSQL 系统都是开源项目，在获得开放性优势的同时，也存在每个 NoSQL 数据库对应着一个或多个小型公司提供支持的情况。NoSQL 一直处于不断发展和完善过程中，NoSQL 开发者需要不断地学习，安装维护 NoSQL 数据库相较关系数据库要付出更多的努力和工作。

2. 分析和商务智能化不足。

NoSQL 数据库几乎没有提供专用的查询和分析工具，即使一个简单的查询，也需要编程实现，常用的商务智能工具无法与 NoSQL 连接。NoSQL 缺乏数学理论基础，复杂性查询性能不高，不能实现事务的一致性，难以实现数据完整性，并且 NoSQL 没有一个统一的查询语言，这将会对 NoSQL 的发展造成负面影响。

【知识点 4】 NoSQL 的存储方式

在 NoSQL 数据库中，最常用的存储方式有键值存储、列式存储、文档存储、图形存储等。一个 NoSQL 数据库往往不仅仅使用一种存储方式。根据其主要存储方式，NoSQL 数据库通常包括键值数据库、列族数据库、文档数据库、图数据库等。

1. 键值存储方式与键值数据库。

键值存储方式是 NoSQL 数据库中最常用的存储方式，处理速度非常快，但基本只能通过键的完全一致查询获取数据。键值存储（Key-Value 存储，简称 KV 存储），数据按照键值对的形式进行索引和存储。键值存储方式根据数据的保存方式分为临时型、永久型和混合型三种。

键值数据库相关产品主要有 Redis、Riak、SimpleDB、Chordless、Scalaris、Memcached 等。主要应用于内容缓存，如会话、配置文件、参数、购物车等。具有扩展性好、灵活性好、大量写操作时性能高等优点，缺点是无法存储结构化信息、条件查询效率较低。

2. 列式存储方式与列族数据库。

列式存储方式可以实现按列存储数据，以便存储结构化和半结构化数据及数据压缩，对于某一列或某几列的查询具有非常大的 I/O 优势。列式存储方式能高效地存储数据，列值不存在就不存储，当遇到 NULL 值时就能避免空间浪费。

列族数据库由多个行构成，每行数据包含多个列族，不同的行可以具有不同数量的列族，属于同一列族的数据会被存放在一起。每行数据通过行键进行定位，与这个行键对应的是一个列族，从这个角度来说，列族数据库也可以被视为一个键值数据库。

列族数据库相关产品主要有：BigTable、HBase、Cassandra、HadoopDB、GreenPlum、PNUTS 等。列族数据库主要应用于分布式数据存储与管理，具有查找速度快、可扩展性强、容易进行分布式扩展、复杂性低等优点，缺点是功能较少，大都不支持强事务一致性。

3. 文档存储方式与文档数据库。

文档存储方式存储的内容为文档型数据。文档存储方式的存储不用定义表结构，但可以像定义表结构一样使用。文档存储方式可以通过复杂的查询来获取数据，除了不能像关系数据库一样进行事务管理和表连接操作外，其他处理基本都能实现。文档存储方式主要解决的不是高并发读写操作，而是实现海量数据存储，同时能实现较好的查询性能。文档存储方式的 NoSQL 数据库主要由文档、集合、数据库组成。

在文档数据库中，文档是数据库的最小单位，文档相当于关系数据库中的一条记录。多个文档组成一个集合，集合相当于关系数据库的表，多个集合在逻辑上组织在一起就是数据库。文档数据库在记录中存储的数据包含有节点的树状数据。文档数据库主要用于存储并检索文档数据，当需要考虑很多关系和标准化约束以及需要事务支持时，传统的关系数据库是更好的选择。

相关数据库有 CouchDB、MongoDB、Terrastore、ThruDB、RavenDB 等。主要应用于存储、索引并管理面向文档的数据或者类似的半结构化数据。具有性能好、灵活性高、复杂性低、数据结构灵活的优点，缺点是缺乏统一的查询语法。

4. 图形存储方式与图数据库。

图形存储方式的 NoSQL 是图形关系的最佳存储方式，传统的关系数据库进行图形存储时，性能低下，设计困难。图模型是一个被标记和标向的属性多重图，被标记的图每条边都有一个标签，被用来作为那条边的类型。

图数据库以图论为基础，一个图是一个数学概念，用来表示一个对象集合，包括顶点以及连接顶点的边。图数据库使用图作为数据模型来存储数据，可以高效地存储不同顶点之间的关系，能够扩展到多个服务器上。图数据库典型应用于社交网络、推荐系统等，专注于构建关系图谱。图数据库能够有效利用图结构相关算法，不足之处是需要对整个图做计算得出结果，不容易做分布式集群方案。除了在处理图和关系这些应用领域具有很好的性能以外，在其他领域，图数据库的性能不如其他 NoSQL 数据库。

图数据库相关产品有 Neo 4J、OrientDB、InfoGrid、GraphDB。图数据库应用于大量复杂、互相连接、低结构化的图结构场合，如社交网络、推荐系统等。图数据库灵活性高，支持复杂的图算法，可用于构建复杂的关系图谱，由于其复杂性高，只能支持一定的数据规模。

五 大数据处理技术

【知识点1】 MapReduce

谷歌的 MapReduce 运行在分布式文件系统 GFS 上，Hadoop MapReduce 运行在分布式文件系统 HDFS 上。MapReduce 将复杂的运行于大规模集群上的并行计算过程高度地抽象到两个函数：Map 和 Reduce，这两个函数及其核心思想都源自函数式编程语言。MapReduce 框架会为每个 Map 任务输入数据子集，Map 任务生成的结果会继续作为 Reduce 任务的输入，最终由 Reduce 任务输出最后结果，并写入分布式文件系统。

【知识点2】 MapReduce 工作流程

一个大的 MapReduce 作业，首先会被拆分成许多个 Map 任务在多台机器上并行执行，每个 Map 任务通常运行在数据存储的节点上，这样，计算和数据就可以放在一起运行，不需要额外的数据传输开销。当 Map 任务结束后，会生成以 <key, value> 形式表示的许多中间结果。然后，这些中间结果会被分发到多个 Reduce 任务在多台机器上并行执行，具有相同 key 的 <key, aue> 会被发送到同一个 Reduce 任务，Reduce 任务会对中间结果进行汇总计算得到最后结果，并输出到分布式文件系统中。

【知识点3】 流计算的概念

数据记录是流数据的最小组成单元。流数据具有如下特征：
①数据快速持续到达，潜在大小也许是无穷无尽的。

②数据来源众多，格式复杂。

③数据量大，但是不十分关注存储，一旦流数据中的某个元素经过处理，要么被丢弃，要么被归档存储。

④注重数据的整体价值，不过分关注个别数据。

⑤数据顺序颠倒，或者不完整，系统无法控制将要处理的新到达数据元素的顺序。

1. 批量计算和实时计算。

批量计算以"静态数据"为对象，可以在很充裕的时间内对海量数据进行批量处理，计算得到有价值的信息。流数据则不适合采用批量计算。流数据必须采用实时计算，实时计算最重要的一个需求是能够实时得到计算结果，一般要求响应时间为秒级。

2. 流计算的概念。

流计算平台实时获取来自不同数据源的海量数据，经过实时分析处理，获得有价值的信息。总的来说，流计算秉承一个基本理念，即数据的价值随着时间的流逝而降低。因此，当事件出现时就应该立即进行处理，而不是缓存起来进行批量处理。为了及时处理流数据，就需要一个低延迟、可扩展、高可靠的处理引擎。对于一个流计算系统来说，它应达到以下要求：

①高性能。处理大数据的基本要求，如每秒处理几十万条数据。

②海量式。支持 TB 级甚至是 PB 级的数据规模。

③实时性。必须保证一个较低的延迟时间，达到秒级别，甚至是毫秒级别。

④分布式。支持大数据的基本架构，必须能够平滑扩展。

⑤易用性。能够快速进行开发和部署。

⑥可靠性。能可靠地处理流数据。

针对不同的应用场景，相应的流计算系统会有不同的需求，但是针对海量数据的流计算，无论在数据采集还是数据处理中都应达到秒级别的要求。

六 大数据分析技术

【知识点1】 机器学习

1. 对大数据的深度分析主要基于大规模的机器学习技术，一般来说，机器学习模型的训练过程可以归结为最优化定义于大规模训练数据上的目标函数并且通过一个循环迭代的算法实现。

2. 基于机器学习的大数据分析具有自己独特的特点：①迭代性：由于用于优化问题通常没有闭式解，因而对模型参数确定并非一次能够完成，需要循环迭代多次逐步逼近最优值点。②容错性：机器学习的算法设计和模型评价容忍非最优值点的存在，同时多次迭代的特性也允许在循环的过程中产生一些错误，模型的最终收敛不受影响。③参数收敛的非均匀性：模型中一些参数经过少数几轮迭代后便不再改变，而有些参数则需要很长时间才能达到收敛。

【知识点2】 预测性分析

大数据分析最重要的应用领域之一就是预测性分析，预测性分析结合了多种高级分析功能，包括特别统计分析、预测建模、数据挖掘、文本分析、实体分析、优化、实时评分、机器学习等。

【知识点3】 数据可视化

数据可视化，是指将大型数据集中的数据通过图形图像方式表示，并利用数据分析和开发工具发现其中未知信息。可视化技术应用标准应该包含以下四个方面：①直观化，将数据直观、形象地呈现出来；②关联化，突出地呈现出数据之间的关联性；③艺术性，使数据的呈现更具有艺术性，更加符合审美规则；④交互性，实现用户与数据的交互，方便用户控制数据。

>> 第六节 人工智能

一 人工智能的相关概念

【知识点1】 人工智能的定义

人工智能（Artificial Intelligence，AI）是研究、开发用于模拟、延伸和扩展人的智能的理论、方法、技术及应用系统的一门新的技术科学。人工智能是研究使计算机模拟人类的某些思维过程和智能行为（如学习、推理、思考、规划等）的学科，主要包括计算机实现智能的原理、制造类似于人工智能的计算机，使计算机能实现更高层次的应用。

【知识点2】 人工智能的分类

人工智能可分为三类：弱人工智能（Weak AI）、强人工智能（Strong AI）和超人工智能（Artificial Super Intelligence，ASI）。

1. 弱人工智能就是利用现有的智能化技术，来改善经济社会发展所需的一些技术条件，也指完成单一任务的智能。

2. 强人工智能则是综合的，在各方面都能和人类比肩的人工智能，人类能干的脑力活它都能干，非常接近于人类的智能，但它还需要脑科学的突破才能实现强人工智能。

3. 超人工智能为在几乎所有领域都大幅超过人类认知表现的任何智力，超人工智能可以实现与人类智能等同的功能，超人工智能的思考速度和自我改进速度将远远超过人类，人类作为生物的生理限制将统统不适用于超人工智能。

【知识点3】 人工智能主要研究内容

1. 认知建模。认知科学要研究人类在认知过程中是如何进行信息加工的，认知科学是人工智能的重要理论基础，涉及非常广泛的研究课题。人工智能不仅要研究逻辑思维，还要深入研究形象思维和灵感思维，使它具有更坚实的理论基础。

2. 知识表示。知识表示、推理和知识应用是传统人工智能的三大核心研究内容。知识表示是基础，推理实现问题求解，而知识应用是目的。应用人工智能技术解决实际问题，就涉及各类知识的表示方法，它需要把人类知识概念化、形式化或模型化，常见的就是运用符号知识、算法和状态图等来描述待解决的问题。

3. 推理。推理是由一个或几个已知的判断推出另一个新判断的一种思维形式，即从已有事实推出新的事实的过程。在形式逻辑中，推理由前提、结论和推理形式组成。以符号逻辑为基础的人工智能，是以逻辑思维和推理为主要内容的。

4. 机器感知。机器感知就是使机器具有类似于人的感觉，包括视觉、听觉、触觉、嗅觉、接近感和速度感。其中最重要的和应用最广的是机器视觉和机器听觉。机器视觉要能够识别和理解文字、图像、场景以及人的身份等；机器听觉要能够识别与理解声音和语言等。

【知识点4】 人工智能的应用

1. 专家系统。专家系统是以知识为中心，注重知识本身而不是确定的算法。

2. 自然语言处理。自然语言处理主要包括人机对话和机器翻译两大任务，是一门融合语言学、计算机科学、数学于一体的科学。

3. 感知问题。感知问题是人工智能的一个经典研究课题，涉及神经生理学、视觉心理学、物理学、化学等学科领域，具体包括计算机视觉和声音处理等。

4. 模式识别。模式识别是使计算机通过数学方式来研究模式的自动处理和判断。

5. 机器人学。目前机器人学的研究方向主要是研制智能机器人，智能机器人将极大地扩展机器人的应用领域。

二 机器学习

【知识点1】 机器学习的概念

通俗地讲,机器学习就是让机器拥有学习的能力,从而改善系统自身的性能。机器学习实质上是基于数据集的,通过对数据集进行研究,找出数据集中数据之间的联系和数据的真实含义。机器学习是人工智能研究领域中最重要的分支之一。它是一门涉及多领域的交叉学科,包括高等数学、统计学、概率论、凸分析和逼近论等多门学科。机器学习的应用遍及人工智能的各个领域。机器学习主要使用归纳、综合而不是演绎的方法。

【知识点2】 机器学习的分类

1. 监督学习。监督学习又称监督训练或有教师学习,是指利用一组已知类别的样本调整分类器的参数,使其达到所要求性能的过程。监督学习可以由训练数据中学到或建立一个学习模型,并依此模型推测新的实例。训练数据是由输入物件和预期输出所组成的。函数的输出可以是一个连续的值,该连续的值被称为回归分析,或者是预测的一个分类标签,该分类标签被称作分类。

2. 无监督学习。无监督学习的训练样本的标记信息是未知的,目标是通过对无标记训练样本的学习来揭示数据的内在性质及规律。无监督学习表示机器从无标记的数据中探索并推断出潜在的联系。常见的无监督学习有聚类和降维两种。

3. 半监督学习。半监督学习突破了传统方法只考虑一种样本类型的局限性,综合利用有标签样本与无标签样本,是在监督学习和无监督学习的基础上进行的研究。半监督学习包括半监督聚类、半监督分类、半监督降维和半监督回归四种学习场景。

4. 迁移学习。这是运用已存有的知识对不同但相关领域的问题进行求解的一种新的机器学习方法。迁移学习放宽了传统机器学习中的两个基本假设,目的是迁移已有的知识来解决目标领域中仅有少量甚至没有标签样本数据的学习问题。

【知识点3】 强化学习

1. 强化学习又称再励学习、评价学习或增强学习,是机器学习的范式和方法论之一,用于描述和解决智能体在与环境的交互过程中,通过学习策略以达成回报最大化或实现特定目标的问题。

强化学习主要包括智能体、环境状态、奖励和动作四个元素以及一个状态。强化学习是带有激励机制的,即如果机器行动正确,则施予一定的"正激励";如果机器行动错误,则会给出一定的惩罚,也可称为"负激励"。在这种情况下,机器将会考虑在一个环境中如何行动才能达到激励的最大化，具有一定的动态规划思想。

2. 强化学习通常被用在机器人技术上，它接受机器人的当前状态，算法的目标是训练机器做出各种特定行为。其工作流程一般如下：机器被放置在一个特定环境中，在这个环境中，机器可以持续地进行自我训练，而环境会给出或正或负的反馈。机器会从以往的行动经验中得到提升，并最终找到最适合的知识来帮助它做出最有效的行为决策。

3. 谷歌公司的"阿尔法狗·零"（AlphaGo Zero）产品是广为人知的强化学习的应用。阿尔法狗·零舍弃了先验知识，不再需要人为设计特征，直接将棋盘上黑、白棋子的摆放情况作为原始数据输入模型中，使用强化学习来自我博弈，不断提升自己从而最终完成下棋任务。经过短时间的训练，阿尔法狗·零便击败了阿尔法狗·李（AlphaGo Lee）和阿尔法狗·大师（AlphaGo Master）。

【知识点4】机器学习常用算法

机器学习常用算法也是数据挖掘中常用的方法，包括回归算法、聚类算法、决策树、贝叶斯、人工神经网络、关联规则等。详见本章"第四节　数据挖掘"。

1. 降维算法。降维算法指对高纬度的数据保留下最重要的一些特征，去除噪声和不重要的特征，从而实现提升数据处理速度的目的。在实际的生产和应用中，在一定的信息损失范围内，降维可以节省大量的时间和成本。

降维算法大体可分为两类：主成分分析法和因子分析法。主成分分析法是一种使用最广泛的数据降维算法，它试图在保证数据信息丢失最少的原则下，对多个变量进行最佳综合简化，即对高维变量空间进行降维处理。

因子分析法则是从假设出发，它假设所有的自变量 x 出现的原因是其背后存在一个潜变量 f（即因子），在这个因子的作用下，x 可以被观察到。因子分析法是通过研究变量间的相关系数矩阵，把这些变量间错综复杂的关系归结成少数几个综合因子，并据此对变量进行分类的一种统计分析方法。

2. 支持向量机算法。支持向量机算法是一种支持线性分类和非线性分类的二元分类算法。在实际应用中，支持向量机算法不仅能用于二元分类，还可用于多元分类。支持向量机算法在垃圾邮件处理、图像特征提取及分类、空气质量预测等多个领域都有应用。支持向量机主要分为线性可分支持向量机、线性不可分支持向量机和非线性支持向量机三大类。

3. 遗传算法。遗传算法是一种启发式的寻优算法，该算法是以进化论为基础发展出来的。它是通过观察和模拟自然生命的迭代进化，建立起一个计算机模型，通过搜索寻优得到最优结果的算法。其具体实现流程如下：首先，从初代群体中选出比较适应环境且表现良好的个体；其次，利用遗传算子对筛选后的个体进行组合交叉和变异，生成第二代群体；最后，从第二代群体中选出环境适应度良好的个体进行组合交叉和变异，生成第三代群体；如此不断进化，直至产生末代种群即可得到问题的近似最优解。

三 深度学习

【知识点1】 深度学习的概念

深度学习的架构由多层非线性运算单元组成，每个较低层的输出作为更高层的输入，可以从大量输入数据中学习有效的特征表示，学习到的高阶表示中包含输入数据的许多结构信息，能够用于分类、回归、信息检索等数据分析和挖掘的特定问题。

【知识点2】 感知机

感知机被称为深度学习领域最为基础的模型，是神经网络和支持向量机学习的基础。感知机是一种非常特殊的神经网络，包括多层感知机、简单的线性感知机。多层感知机可用于非线性分类器，简单的线性感知机可用于线性分类器。

感知学习的目标是求得一个能够将训练数据集中正、负实例完全分开的分类超平面，为了找到分类超平面，需要定义一个基于误分类的损失函数，并通过损失函数最小化来求解。

【知识点3】 卷积神经网络

卷积神经网络（Convolutional Neural Networks，CNN）是多层感知机的变体，根据生物视觉神经系统中神经元的局部响应特性设计，采用局部连接和权值共享的方式降低模型的复杂度，极大地减少了训练参数，提高了训练速度，也在一定程度上提高了模型的泛化能力。CNN是目前多种神经网络模型中研究最为活跃的一种，一个典型的CNN主要由卷积层、池化层、全连接层构成。

【知识点4】 循环神经网络

循环神经网络是深度学习领域中一类特殊的内部存在自连接的神经网络，可以学习复杂的矢量到矢量的映射。循环神经网络是一种以序列数据为输入，在序列的演进方向进行递归，且所有节点按链式连接形成闭合回路的递归神经网络。

【知识点5】 生成对抗网络

生成对抗网络让两个网络（生成网络G和判别网络D）相互竞争。生成对抗网络具有以下优点：能学习真实样本的分布，探索样本的真实结构；具有更强大的预测能力；样本的脆弱性在许多机器学习模型中普遍存在，生成对抗网络对生成样本的鲁棒性强;通过对抗生成网络生成以假乱真的样本,缓解了小样本机器学习的困难;为指导人工智能系统完成复杂任务提供了一种全新的思路;与强化学习相比,对抗式学习更接近人类的学习机理;传统神经网络需要人工精心设计和建构一个损失函数,而生成对抗网络可以学习损失函数;解决了先验概率难以确定的难题。

【知识点6】 深度学习应用场景

深度学习技术目前在人工智能领域占有绝对的统治地位,因为与传统的机器学习算法相比,深度学习在某些领域展现出了最接近人类所期望的智能效果,应用场景有刷脸支付、语音识别、智能翻译、自动驾驶、棋类人机大战等。

【知识点7】 深度学习应用成果

ChatGPT 是一种基于深度学习的人工智能模型,其核心技术是神经网络。ChatGPT 使用多层神经网络来学习和预测自然语言序列的概率分布,以实现对话生成和自然语言处理等任务。ChatGPT 中的 GPT 分别代表 Generative、Pre-training 和 Transformer。Generative 模型,即生成式模型。ChatGPT 用生成式模型来生成原来不存在的文本。生成式模型是统计型模型的一个分支,是一种用来模拟真实世界的数学方法。Pre-training 代表 ChatGPT 会先进行预训练。对神经网络进行预训练,让其掌握一定的基础能力,再让其训练专有的技能。Transformer 模型是一个基于注意力机制(attention mechanism)的模型,完全不需要传统的侧向连接(recurrent)神经网络算法和卷积(convolutional)神经网络算法。在处理自然语言时,Transformer 模型能够同时处理一段文本,而不是一次只能处理一个单词。Transformer 模型还能够理解单词之间的关联。

第六章 软件开发

>> 知识架构

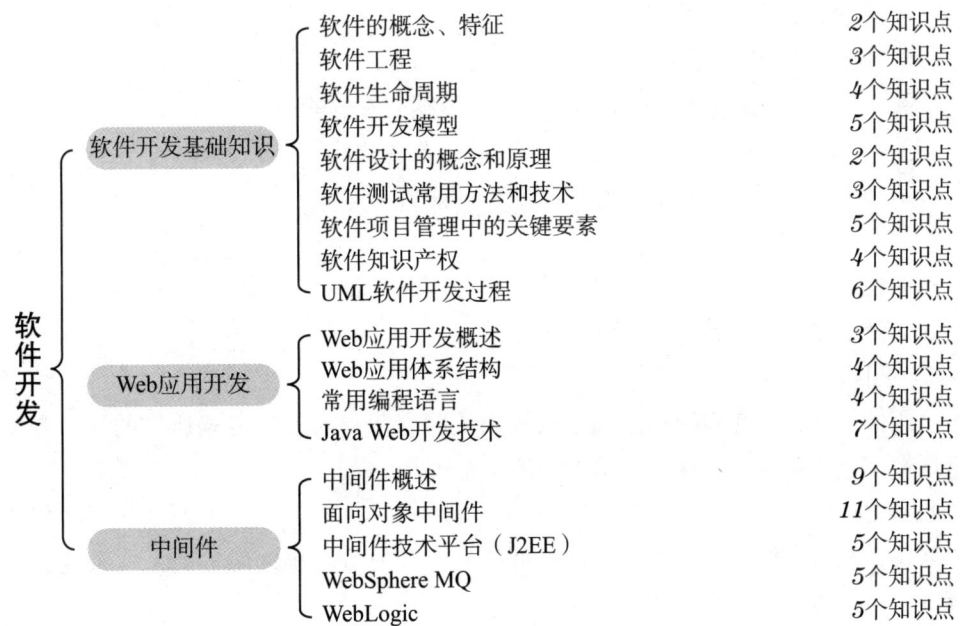

>> 第一节
软件开发基础知识

一 软件的概念、特征

【知识点1】 软件的概念

计算机软件,是指计算机程序以及解释和指导使用程序文档的总和。计算机程序包括源程序和目标程序。同一程序的源文件和目标文件应当是被视为同一作品的。源程序,是指用高级语言或者汇编语言编写的程序。目标程序,是指源程序通过编译或解释加工后能直接被计算机执行的程序。

【知识点2】 软件的特征

1. 功能性。

功能性，是指一组功能及其指定的性质有关的一组属性，包括：

（1）适合性：解释有没有提供相应的功能。

（2）准确性：解释对不对。

（3）互用性/互操作性：产品与产品之间数据交互的能力。

（4）依从性：国际/国家/行业/企业标准规范一致性。

（5）安全性：软件产品保护信息和数据的能力。

2. 可靠性。

可靠性，是指在规定的一段时间和条件下，软件维持其性能水平有关的一组软件属性，包括：成熟性、容错性、易恢复性。

3. 可用性。

可用性，是指与使用的难易程度及规定或隐含用户对使用方式所作的评价有关的软件属性，包括：易理解性、易学性、易操作性。

4. 效率。

效率，是指在规定条件下，软件的性能水平和所有资源之间的关系有关的一组软件属性，包括：时间特性、资源特性。

5. 可维护性。

可维护性，是指与进行指定的修改所需的努力有关的一组软件属性，包括：易分析性、可修改性、稳定性、可测试性。

6. 可移植性。

可移植性，是指与软件可从某一环境转移到另一环境的能力有关的一组软件属性，包括：适应性、易安装性、一致性（遵循性）、可替换性。

7. 范围划分。

一般来说，软件被划分为系统软件、应用软件以及介于这两者之间的中间件。

二、软件工程

【知识点1】 软件危机

软件危机，是指落后的软件生产方式无法满足迅速增长的计算机软件需求，从而导致软件开发与维护过程中出现一系列严重问题的现象。

【知识点2】 软件工程

1983年美国《IEEE 软件工程标准术语》中对软件工程的定义为：软件工程是开发、运行、维护和修复软件的系统方法。其中，"软件"的定义为：计算机程序、方法、规则、相关的文档资料以及在计算机上运行时所必需的数据。

【知识点3】 软件工程方法学

1. 软件工程方法学概述。

在软件生命周期全过程中使用的一整套技术的集合通常被称为软件工程方法学。软件工程方法学包括三个要素：方法、工具和过程。

（1）软件工程方法：软件工程方法是完成软件开发的各项任务的技术方法，为软件开发提供了"如何做"的技术。

（2）软件工具：软件工具为软件工程方法提供了自动或半自动的软件支撑环境。

（3）软件工程的过程：软件工程的过程是将软件工程方法和软件工具综合起来，以达到合理及时地进行计算机软件开发的目的。

2. 软件工程方法学分类。

（1）传统方法学。

传统方法学也称生命周期方法学或结构化范型。它采用结构化技术来完成软件开发的各项任务，并使用适当的软件工具或软件工程环境来支持结构化技术的运用。这种方法学把软件生命周期的全过程依次划分为若干个阶段，然后按顺序逐步完成每个阶段的任务。

传统方法学的优点在于：把软件生命周期划分成若干个阶段，每个阶段的任务相对独立，而且比较简单，便于人员分工协作，降低了整个软件开发工程的困难程度。但是传统方法学并不适用于以下情况：软件规模庞大或者对软件的需求是模糊的或随时间变化的。

（2）面向对象方法学。

为了克服传统方法学的局限，逐步发展并形成了一种新的方法学：面向对象方法学。面向对象方法把数据和行为看得同等重要，它是一种以数据为主线、把数据和对数据的操作紧密地结合在一起的方法学。

面向对象方法学的出发点和基本原则是尽可能模拟人类习惯的思维方法与过程，尽可能接近人类认识世界、解决问题的方法与过程，从而使描述问题的问题空间（也称问题域）与实现解法的解空间（也称求解域）在结构上尽可能一致。用面向对象方法学开发软件的过程是一个主动的、多次反复迭代的演化过程。面向对象方法学在概念和表示方法上的一致性也保证了在各项开发活动之间的平滑过渡。

面向对象方法学也存在自身的局限性，如不能直接反映问题域、数据和代码缺乏保护机制、开发过程复杂等。

三 软件生命周期

【知识点1】 软件的生命周期

一般来说，软件生命周期由软件定义、软件开发和软件维护三个时期组成，每个时期又可进一步划分成若干个阶段。

【知识点2】 软件定义阶段

1. 问题定义。

问题定义的主要任务是弄清用户要软件解决的问题是什么，通过问题定义阶段的工作，系统分析员应该提出关于问题性质、工程目标和规模的书面报告。

2. 可行性研究。

可行性研究要为前一阶段提出的问题寻求一种或数种在技术上可行且在经济上有较高效益的解决方案。此阶段应该导出系统的高层逻辑模型（通常用数据流图表示），并更准确、更具体地确定工程规模和目标，更准确地估计系统的成本和效益，还应制订出人力、资源及进度控制计划。

3. 需求分析。

需求分析要弄清用户对软件系统的全部需求，主要是确定目标系统必须具备哪些功能。系统开发者应和用户密切配合、交流信息，以得出经过用户确认的系统逻辑模型。通常用数据流图、数据字典和简要的算法表示系统的逻辑模型。

【知识点3】 软件开发阶段

1. 总体设计。

总体设计的任务是设计软件的结构，即确定程序的模块组成以及模块间的关系，通常用层次图或结构图描绘软件的结构。

2. 详细设计。

详细设计的任务是针对单个模块的设计，目的是确定模块内部的过程结构并设计出程序的详细规格说明。通常用 HIPO 图（层次图、输入/处理/输出图）或 PDL（过程设计语言）描述详细设计的结果。

3. 编码。

编码的任务是按照选定的语言把模块的过程性描述翻译为源程序。开发者根据目标系统的性质和实际环境选取一种适当的程序设计语言，并把详细设计的结果翻译成正确的、容易理解和维护的程序模块。

4. 测试。

测试是开发阶段的最后一个阶段，这个阶段的任务是通过各种类型的测试、调试使软件达到预定的要求。用正式的文档资料把测试计划、测试方案和测试结果记录下来，作为软件配置的一部分。

【知识点4】 软件维护阶段

这一阶段的主要工作是做好软件维护。维护的目的是使软件在整个生存周期内保证满足用户需求、延长软件使用寿命。维护活动应该准确地记录并作为文档资料保存。

四 软件开发模型

【知识点1】 软件开发模型的概念

软件开发模型是软件开发中全部过程、活动和任务的结构框架，是软件开发工作的基础。软件开发模型能清晰、直观地表达软件开发全部过程，明确规定要完成的主要活动和任务。

最早出现的软件开发模型是瀑布模型，直到现在，它仍然是软件工程中使用最广泛的过程模型。随着软件工程学科的发展和软件开发的实践，又相继出现了螺旋模型、快速原型模型、增量模型等。

【知识点2】 瀑布模型

瀑布模型将软件生命周期的各项活动规定为依照一定顺序连接的若干阶段工作，形如瀑布，最终得到软件产品。这一模型规定了开发各阶段的活动为：提出系统需求、提出软件需求、需求分析、设计、编码、测试和运行，并且还规定了自上而下相互衔接的固定顺序，于是构成了人们熟知的瀑布模型。然而，实践表明各开发阶段间的关系并非完全是自上而下的线性方式，每个开发阶段均具有以下特征：从上一阶段接受本阶段工作的对象，作为输入；对上述输入实施本阶段的活动；给出本阶段的工作成果，作为输出传入下一阶段；对本阶段工作进行评审。

为表达向前阶段的反馈，在模型图中增加了向上箭头，从而构成了具有反馈回路的瀑布模型。瀑布模型自诞生以来就被广泛采用，是因为它在支持结构化软件开发、控制软件开发的复杂性、促进软件开发工程化等方面作用显著。

瀑布模型的缺点：缺乏灵活性，无法通过开发活动澄清原本就不够确切的软件需求。这些问题可能导致开发出的软件并不是用户真正需要的软件，因而需要进行返工，甚至不得不在维护阶段中纠正需求的偏差。随着软件开发项目规模的日益庞大，该模型的缺点更加突出。

【知识点3】 螺旋模型

螺旋模型是一种演化软件开发过程模型，它兼顾了快速原型的迭代的特征以及瀑布模型的系统化与严格监控。螺旋模型最大的特点在于引入其他模型不具备的风险分析，使软件在无法排除重大风险时有机会停止，以减小损失。同时，在每个迭代阶段构建原型是螺旋模型用以减小风险的途径。螺旋模型更适合大型的昂贵的系统级的软件应用。

螺旋模型沿着螺线旋转，在笛卡尔坐标的4个象限上分别表达了4个方面的活动，分别如下：①制订计划：确定软件目标，选定实施方案，弄清项目开发的限制条件；②风险分析：分析所选方案，考虑如何识别和消除风险；③实施工程：实施软件开发；④客户评估：评价开发工作，提出修正建议。

沿螺线自内向外每旋转一圈便开发出更为完善的一个新的软件版本。在每一圈螺线上，风险分析的终点作出是否继续下去的判断。假如风险过大，开发者和用户无法承受，项目有可能中止。多数情况下沿螺线的活动会继续下去，自内向外逐步延伸，最终得到所期望的系统。

【知识点4】 快速原型模型

快速原型模型是经过简单快速分析，快速实现一个原型，通过用户与开发者在试用原型过程中加强通信与反馈，反复评价和改进原型，减少误解，弥补漏洞，适应变化，最终提高软件质量。

快速原型模型是在开发真实系统之前构造一个原型，在该原型的基础上，逐渐完成整个系统的开发工作。快速原型模型的第一步是建造一个快速原型，实现客户或未来的用户与系统的交互，并通过用户或客户对原型进行评价，进一步细化待开发软件的需求。通过逐步调整原型使其满足客户的要求，开发人员可以确定客户的真正需求是什么。第二步，在第一步的基础上开发客户满意的软件产品。

【知识点5】 增量模型

增量模型是把待开发的软件系统模块化，将每个模块作为一个增量组件，从而分批次地分析、设计、编码和测试这些增量组件。运用增量模型的软件开发过程是递增式的过程。相对于瀑布模型而言，采用增量模型进行开发，开发人员不需要一次性地把整个软件产品提交给用户，而是可以分批次进行提交。

增量模型的优点：①将待开发的软件系统模块化，可以分批次地提交软件产品，使用户可以及时了解软件项目的进展情况；②以组件为单位进行开发降低了软件开发的风险；③开发顺序灵活。

增量模型的缺点：要求待开发的软件系统可以被模块化。如果待开发的软件系统很难被模块化，那么将会给增量模型开发带来很多麻烦。

增量模型适用于具有以下特征的软件开发项目：①软件产品可以分批次地进行交付；②待开发的软件系统能够被模块化；③软件开发人员对应用领域不熟悉，难以一次性地进行系统开发；④项目管理人员把握全局的水平较高。

五 软件设计的概念和原理

【知识点1】 软件设计的概念

软件设计是从软件需求规格说明书出发，根据需求分析阶段确定的功能，设计软件系统的整体结构、划分功能模块、确定每个模块的实现算法以及编写具体的代码，形成软件的具体设计方案。该阶段的主要输出是设计规格说明书。

软件设计包括软件的结构设计、数据设计、接口设计和过程设计。

（1）结构设计：定义软件系统各主要部件之间的关系。

（2）数据设计：将模型转换成数据结构的定义。

（3）接口设计：软件内部，软件和操作系统之间以及软件和人之间如何通信。

（4）过程设计：系统结构部件转换成软件的过程描述。

【知识点2】 软件设计原理相关概念

1. 抽象。软件设计中考虑模块化解决方案时，可以定出多个抽象级别。抽象的层次从概要设计到详细设计逐步降低。

2. 模块化。模块，是指把一个待开发的软件分解成若干小的简单的部分。模块化，是指解决一个复杂问题时自顶向下逐层把软件系统划分成若干模块的过程。

3. 信息隐蔽。信息隐蔽，是指在一个模块内包含的信息（过程或数据），对于不需要这些信息的其他模块来说是不能访问的。

4. 模块独立性。模块独立性，是指每个模块只完成系统要求的独立的子功能，并且与其他模块的联系最少且接口简单。模块的独立程度是评价设计好坏的重要度量标准。衡量软件的模块独立性使用耦合性和内聚性两个定性的度量标准。内聚性是信息隐蔽和局部化概念的自然扩展。一个模块的内聚性越强，该模块的模块独立性越强；一个模块与其他模块的耦合性越强，该模块的模块独立性越弱。

六 软件测试常用方法和技术

【知识点1】 软件测试相关概念

1. 软件测试。

软件测试就是一系列活动,这些活动是为了评估一个程序或软件系统的特性或能力,并确定其是否达到了预期效果。

2. 软件缺陷。

软件缺陷,是指计算机系统或者程序中存在的任何一种破坏正常运行能力的问题、错误,或者隐藏的功能缺陷、瑕疵,其结果会导致软件产品在某种程度上不能满足用户的需求。

3. 软件质量。

软件质量,是指软件产品满足规定的和隐含的与需求能力有关的全部特征和特性。这些特性反映在日常所说的软件系统的易用性、功能性、有效性、可靠性和性能等方面。

4. 软件测试生命周期。

软件测试生命周期,是指从测试项目计划建立到 BUG 提交的整个测试过程,包括软件项目测试计划、测试需求分析、测试用例设计、测试用例执行、BUG 提交五个阶段。

【知识点2】 软件测试常用方法

1. 静态测试。

静态测试,是指软件代码的静态分析测验。此类过程中应用数据较少,主要过程为通过软件的静态性测试(即人工推断或计算机辅助测试)程序中运算方式、算法的正确性,进而完成测试过程。此类测试的优点在于能够消耗较短时间、较少资源完成对软件、软件代码的测试,能够较为明显地发现此类代码中出现的错误。静态测试方法适用范围较大,尤其适用于较大型的软件测试。

2. 动态测试。

计算机动态测试的主要目的是检测软件运行中出现的问题。与静态测试方式相比,其被称为动态的原因即为其测试方式主要依赖程序的运用,主要为检测软件中动态行为是否缺失、软件运行效果是否良好。其最为明显的特征即为进行动态测试时软件为运转状态,只有如此才能于使用过程中发现软件缺陷,进而对此类缺陷进行修复。目前动态测试过程中可包括两类因素,即被测试软件与测试中所需数据,这两类因素决定动态测试正确展开、有效展开。

3. 黑盒测试。

黑盒测试，顾名思义即为将软件测试环境模拟为不可见的"黑盒"。通过数据输入观察数据输出，检查软件内部功能是否正常。测试展开时，数据输入软件中，等待数据输出。数据输出时若与预计数据一致，则证明该软件通过测试；若数据与预计数据有出入，即便出入较小也证明软件程序内部出现问题，需尽快解决。具体方法包括：

（1）等价类划分法。通过降低测试的数目去实现"合理的"覆盖，以此来发现更多的软件缺陷，统计好数据后由此对软件进行改进升级。

（2）边界值分析法。在某个输入或输出变量范围的边界上，验证系统功能是否正常运行的测试方法。

（3）判定表法。判定表由"条件和活动"两部分组成，列出一个测试活动执行所需的条件组合，所有可能的条件组合定义了一系列的选择，而测试活动需要考虑每一个选择。对于多因素，可以直接对输入条件进行组合设计，直接采用判定表法。

（4）因果图法。借助图形，着重分析输入条件的各种组合，每种组合条件是"因"，输出的结果是"果"。

（5）正交试验法。利用正交表来对试验进行设计，通过少数的试验替代全面试验，根据正交表的正交性从全面试验中挑选适量的、有代表性的点进行试验。

（6）功能图法。使用功能图形式化地表示程序的功能说明，并机械地生成功能图的测试用例。

4. 白盒测试。

白盒测试相对于黑盒测试而言具有一定的透明性，其原理为根据软件内部应用、源代码等对产品内部工作过程进行调试。测试过程中常将其与软件内部结构协同展开分析。其最大的优点是能够有效解决软件内部应用程序出现的问题，测试过程中常将其与黑盒测试方式相结合，当测试软件功能较多时，白盒测试法也可对此类情况展开有效调试。白盒测试主要用于单元测试，常见的有以下六种覆盖方法：

（1）语句覆盖。设计若干测试用例，运行被测程序，使程序中的每个可执行语句至少被执行一次。

（2）判定覆盖。设计若干测试用例，运行被测程序，使得程序中每个判断的取真分支和取假分支至少经历一次，即判断真假值均曾被满足。

（3）条件覆盖。设计若干测试用例，执行被测程序以后，使每个判断中每个条件的可能取值至少满足一次。

（4）判定—条件覆盖。设计足够的测试用例，使得判断条件中的所有条件可能取值至少执行一次，同时，所有判断的可能结果至少执行一次。

（5）条件组合覆盖。设计足够的测试用例，使得判断中每个条件的所有可能至少出现一次，并且每个判断本身的判定结果也至少出现一次。

（6）路径覆盖。覆盖程序中的所有可能的执行路径。

5. 主动测试。

主动测试，是指测试人员主动向被测试对象发送请求，或借助数据、事件驱动被测试对象的行为，从而验证被测试对象的反应或输出结果。在主动测试中，被测试对象受人为因素影响较大，因此主动测试不适应产品在线测试。

6. 被动测试。

被动测试，是指软件产品运行在实际环境中，测试人员不干预产品的运行，而是被动地监控产品的运行，通过一定的被动机制来获得系统运行的数据，包括输入、输出数据。被动测试适合性能测试和在线监控，在嵌入式系统测试中，常常也采用被动测试方法。

【知识点3】 软件测试技术

1. 单元测试。

单元测试，是指对软件基本组成单元进行的测试，而且软件单元是在与程序的其他部分相隔离的情况下进行独立的测试。单元测试的对象可以是一个具体函数或一个类的方法，也可以是一个功能模块、组件。单元测试是对单元的代码规范性、正确性、安全性、性能等进行验证。

2. 集成测试。

集成测试，是指将已分别通过测试的单元按设计要求组合起来再进行的测试，以检查这些单元之间的接口是否存在问题。

3. 系统测试。

系统测试，是指对整个系统进行测试，将硬件、软件、操作人员看作一个整体，检验它是否有不符合系统说明书的地方。这种测试可以发现系统分析和设计中的错误。

4. 验收测试。

验收测试，是指在软件产品完成了功能测试和系统测试之后、产品发布之前进行的软件测试活动，它是技术测试的最后一个阶段，也称为交付测试。

七 软件项目管理中的关键要素

【知识点1】 项目管理的四大变量

软件开发项目管理的四大变量包括范围、质量、成本、交期。

【知识点2】 范围

项目范围管理的作用就是保证项目计划包括且仅包括为成功地完成项目所需要进

行的所有工作。项目组须按照专业原则控制自由裁量余地，明确顾客的需求边界和自身的自由裁量范围，避免自由裁量的边界溢出，同时避免与顾客的无休止报告和确认过程。

【知识点3】 质量

质量，是指项目满足明确或隐含需求的程度。一般通过定义作业范围的交付物标准来明确定义作业成果物的质量，包括质量的各种特性及这些特性需要满足的要求；还可能对项目的过程质量作出明确规定，包括软件开发所规定的流程、规范和标准，以及有效执行这些过程的证据；还可能对项目客户的应对质量作出规定，包括应对客户的态度、速度以及方法。

高质量来自满足顾客需求的质量计划、质量保证、质量控制和质量改善活动，来自保证质量的优秀理念、规则、机制和方法。

【知识点4】 成本

软件开发项目中的成本指完成项目需要的所有费用，包括人力成本、材料成本、设备租金、咨询费用、日常费用等。项目的总成本以预算为基础，项目结束时的最终成本应控制在预算内。成本体现在预算中以及实际使用经费中。成本管理就是确保项目在预算范围之内的管理过程，包括资源规划、成本估算、成本预算、成本控制四个部分。

【知识点5】 交期

交期作为软件开发合同或者软件开发项目中的时间要素，是软件开发能否获得成功的重要判断标准之一。交期意味着软件开发在时间上的限制，意味着软件开发的最终速度，也意味着满足交期带来的预期收益和捍卫交期需要付出的代价。交期体现在进度计划中，而进度计划记录了软件开发的计划和实际的动态性日期，包括最早日期、最迟日期、基线日期、计划日期和实际日期。

八、软件知识产权

【知识点1】 软件知识产权相关概念

知识产权是人们对自己的智力劳动成果所依法享有的权利，是一种无形财产。知识产权包括专利权、商标权、版权（也称著作权）、商业秘密专有权等，其中，专利权与商标权又统称工业产权。

软件知识产权是计算机软件人员对自己的研发成果依法享有的权利。由于软件属于高新技术领域范畴，目前国际上对软件知识产权的保护法律还不是很健全，大多数国家都是通过著作权法来保护软件知识产权的，与硬件相关密切的软件设计原理还可以申请专利保护。我国对计算机软件作为作品以著作权法加以保护。

【知识点2】 软件著作权人权利

软件著作权人享有下列各项权利：

1. 发表权，即决定软件是否公之于众的权利；
2. 署名权，即表明开发者身份，在软件上署名的权利；
3. 修改权，即对软件进行增补、删节，或者改变指令、语句顺序的权利；
4. 复制权，即将软件制作一份或者多份的权利；
5. 发行权，即以出售或者赠予方式向公众提供软件的原件或者复制件的权利；
6. 出租权，即有偿许可他人临时使用软件的权利，但是软件不是出租的主要标的的除外；
7. 信息网络传播权，即以有线或者无线方式向公众提供软件，使公众可以在其个人选定的时间和地点获得软件的权利；
8. 翻译权，即将原软件从一种自然语言文字转换成另一种自然语言文字的权利；
9. 应当由软件著作权人享有的其他权利。

【知识点3】 软件著作权归属

1. 软件著作权人可以许可他人行使其软件著作权，并有权获得报酬。软件著作权人可以全部或者部分转让其软件著作权，并有权获得报酬。软件著作权属于软件开发者。如无相反证明，在软件上署名的自然人、法人或者其他组织为开发者。

2. 由两个以上的自然人、法人或者其他组织合作开发的软件，其著作权的归属由合作开发者签订书面合同约定。无书面合同或者合同未作明确约定，合作开发的软件可以分割使用的，开发者对各自开发的部分可以单独享有著作权；但是，行使著作权时，不得扩展到合作开发的软件整体的著作权。合作开发的软件不能分割使用的，其著作权由各合作开发者共同享有，通过协商一致行使；不能协商一致，又无正当理由的，任何一方不得阻止他方行使除转让权以外的其他权利，但是所得收益应当合理分配给所有合作开发者。

3. 接受他人委托开发的软件，其著作权的归属由委托人与受托人签订书面合同约定；无书面合同或者合同未作明确约定的，其著作权由受托人享有。

4. 由国家机关下达任务开发的软件，著作权的归属与行使由项目任务书或者合同规定；项目任务书或者合同中未作明确规定的，软件著作权由接受任务的法人或者其他组织享有。

5. 自然人在法人或者其他组织中任职期间所开发的软件有下列情形之一的，该软件著作权由该法人或者其他组织享有，该法人或者其他组织可以对开发软件的自然人进行奖励：

（1）针对本职工作中明确指定的开发目标所开发的软件；

（2）开发的软件是从事本职工作活动所预见的结果或者自然的结果；

（3）主要使用了法人或者其他组织的资金、专用设备、未公开的专门信息等物质技术条件所开发并由法人或者其他组织承担责任的软件。

【知识点4】 软件著作权时效

软件著作权自软件开发完成之日起产生。

自然人的软件著作权，保护期为自然人终生及其死亡后50年，截止于自然人死亡后第50年的12月31日；软件是合作开发的，截止于最后死亡的自然人死亡后第50年的12月31日。

法人或者其他组织的软件著作权，保护期为50年，截止于软件首次发表后第50年的12月31日，但软件自开发完成之日起50年内未发表的，法律不再保护。

九 UML 软件开发过程

【知识点1】 UML 简介

UML 是一种建模语言而不是方法，这是因为 UML 中没有过程的概念，而过程正是方法的一个重要组成部分。

【知识点2】 UML 的内容

作为一种建模语言，UML 的定义包括 UML 语义和 UML 表示法两部分。

【知识点3】 UML 语义

UML 语义是基于 UML 的精确元模型（Meta Model）。元模型为 UML 的所有元素在语法和语义上提供了简单、一致、通用的定义性说明，使开发在语义上取得一致，消除了人为表达方法所造成的影响。此外，UML 还支持对元模型的扩展定义。

【知识点4】 UML 表示法

1. 定义 UML 符号的表示法为使用这些图形符号和文本语法进行系统建模提供了标准。这些图形符号和文字所表达的是应用级的模型。在语义上它是 UML 元模型的实例。

2. 用例图（Use Case Diagram）：用例图，是指由参与者、用例、边界以及它们之间的关系构成的用于描述系统功能的视图。

3. 静态图（Static Diagram）：静态图包括类图、对象图和包图，其中类图描述系统中类的静态结构。

4. 行为图（Behavior Diagram）：行为图描述系统的动态模型和组成对象间的交互关系，分为状态图和活动图。

5. 交互图（Interactive Diagram）：交互图描述对象间的交互关系，分为顺序图和合作图。

6. 实现图（Implementation Diagram）：实现图分为部件图和配置图，其中部件图描述代码部件的物理结构及各部件之间的依赖关系。

【知识点5】 UML建模框架

标准建模语言UML有着广泛的应用领域，因此人们将它定义成为一种具有可扩展性的通用图形语言，从而能够为各种不同的系统构造模型。在UML中，从任何一个角度对系统所做的抽象都可能需要用几种模型图来描述，而这些来自不同角度的模型图最终组成了系统的完整图像。

【知识点6】 UML建模过程高层视图

UML建模是一个迭代递增的开发过程。使用此方法不是在项目结束时一次性提交软件，而是分块逐次开发和提交。构造阶段由多次迭代组成，每一次迭代都包含编码、测试和集成，所得产品应满足项目需求的某一子集，或提交给用户，或纯粹是内部提交。每次迭代都包含了软件生命周期的所有阶段，同时每次迭代都要增加一些新的功能，解决一些新的问题。

>> 第二节
Web应用开发

一 Web应用开发概述

【知识点1】 B/S结构

B/S结构，即Browser/Server（浏览器/服务器）结构，是对C/S（Client/Server，

即客户机/服务器)结构的一种变化或者改进的结构。在这种结构下,用户界面完全通过 WWW 浏览器实现,一部分事务逻辑在前端实现,但是主要事务逻辑在服务器端实现。B/S 结构,主要是利用了不断成熟的 WWW 浏览器技术,结合浏览器的多种 Script 语言(VBScript、JavaScript)和 ActiveX 技术,用通用浏览器就实现了原来需要复杂专用软件才能实现的强大功能,并节约了开发成本,是一种全新的软件系统构造技术。

B/S 架构有三层,分别为:第一层表现层,主要是完成用户和后台的交互及最终查询结果的输出功能;第二层逻辑层,主要是利用服务器完成客户端的应用逻辑功能;第三层数据层,主要是接受客户端请求后独立进行各种运算。

【知识点2】 B/S 结构编程技术

1. B/S 结构编程语言分为浏览器端编程语言和服务器端编程语言两种。

2. 浏览器端编程语言包括 HTML(Hyper Text Markup Language,超文本标记语言)、CSS(Cascading Style Sheets,层叠样式表)、JavaScript 语言和 VBScript 语言。这些编程语言都是解释性语言,它们被浏览器解释执行。HTML 和 CSS 属标记语言,由浏览器解释显示的内容和显示方式;JavaScript 语言和 VBScript 语言称为浏览器端脚本语言,由浏览器解释执行。

3. 服务器端编程技术很多,目前主流技术主要有 ASP(或 ASP.NET)、JSP/Servlet、PHP 等。

【知识点3】 B/S 结构编程数据库技术

1. MySQL。

MySQL 是一种开放源代码的关系型数据库管理系统(RDBMS),使用最常用的数据库管理语言——结构化查询语言(SQL)进行数据库管理。

2. SQL Server。

SQL Server 是由微软公司开发和推广的关系数据库管理系统(RDBMS)。SQL Server 是大型数据库,稳定性好,能做一般大系统的数据仓库,运行速度比 MySQL 快。

二 Web 应用体系结构

【知识点1】 网页编程

Web 应用是网页、图片、程序文件、其他资源文件的集合。网页又可分为静态网页和动态网页。Web 应用开发主要指动态网页编程。

【知识点2】 静态网页

1. 静态网页文件中没有程序代码，只有 HTML 标记，一般以后缀 html 或 htm 保存，开发工具可以是任何纯文本编程器（如记事本），也可以使用专用开发工具，如 Dreamweaver 等。

2. 静态网页工作原理：Web 服务器加载浏览器请求的 HTML 文档，用 HTTP 协议直接传送到客户端。客户端浏览器解释并显示 HTML 文档内容。

3. 静态网页的优点是设计简单；缺点是如果要修改内容，必须修改页面文件并重新上传。

【知识点3】 动态网页

1. 所谓动态网页，就是服务器端可以根据客户端的不同请求动态产生网页内容，它有两个显著的特点：①可以动态产生内容；②支持客户端和服务器端的交互功能。

2. 动态网页的工作原理：当浏览器向 Web 服务器发出资源请求时，服务器加载相应应用程序（动态页面），解释执行后将执行结果传回给浏览器。动态网页还可以与数据库进行交互。

3. 动态网页实现的主流技术是 ASP. NET 和 JSP 技术。

【知识点4】 三层/N层 Web 应用结构

在构建企业级应用时，通常需要大量的代码，这些代码一般可以在逻辑上（在同一机器）或物理上（在不同机器）划分为不同层次。每一层可以独立开发。企业级应用按体系结构可以分为：两层、三层、N层结构。在三层结构中，每两层之间都可以添加服务层从而构建 N 层结构。

三 常用编程语言

【知识点1】 Java 语言

1. Java 是一门面向对象编程语言，在 C++ 语言的基础上，吸收了其优点，摒弃了多重继承、指针等概念，具有功能强大和简单易用两个特征。Java 语言作为静态面向对象编程语言的代表，极好地实现了面向对象理论。Java 具有简单性、面向对象、分布式、健壮性、安全性、平台独立与可移植性、多线程、动态性等特点。Java 可以编写桌面应用程序、Web 应用程序、分布式系统和嵌入式系统应用程序等。

2. JDK。JDK（Java Development Kit）称为 Java 开发包或 Java 开发工具，是一个编写 Java 的 Applet 小程序和应用程序的程序开发环境。JDK 是整个 Java 的核心，包括了

Java 运行环境（Java Runtime Envirnment），一些 Java 工具和 Java 的核心类库（Java API）。无论什么 Java 应用服务器实质都是内置了某个版本的 JDK。

3. Java2 平台包括标准版（JAVA2 Standard Edition，J2SE）、企业版（JAVA2 Enterprise Edition，J2EE）和微缩版（JAVA2 Micro Edition，J2ME）三个版本。

J2SE 包含那些构成 Java 语言核心的类。J2SE 主要用于桌面应用软件的编程。

J2EE 包含 J2SE 中的类，并且还包含用于开发企业级应用的类。主要用于分布式的网络程序的开发。J2EE 的体系结构可以分为四层。客户端层：负责与用户直接交互，支持多种客户端，既可以是 Web 浏览器，也可以是专用的 Java 客户端；服务器端组件层：基于 Web 的应用服务，利用 J2EE 中的 JSP 与 Java Sevlet 技术，响应客户端的请求，并向后访问封装有商业逻辑的组件；EJB 层：封装有应用程序业务逻辑服务器端的组件，提供事务处理、负载均衡、安全等各种基本服务；企业信息系统层：包括企业的现有系统，提供多种技术访问这些系统。

J2ME 是为机顶盒、移动电话和 PDA 之类嵌入式消费电子设备提供的 Java 语言平台，包括虚拟机和一系列标准化的 Java API。

4. Java Web 应用开发需要运行环境和开发工具，运行环境包括 JRE（Java Runtime Environment）和 Servlet 容器（Web 应用服务器）。

目前最常用的 Java Web 应用服务器有 Tomcat、Resin、WebLogic 和 WebSphere 等。Java Web 开发工具很多，但在企业中用得较多的主要有 Eclipse 和 NetBean 等免费工具。

【知识点2】 C/C++语言

1. C 语言是一门面向过程的、抽象化的通用程序设计语言，广泛应用于底层开发。C 语言能以简易的方式编译、处理低级存储器。C 语言是仅产生少量的机器语言以及不需要任何运行环境支持便能运行的高效率程序设计语言。尽管 C 语言提供了许多低级处理的功能，但仍然保持着跨平台的特性，以一个标准规格写出的 C 语言程序可在包括类似嵌入式处理器以及超级计算机等作业平台的许多计算机平台上进行编译。

C 语言最初是用于系统开发工作，特别是组成操作系统的程序。由于 C 语言所产生的代码运行速度与汇编语言编写的代码运行速度几乎一样，所以采用 C 语言作为系统开发语言。当今流行的 Linux 操作系统和 MySQL 数据库都是使用 C 语言编写的。

2. C++是在 C 语言的基础上发展起来的，C++包含了 C 语言的所有内容，C 语言是C++的一个部分，它们往往混合在一起使用。C++进一步扩充和完善了 C 语言，是一种面向对象的程序设计语言。C++可运行于多种平台上，如 Windows、MAC 操作系统以及 UNIX 的各种版本。C++是一种静态类型的、编译式的、通用的、大小写敏感的、不规则的编程语言，支持过程化编程、面向对象编程和泛型编程。C++被认为是一种中级语言，它综合了高级语言和低级语言的特点。

C++完全支持面向对象的程序设计，包括面向对象开发的四大特性：封装、抽象、继承、多态。标准的C++由三个重要部分组成：核心语言，提供了所有构件块，包括变量、数据类型和常量等；C++标准库，提供了大量的函数，用于操作文件、字符串等；标准模板库（STL），提供了大量的方法，用于操作数据结构等。C++通常用于编写设备驱动程序和其他要求实时性的直接操作硬件的软件，并广泛应用于教学和研究。

3. C++语言与Java语言的比较。Java语言不需要程序对内存进行分配和回收。Java丢弃了C++中很少使用的、很难理解的、令人迷惑的那些特性，如操作符重载、多继承、自动的强制类型转换。特别地，Java语言不使用指针，并提供了自动的废料收集，在Java语言中，内存的分配和回收都是自动进行的，程序员无须考虑内存碎片的问题。

Java语言中没有指针的概念，引入了真正的数组。不同于C++中利用指针实现的"伪数组"，Java引入了真正的数组，同时将容易造成麻烦的指针从语言中去掉，这将有利于防止在C++程序中常见的因为数组操作越界等指针操作而对系统数据进行非法读写带来的不安全问题。

Java用接口（Interface）技术取代C++程序中的多继承性。接口与多继承有同样的功能，但是省却了多继承在实现和维护上的复杂性。

Java是运行在JVM上的，它的可移植性更强，在Web应用上表现更好。指针是C++的优势，可以直接对内存进行操作，对于底层程序的编程以及控制方面的编程更适合。

【知识点3】 Python语言

1. Python提供了高效的高级数据结构，还能简单有效地面向对象编程。Python语法和动态类型，以及解释型语言的本质，使它成为多数平台上写脚本和快速开发应用的编程语言，随着版本的不断更新和语言新功能的添加，逐渐被用于独立的、大型项目的开发上。Python解释器易于扩展，可以使用C或C++（或者其他可以通过C调用的语言）扩展新的功能和数据类型。Python也可用于可定制化软件中的扩展程序语言。Python丰富的标准库，提供了适用于各个主要系统平台的源码或机器码。

2. Python语言的特性。Python既支持面向过程的函数编程，也支持面向对象的抽象编程；是开源语言，可以自由阅读源代码并作改动；简单易学，Python编程思维几乎完全和生活中的思维习惯一致，更适合人们阅读；Python程序基本不作任何改变即可在主流计算机平台上运行，但并不是所有平台都可以；如果需要一段关键代码运行得更快或者希望某些算法不公开，可以把部分程序用C或C++编写，然后在Python程序中使用它们；Python有自己庞大的标准库。此外，Python有可定义的第三方库可使用，能处理各种工作，包括正则表达式、文档生成、单元测试、线程、数据库、网页浏览器、密码系统、GUI、Tk 和其他与系统有关的操作。

3. Python 的应用领域。Python 主要应用于 Web 应用开发、自动化运维、人工智能领域、网络爬虫、科学计算、游戏开发等。

【知识点 4】 PHP 语言

1. PHP 是在服务器端执行的脚本语言，尤其适用于 Web 开发并可嵌入 HTML 中。PHP 语法学习了 C 语言，吸纳 Java 和 Perl 多个语言的特色发展出自己的特色语法，并根据它们的长项持续改进提升自己，PHP 同时支持面向对象和面向过程的开发，使用上非常灵活。

2. PHP 语言的特性。跨平台特性：PHP 语言可以运行于 Linux、FreeBSD、OpenBSD、Windows 等多种操作系统。数据库支持：PHP 支持多种主流数据库。安全性：PHP4 实现了完整的加密，这些加密功能是一个完整的 mycrypt 库，并且 PHP4.0 支持哈希函数。扩展性：PHP 属于开源软件，其代码完全公开，任何程序员都可以为 PHP 扩展附加功能。执行速度：PHP 是一种强大的 CGI 脚本语言，执行速度快，能更有效使用内存。可移植性：PHP 写出来的 Web 后端 CGI 程序，可以容易地移植到不同的操作系统上。功能全面性：PHP 包括图形处理、编码与解码、压缩文件处理、XML 解析、支持 HTTP 的身份认证、Cookie、POP3 等。可伸缩性：内嵌的 PHP 具有更高的伸缩性。Linux、Apache、MySQL、PHP 都是开源软件，因此被称为黄金组合，应用场景高。

3. PHP 的应用领域。PHP 主要应用于服务器端脚本，包括 PHP 解析器（CGI 或者服务器模块）、Web 服务器、Web 浏览器；命令行脚本；编写桌面应用程序等。

四 Java Web 开发技术

【知识点 1】 HTML 基础

HTML 是超文本标记语言（Hyper Text Markup Language）的简称，它是进行网页设计的基础。它是由众多预定义好的、以"<"和">"包含起来的标记组成的。每一个 html 文件都是以 <html> 标记开始，以 </html> 标记结束。而其他标记通常（但不总是）是成对出现的，如 <head> </head> 和 <body> </body> 以及在 <head> 对之间的 <title> 对。在 <body> 和 </body> 标记之间的内容将显示在浏览器的内容窗口，而在 <head> 和 </head> 之间的标记用于对 html 文件作一些附加的说明，除了 <title> 和 </title> 标记之间的内容会显示在浏览器的顶部标题栏外，其他标记中的内容基本都不会在浏览器中显示。

【知识点2】 表单与表单组件

1. 表单。

表单（form）在动态网页设计中占有重要的地位，使用 form 可以从客户端向服务器端发送数据，在服务器端，可以使用 ASP、JSP、Servlet、CGI 等程序将传递过来的数据读取出来进行处理。

2. 文本组件。

文本组件分成三种：文本框、密码框和文本域，它们都可以放在 form 标记中用于接收文本数据。

3. 列表框。

列表框为用户提供一系列的选项。它可以分为列表框和下拉列表两种。列表框又可以分为单选列表框和多选列表框两种。它们都用 <select> 标记来定义。

4. 单选框。

单选框提供给用户多选一的组件，单选框使用 <input> 标记来定义，但是需要将它的 type 属性设置为 radio，需要给它指定一个名字。如果需要指定默认的选项，给该选项指定 checked 属性即可。

5. 多选框。

多选框提供给用户选择多个选项的组件，通常是将一组同样性质的多选框指定一样的名字。如果需要指定某些选项为默认选项，可以给这个选项指定 checked 属性。被选中的各个选项值会组成一个字符串发送到服务器端，各个选项值之间用逗号隔开。

6. 按钮。

在 HTML 中，有三种类型的按钮：Submit、Button 和 Reset。使用 Submit 按钮可以将表单提交到 form 标记的 action 所指定的 url 中；而 Button 类型的按钮通常情况下需要和 JavaScript 结合起来使用才有意义；Reset 按钮可以将表单的内容恢复到原始状态。

7. 隐藏域。

隐藏域可以定义在 form 中，用来传递不需用户输入的值。和其他的 form 组件不同，它不会显示在浏览器中，用户不能去修改它的值。

8. 文件上传组件。

有时候需要将客户端的文件上传到服务器端，这时就需要使用文件上传组件来接收需要上传的文件的路径，文件上传组件也使用 <input> 标记来定义，并且将它的 type 属性值设置为 file，同时需要给它的 name 属性指定一个值。

【知识点3】 JavaScript

JavaScript 是一种脚本语言，它可以嵌入 HTML 中。虽然它里面有一个"Java"，但其实和 Java 并没有多大的关系。Java 是一种面向对象的语言，而 JavaScript 是基于对象以及事件的。JavaScript 是运行在浏览器端的解释性语言，用于产生一些动态效果或者用于对 HTML 表单进行客户端的验证等。

JavaScript 是嵌入 HTML 中的，也就是说，JavaScript 的存在依赖于 HTML 文件。在 HTML 中，使用 <script> 这个标记引入 JavaScript，而使用 </script> 结束 JavaScript。script 标记有一个属性 language，用于指明使用的语言，它可以为"JavaScript""VBScript"的一种。使用外部 JavaScript，有时希望在若干个页面中运行相同或类似的 JavaScript，同时不在每个页面中写相同的脚本。为了达到这个目的，可以将 JavaScript 写入一个外部文件之中。然后以".js"为后缀保存这个文件（外部文件不能包含 <script> 标记）。然后把 JS 文件指定给 <script> 标记中的"src"属性，就可以使用这个外部文件了。

【知识点 4】 JSP

JSP（Java Server Pages）通过将动态代码嵌入静态的 HTML（或者 XML）中产生动态的输出。JSP 技术基于 Java Servlet 技术，JSP 最终也是被转成 Servlet 来执行，所有用 Servlet 能实现的功能都可用 JSP 来实现；而且在界面设计方面，JSP 比 Servlet 要方便很多。在实际应用开发中，一般用 Servlet 实现流程控制，用 JSP 实现用户交互界面。最简单的 JSP 文件是直接将一个 HTML 文件另存为 JSP 文件，然后将它放到 Web 服务器的 Web 应用目录下即可。

1. JSP 工作原理。

当客户端请求浏览 JSP 页面时，JSP 服务器在把页面传递给客户端之前，先将 JSP 页面编译成 Servlet（纯 Java 代码），然后由 Java 编译器生成的服务器小程序编译为 Java 字节码，最后再转换成纯 HTML 代码，这样客户端接收到的只是 HTML 代码。

JSP 到 Servlet 的编译过程一般在第一次页面请求时进行。因此，如果希望第一个用户不会由于 JSP 页面编译成 Servlet 而等待太长的时间，希望确保 Servlet 已经正确地编译并装载，可以在安装 JSP 页面之后自己请求一下这个页面。

2. JSP 页面结构。

JSP 页面通常由 JSP 静态部分和 JSP 动态部分两部分组成。JSP 静态部分如 HTML、CSS 标记等，用来显示数据和样式；JSP 动态部分如脚本、标签等，用来处理数据。

JSP 程序的动态部分包括脚本元素（Scripting Element）、指令（Directive）、动作（Action）、注释（Comment）。脚本元素用来嵌入 Java 代码，这些 Java 代码将成为转换得到的 Servlet 的一部分；JSP 指令用来从整体上控制 Servlet 的结构；动作用来引入现有的组件或者控制 JSP 引擎的行为。

【知识点 5】 数据库访问

1. JDBC 概述。

Java 数据库连接（Java DataBase Connectivity，JDBC）是一种用于执行 SQL 语句的 Java API，可以为多种关系数据库提供统一的访问接口。JDBC 由一组用 Java 语言编写的类与接口组成，通过调用这些类和接口所提供的方法，能够以一致的方式连接多种不同的数据库系统（如 Access、SQL Server、Oracle、Sybase 等），进而使用标准的 SQL 语言来读写数据库中的数据。

JDBC 能完成下列三个功能：①与数据库建立连接；②向数据库发送 SQL 指令；③处理数据库返回的结果。

用 JDBC 编写的程序能够自动地将 SQL 语句传送给相应的 DBMS（数据库管理系统）。

2. JDBC 种类。

数据库连接对动态网站设计是最重要的部分。大多主流数据库厂商都提供了 JDBC 驱动程序，通过 JDBC 驱动程序与数据库相连，就可以对数据库执行查询与更新操作。目前，JDBC 驱动程序主要有以下几种：①JDBC-ODBC 桥；②本地 API 驱动；③网络协议驱动；④本地协议驱动。

3. JDBC 访问数据库的基本步骤。

（1）将数据库的 JDBC 驱动加载到 classpath 中，在基于 Java EE 的 Web 应用实际开发过程中，通常要把目标数据库产品的 JDBC 驱动复制到 Web-INF/lib 下。

（2）加载 JDBC 驱动，并将其注册到 DriverManager 中。

（3）建立数据库连接，取得 Connection 对象。

（4）建立 Statement 对象或 PreparedStatement 对象。

（5）执行 SQL 语句。

（6）访问结果记录集 ResultSet 对象。

（7）依次将 ResultSet，Statement，PreparedStatement，Connection 对象关闭，释放所占用的资源。

【知识点 6】 Java Servlet

1. Servlet 概述。

Servlet 是使用 Java Servlet 应用程序设计接口（Java Servlet API）及相关类和方法的 Java 程序。它在 Web 服务器上或应用服务器上运行并扩展该服务器的能力。Java Servlet API 定义了 Servlet 和服务器之间的一个标准接口，这使得 Servlet 具有跨服务器平台的特性。

Servlet 的编写、编译和其他的 Java 程序一样。它的特点在于，Servlet 必须继承 Servlet 类或它的子类，通常是继承 HttpServlet 这个类。

2. 配置 Servlet。

为了使开发的 Servlet 能通过浏览器访问，还需要在 web.xml 文件中对这个 Servlet 进行配置。MyEclipse 的 Servlet 向导在生成 Servlet 类框架的同时，会在 web.xml 文件中自动产生相关的配置信息。

3. HttpServlet 中的方法。

在编写 Servlet 程序的时候，通常都是让它继承 HttpServlet 类，然后根据需要覆盖 HttpServlet 的方法。在这些方法中，比较常用的方法有 init()、doGet()、doPost() 以及 destroy()。

4. Servlet 的生命周期。

Servlet 的生命周期是服务器装载运行 Servlet，接收来自客户端的请求并返回数据给客户端，最后卸载 Servlet 的全过程。

当客户端第一次向 Web 服务器提出一个对 Servlet 的请求时，Web 服务器将会创建一个该 Servlet 的实例，并且调用此 Servlet 的 init() 方法；如果 Web 服务器中已经存在了一个 Servlet 的实例，那么，将直接使用此实例，然后再调用 service() 方法。service() 方法将根据客户端的请求方式来决定调用对应的 doXXX() 方法。当 Servlet 从 Web 服务器中删除时，Web 服务器将会调用 Servlet 的 destroy() 方法。

5. 利用 Servlet 读取 HTML 表单数据。

在 Servlet 中，根据客户端的请求方式会调用 doGet() 或者 doPost() 方法来处理，并且，这两个方法都有相同的参数：HttpServletRequest 和 HttpServletResponse。其中 HttpServletRequest 中包含有很多的客户端请求信息，而表单数据就包含在其中。通过 HttpServletRequest 对象上的 getParameter() 方法，并且给这个方法一个字符串参数用于指定需要获取的参数的名字，就可以得到对应参数名的值。

需要特别注意的是，getParameter() 方法的参数必须和表单元素的名称一致，并且严格区分大小写。getParameter() 方法已经封装好了如何分析并获得客户端传递的这些表单数据的过程，直接使用这个方法就可以得到客户端输入的数据。

6. 处理 HTTP 报头。

HTTP 建立在请求（Request）和响应（Response）的基础之上。当客户端的浏览器向服务器发送请求时，除了用户输入的表单数据或者查询数据外，通常浏览器还会自己在 Get/Post 请求行后面加上一些附加的信息，而在服务器向客户端的请求作出响应时，也会自动向客户端发送一些附加的信息。通常将这些信息称为 HTTP 报头，将附加在请求信息后面的信息称为 HTTP 请求报头，而将附加在响应信息后面的信息称为 HTTP 响应报头。在 Servlet 中可以获得请求报头信息，或者设置响应报头的信息。

7. Servlet 的中文问题。

在编写 Web 应用时，可能经常需要使用中文界面。但是，因为编码的问题，可能会出现乱码。因为，在 Servlet 运行时，它会采用默认的"ISO-8859-1"的编码来获得输出流，并使用这个输出流向客户端输出数据，但是，汉字的编码是"GBK"，也可以使用"GB2312"或"UTF-8"，所以，需要修改默认的编码方式来获得输出流。

8. 处理 Cookie。

Cookie 是一种可以让服务器端的应用程序在客户端保存和获取信息的机制。通过 Cookie，用户在需要登录的网站第一次输入用户名和密码后就将用户名和密码保存在客户端，当用户下次访问该网站时，可以直接从客户端读出用户名和密码，使得用户免予再次登录认证。

【知识点 7】 JavaBean

1. JavaBean 概述。

JavaBean 是一种用 Java 语言写成的可重用组件。JavaBean 所起到的作用跟 ActiveX 一样：它们向用户提供一些能实现特定功能的方法接口，而具体的实现代码则是封装在组件内部，并且是为了可随时重复使用的目的而设计的，不同的用户可以根据具体的情况来使用该组件的部分或全部功能。JavaBean 的一个显著特点就是它可以在支持 Java 的任何平台下工作，而不需要重新编译。传统意义上的 JavaBean 支持的组件有两种：可视化组件和非可视化组件。对于可视化组件，开发人员可以在运行结果中观察到，如 Swing 下的应用等；而非可视化组件一般不可以在运行结果中观察到，它一般用来处理一些复杂的事件，主要用在服务器端。对于 JSP 来说，只支持非可视化 JavaBean 组件。在 Java Web 开发中常使用 JavaBean 来封装数据、封装业务方法、封装事务逻辑，进行数据库的操作等，以实现业务逻辑和数据展示（JSP 文件）的分离，使系统更健壮和灵活。

2. 编写 JavaBean。

JavaBean 其实就是一个特殊的 Java 类，特殊点就在于它要满足某些条件或者规范。JavaBean 组件是这样一些 Java 类（class）文件：它们可以很容易地被重复使用并且可以进行组合从而应用在不同应用程序中。

编写 JavaBean 应遵守以下规则：所有的 JavaBean 必须放在一个包中；JavaBean 必须声明成 public class 类型，文件名称与类名称一致；所有的属性必须封装；设置和读取属性可以通过 setter、getter 方法；使用 JSP 标签去调用 JavaBean 时，必须有一个无参数构造方法（在 JSP 中的限制）。

3. JavaBean 的作用范围。

在 JSP 页面中使用 <jsp：useBean> 元素来声明一个在某一个范围内可存取的 JavaBean，这个范围可以是 application、session、request 和 page 中的一个，通过 scope 属性来设置。

Page 范围的 JavaBean 是默认的范围，JSP 动作定义的 JavaBean 实例会被保存到 PageContext 对象中。当属性 scope 的值为 request 时，JSP 动作定义的 JavaBean 实例就会存储到 HttpServletRequest 对象中。当属性 scope 的值为 session 时，JSP 动作定义的 JavaBean 实例就会存储到 HttpSession 对象中。当属性 scope 的值为 application 时，JSP 动作定义的 JavaBean 实例就会被存储到 ServletContext 对象中。

4. MVC 设计模式。

JSP + JavaBean 通常称为"Model 1 模式"。在该模式中，JSP 页面响应请求并将处理结果返回客户，所有的数据库操作和复杂业务逻辑操作都通过 JavaBean 来实现。

MVC（Model View Controller）模式，也就是通常所称的"Model 2 模式"，即把一个应用的输入、输出、处理流程按照 Model、View、Controller 的方式进行分离，这样一个应用被分成三个层：模型层、视图层、控制层。

（1）模型（Model）层，就是业务流程/状态的处理以及业务规则的制定，即是 MVC 的主要核心。

（2）视图（View）层，代表用户交互界面，也就是 Web 的 HTML 界面。

（3）控制（Controller）层，可以理解为从用户接收请求，将模型与视图匹配在一起，共同完成用户的请求。

>> 第三节
中间件

一 中间件概述

【知识点1】 中间件的定义

中间件是一种独立的系统软件服务程序，分布式应用软件借助这种软件在不同的技术之间共享资源，中间件位于客户机服务器的操作系统之上，管理计算资源和网络通信。

【知识点2】 中间件的特点

一般认为，中间件必须具有以下特点：标准的协议和接口；分布计算，提供网络、硬件、操作系统透明性；满足大量应用的需要；能运行于多种硬件和操作系统平台。

从理论上讲，中间件具有以下的工作机制：在客户端上的应用程序需要从网络中的某个地方获取一定的数据或服务，这些数据或服务可能处于一个运行着不同操作系统和特定查询语言数据库的服务器中。客户/服务器应用程序中负责寻找数据的部分只需访问一个中间件系统，由中间件完成到网络中找到数据源或服务，进而传输客户请求、重组答复信息，最后将结果送回应用程序的任务。

在具体实现上，中间件是一个用 API 定义的软件层，具有强大的通信功能，是良好的具有可扩展性的分布式软件管理框架。

【知识点3】 中间件的分类

一般将中间件分为两大类：一类是底层中间件，用于支撑单个应用系统或解决单一类问题，包括事务处理中间件（TPM）、应用服务器（WAS）、消息中间件（MOM）、数据访问中间件（UDA）等；另一类是高层中间件，更多地用于系统整合，包括企业应用集成中间件（EAI Suites）、工作流中间件（WF）、门户中间件（Portal）等，它们通常会与多个应用系统打交道，在系统中的层次较高，并大多基于底层中间件运行。

【知识点4】 数据访问中间件

数据访问中间件在所有的中间件中是应用最广泛、技术最成熟的一种。一个最典型的例子就是开放数据库互联（Open Database Connectivity，ODBC）。在建立应用程序和数据库链接时，只要在 ODBC 中添加一个数据源，然后就可以直接在应用程序中使用这个数据源，而不必关心目标数据库的实现原理、实现机制，甚至不必了解 ODBC 向应用程序提供了哪些应用程序接口 API。

在数据访问中间件处理模型中，数据库是信息存储的核心单元，中间件完成通信的功能，这种方式虽然灵活，但并不适合于一些要求高性能处理的场合，因为它需要大量的数据通信，而且当网络发生故障时，系统将不能正常工作。

【知识点5】 远程过程调用中间件（RPC）

远程过程调用是一种广泛使用的分布式应用程序处理方法。一个应用程序可以使用 RPC 来"远程"执行一个位于不同地址空间里的过程，并且从效果上看和执行本地调用相同。一个 RPC 应用分为两个部分：服务端（server）和客户端（client）。server 提供一个或多个远程过程，client 向 server 发出远程调用。server 和 client 可以位于同一台计算机，也可以位于不同的计算机，甚至运行在不同的操作系统之上。它们通过网络进行通信。相应的 stub 和运行支持提供数据转换和通信服务，从而屏蔽不同的操作系统和网络协议。RPC 的灵活性使得它可以应用在更复杂的客户/服务器计算环境中。

由于 RPC 一般用于应用程序之间的通信，而且采用的是同步通信方式，因此比较适合于不要求异步通信方式的小型、简单的应用系统；而对于一些大型的应用，往往需要考虑网络或者系统故障，处理并发操作、缓冲、流量控制以及进程同步等一系列复杂问题，RPC 就很难发挥其优势。

【知识点6】 消息中间件 （MOM）

MOM 不像 RPC 机制那样流行，但越来越多的分布式应用采用 MOM 来构建，通过其把应用扩展到不同的操作系统和不同的网络环境。

MOM 的优点在于能够在客户和服务器之间提供同步和异步的连接，并且在任何时刻都可以将消息进行传送或者存储转发，这也是它比远程过程调用更灵活的原因。另外，MOM 不会占用大量的网络带宽，可以跟踪事务，并且通过将事务存储到磁盘上实现网络故障时系统的恢复。只是与远程过程调用相比，消息中间件不支持程序控制的传递。比较适用于需要在多个进程之间进行可靠的数据传送的分布式环境。

【知识点7】 基于对象请求代理的中间件 （ORB）

对象请求代理是近年来才发展起来的一项新技术，它可以看作和编程语言无关的面向对象的 RPC 应用。从管理和封装的模式上看，对象请求代理和远程过程调用有些类似，不过对象请求代理可以包含比远程过程调用和消息中间件更复杂的信息，并且可以适用于非结构化的或者非关系型的数据。

目前有两种对象请求代理的标准：CORBA 和 DCOM。这两种标准是相互竞争的，而且两者之间有很大的区别，这在一定程度上阻碍了对象请求代理中间件的标准化进程。

【知识点8】 事务处理中间件 （TPM）

TPM 最初是作为联机事务处理应用的支撑环境。它提供联机事务处理所需要的通信、并发访问控制、事务控制、资源管理、安全管理和其他必要的服务，是针对复杂环境下分布式应用的速度和可靠性要求而实现的。它给程序员提供了一个事务处理的 API，程序员可以使用这个程序接口编写高速而且可靠的分布式应用程序。

TPM 向用户提供一系列的服务，如应用管理、管理控制以及应用程序间的消息传递等。常见的功能包括全局事务协调、事务的分布式两段提交、资源管理器支持、故障恢复、高可靠性、网络负载平衡等。

【知识点9】 工作流中间件 （WF）

WF 定位于支持商务流程的自动化，即能够方便地进行集成处理。这些工作流软件以消息中间件或 Web 应用服务器为底层支撑。建立在消息中间件之上的工作流软件一般都有 Windows 或 UNIX 上的客户端，支持与 Web 应用服务器的集成，并提供使用浏览器获得工作列表、执行流程实例和监控管理工作流的能力。

二 面向对象中间件

【知识点1】 对象

对象是由数据及其操作所构成的封装体，是系统中用来描述客观事物的一个封装，是构成系统的基本单位。采用计算机语言描述，对象是由一组属性和对这组属性进行操作的一组服务构成。

对象包含三个基本要素，分别是对象标识、对象状态和对象行为。每一个对象必须有一个名字以区别于其他对象，这就是对象标识；对象状态用来描述对象的某些特征；对象行为用来封装对象所拥有的业务操作。

【知识点2】 类

类是现实世界中实体的形式化描述，类将该实体的数据和函数封装在一起。类的数据也叫属性、状态或特征，它表现类静态的一面；类的函数也叫功能、操作或服务，它表现类动态的一面。

【知识点3】 抽象

抽象是通过特定的实例抽取共同特征以后形成概念的过程。它强调主要特征，忽略次要特征。一个对象是现实世界中一个实体的抽象，一个类是一组对象的抽象，抽象是一种单一化的描述，它强调给出与应用相关的特性，抛弃不相关的特性。

【知识点4】 封装

封装是将相关的概念组成一个单元，然后通过一个名称来引用它。面向对象封装是将数据和基于数据的操作封装成一个整体对象，对数据的访问或修改只能通过对象对外提供的接口进行。

【知识点5】 继承

继承表示类之间的层次关系，这种关系使某类对象可以继承另外一类对象的特征（attributes）和能力（operations），继承又可分为单继承和多继承，单继承是子类只从一个父类继承，而多继承中的子类可以从多于一个的父类继承，Java 是单继承的语言，而 C++允许多继承。

【知识点6】 多态性

多态性是一种方法，这种方法使得在多个类中可以定义同一个操作或属性名，并在每个类中可以有不同的实现。多态性使一个属性或变量在不同的时期可以表示不同类的对象。

【知识点7】 接口

所谓接口，就是对操作规范的说明。接口只是说明操作应该做什么（what），但没有定义操作如何做（how）。接口可以理解成为类的一个特例，它只规定实现此接口的类的操作方法，而把真正地实现细节交由实现该接口的类去完成。

接口在面向对象分析和设计过程中起到了至关重要的桥梁作用，系统分析员通常先把有待实现的功能封装并定义成接口，而后期程序员依据此接口进行编码实现。

【知识点8】 消息

消息（Message）是对象间的交互手段，其形式如下：

Message：[dest，op，para]

其中：

dest：目标对象 Destination Object；

op：操作 Operation；

para：操作需要的参数 Parameters。

【知识点9】 组件

组件是软件系统可替换的、物理的组成部分，它封装了实现体（实现某个职能），并提供了一组接口的实现方法。可以认为组件是一个封装的代码模块或大粒度的运行对的模块，也可将组件理解为具有一定功能、能够独立工作或同其他组件组合起来协调工作的对象。

对于组件，应当按可复用的要求进行设计、实现、打包、编写文档。组件应当是内聚的，并具有相当稳定的公开的接口。为了使组件更切合实际、更有效地被复用，一方面，组件应当具备"可变性"（variability），以提高其通用性。组件应向复用者提供一些公共"特性"；另一方面，组件还要提供可变的"特性"，针对不同的应用系统，只需对组件可变部分进行适当的调节。复用者应根据复用的具体需要，改造组件的可变"特性"，即"客户化"。

【知识点 10】 模式

模式是一条由三部分组成的规则，它表示了一个特定环境、一个问题和一个解决方案之间的关系。每一个模式描述了一个不断重复发生的问题，以及该问题的解决方案。这样就能一次又一次地使用该方案而不必做重复劳动。

将设计模式引入软件设计和开发过程的目的在于充分利用已有的软件开发经验，这是因为设计模式通常是对于某一类软件设计问题的可重用的解决方案。设计模式使得人们可以更加简单和方便地去复用成功的软件设计和体系结构，从而能够帮助设计者更快更好地完成系统设计。

【知识点 11】 复用

软件复用是指将已有的软件及其有效成分用于构造新的软件或系统。组件技术是软件复用实现的关键。

三　中间件技术平台（J2EE）

【知识点 1】 J2EE 概述

J2EE 是一套针对企业级分布式应用的计算环境。它定义了动态 Web 页面功能（Servlet 和 Jsp）、商业组件（EJB）、异步消息传输机制（JMS）、名称和目录定位服务（JNDI）、数据库访问（JDBC）、与子系统的连接器（JCA）和安全服务等。

J2EE 本身是一个标准，而不是一个现成的产品（虽然现在有很多符合 J2EE 标准的产品），它由以下几个部分组成：

（1）J2EE 规范。该规范定义了 J2EE 平台的体系结构、平台角色及 J2EE 中每种服务和核心 API 的实现要求。它是 J2EE 应用服务器开发商的大纲。

（2）J2EE 兼容性测试站点。Sun 公司提供的一个测试 J2EE 应用服务器是否符合 J2EE 规范的站点，对通过该站点测试的产品 Sun 公司将发放兼容性证书。

（3）J2EE 参考实现。即 J2EESDK，它既是 Sun 公司自己对 J2EE 规范的一个非商业性实现，又是为开发基于 J2EE 企业级应用系统原型提供的一个免费的底层开发环境。

（4）J2EE 实施指南。即 BluePrints 文档，该文档通过实例来指导开发人员如何去开发一个基于 J2EE 的多层企业应用系统。

【知识点 2】 J2EE 的组件

1. J2EE 是一个基于组件—容器模型的系统平台，其核心概念是容器。容器是指为特定组件提供服务的一个标准化的运行环境，Java 虚拟机就是一个典型的容器。组件是一个可以部署的程序单元，它以某种方式运行在容器中，容器封装了 J2EE 底层的 API，为组件提供事务处理、数据访问、安全性、持久性等服务。在 J2EE 中组件和组件之间并不直接访问，而是通过容器提供的协议和方法来相互调用。组件和容器间的关系通过"协议"来定义。容器的底层是 J2EE 服务器，它为容器提供 J2EE 中定义的各种服务和 API。一个 J2EE 服务器（也叫 J2EE 应用服务器）可以支持一种或多种容器。

2. J2EE 定义了四种组件：Applet 组件、Application 客户组件、Web 组件及 EJB（Enterprise Java Beans）组件。其中：Applet 组件和 Application 客户组件在客户端运行，J2EE 通过 Java 插件为 Applet 提供运行环境，Application 客户的容器就是本地 Java 虚拟机；Web 组件和 EJB 组件在服务端运行。J2EE 中包含 JSP 和 Servlet 两种 Web 组件，它们是 Web 服务器的功能扩展，都能生成动态 Web 页面。不同的是，JSP 是将 Java 代码嵌入 HTML 中，服务器负责解释执行，生成结果返回用户（与 ASP 技术相似）；而 Servlet 是单独的 Java 类，它动态生成 HTML 文件返回给客户。Web 组件的容器比较典型的就是基于 Java 的 Web 服务器。

3. EJB 是 J2EE 平台的核心，也是 J2EE 得到业界广泛关注和支持的主要原因。众所周知，J2EE 的一个主要目的就是简化企业应用系统的开发，使程序员将主要精力放在商业逻辑的开发上。EJB 正是基于这种思想的服务器端技术，它本身也是一种规范，该规范定义了一个可重用的组件框架来实现分布式的、面向对象的商业逻辑；其核心思想是将商业逻辑与底层的系统逻辑分开，使开发者只需关心商业逻辑，而由 EJB 容器实现目录服务、事务处理、持久性、安全性等底层系统逻辑。

4. 一个可部署的 EJB 组件包含三个部分：Remote 接口、Home 接口和 Enterprise Beans 类。

（1）Remote 接口。

Remote 接口定义了 EJB 组件中提供的可供用户调用的方法，也就是通常所说的实现商业逻辑的函数或过程，以供远程客户端调用。在 EJB 组件部署到容器时，容器会自动生成 Remote 接口相应的实例，即 EJB 对象，它负责代理用户的调用请求。

（2）Home 接口。

Home 接口定义了一组方法来创建新的 EJB 对象，查找、定位和清除已有的 EJB 对象。在 EJB 组件部署时，容器也会自动生成相应的 Home 对象，该对象负责查找和创建 EJB 对象，返回 EJB 对象的引用给客户；用户利用该引用调用 EJB 组件的方法得到结果；最后 Home 对象清除 EJB 对象。可以形象地称 Home 接口为 EJB 对象的工厂。

（3）Enterprise Beans 类。

Enterprise Beans 类是商业逻辑的具体实现类，在 Remote 接口中定义了可供用户调用的方法。根据功能的不同，EJB2.0 规范中定义了三种 Enterprise Beans：会话 Beans（Session Beans）、实体 Beans（Entity Beans）和消息驱动 Beans（Message-driven Beans）。

5. 在提交和部署 EJB 组件时，还需要两个文件：部署描述文件，容器根据该文件来部署 Enterprise Beans，提供所要求的服务；EJB-jar 文件，它是提交给 EJB 容器的一个部署单元，容器（应用服务器）在部署时解开它，装入 Enterprise Beans。

6. 比较流行的 EJB 容器由 IBM 的 WebShpere、BEA 公司的 WebLogic Server、Sun 公司的 iPlant 等应用服务器提供。EJB 容器除了为 EJB 提供事务处理、目录服务、持久性管理和安全性服务外，还负责 EJB 的部署、发布和生命周期管理。

【知识点 3】 平台服务标准

服务是组件和容器之间，以及容器和 J2EE 服务器之间的接口，在实现层面上它就是一系列 API 和协议。J2EE 平台定义了一组标准的服务，其中有些服务是由 J2SE 提供的，有些则是 J2EE 对 Java 的扩展。

1. 目录服务（Java Naming and Directory Interface，JNDI）。

API 为应用程序提供了一个统一的接口来完成标准的目录操作，JNDI 是独立于目录协议的，应用程序可以用它访问各种目录服务，如 LDAP、NDS、DNS 等。

2. 数据访问（Java DataBase Connectivity，JDBC）。

API 为访问不同类型的数据库提供了统一的途径，屏蔽了不同数据库的细节，具有平台无关性。J2EE 平台除了要求核心的 JDBC API（包含在 J2SE 中）外，还要求扩展的 JDBC API2.0，它支持新的记录集接口、连接池和分布式的事务处理。

3. 事务处理（Java Transaction API，JTA）。

事务处理定义了一组标准的接口，为应用系统提供可靠的事务处理支持。JTS（Java Transaction Service）是 CORBA OTS 事务监控的 Java 实现。JTS 规定了事务管理器的实现方式，该事务管理器在高层支持 JTA 标准，在底层实现了 OMG OTS 规范的 Java 映射。

4. 消息服务（Java Message Service，JMS）。

消息服务是一组用于和面向消息的中间件相互通信的 API，它既支持点对点的消息通信，也支持发布/订阅式的消息通信。电子邮件 Java Mail API 允许在应用程序中以独立于平台、独立于协议的方式收发电子邮件。JAF（Java Beans Activation Framework）负责处理 MIME 编码，Java Mail 利用 JAF 来处理 MIME 编码的邮件附件。

5. CORBA 兼容接口 RMI（远程方法调用）。

CORBA 兼容接口 RMI（远程方法调用）是在分布式对象间通信的 Java 本地方法，它使应用程序调用远程方法像调用本地方法一样，不需要考虑所调用对象的位置。

RMI-IIOP 是 RMI 的扩展，是符合 CORBA 标准的对象通信协议，也是 J2EE 默认的组件通信协议。JavaIDL 允许 J2EE 应用组件通过 IIOP 协议访问外部的 CORBA 对象。

6. 安全服务（Java Authentication and Authorization Service，JAAS）。

安全服务用两个步骤实现安全性：一是认证，即由用户提供认证信息（如用户名和密码）来获得系统认证，这一过程又称为登录；二是授权，在被确认为合法用户后，系统根据用户的角色授予其相应的权限。J2EE 的授权是基于安全角色的概念，一个安全角色是一个拥有相同权限的逻辑组。J2EE 的安全角色由应用组件提供商来定义。

【知识点 4】 对 Web 服务的支持

Sun 提供了一套 API 及其实现 Java 网络服务开发包（Java Web Services Developer Pack）作为对 J2EE 的扩展。在 WSDP 中，JAXP（Java API for XML Processing）用来解析 XML 文档；JAXR（Java API for XML Registries）向 UDDI 服务器注册 WebServices；JTX/RPC 用基于 XML 的协议（如 SOAP）来发送和接收 XML 文档；JWSDL 处理 WSDL 文档。J2EE1.4 的设计目标就是 Web 服务，其中新加入了 JAX-RPC/SAAJ 和 JAXR 等 API，另外，EJB2.1 里也增加了许多针对 Web 服务设计的特性。

【知识点 5】 多层应用模型

从应用的角度来看，J2EE 为企业应用系统的开发提供了一种多层分布式企业应用模型。在 J2EE 中，应用逻辑按功能不同可以划分为不同类型的组件，各组件根据它们所在的层分布在不同的机器上，共同组成一个基于组件的分布式系统。

在应用开发时，J2EE 定义的四层模型可根据实际情况灵活运用。由于除 Applet 外，其他的组件都可以访问数据库、EJB 组件和企业信息系统，因此通过不同层的取舍及组合，可以衍生出许多应用软件开发模型，如基于 Web 的四层模型、基于桌面应用的三层模型（不包括 Web 层）、B2B 模型（不包括客户层）等。如果应用系统比较简单，一般不用 EJB 作为逻辑层，而直接用 Web 组件来实现商业逻辑和数据访问，毕竟 EJB 的开发和部署费用相当高。

四 WebSphere MQ

【知识点 1】 WebSphere MQ 概述

WebSphere MQ（也称 MQSeries）以一致的、可靠的和易于管理的方式来连接应用程序，并为跨部门、企业范围的集成提供了可靠的基础。通过为重要的消息和事务提供可靠的、一次且仅一次的传递，Websphere MQ 可以处理复杂的通信协议，并动态地将消息传递工作负载分配给可用的资源。Websphere MQ 是一种消息中间件。

【知识点2】 消息中间件概述

消息队列技术是分布式应用间交换信息的一种技术。消息队列可驻留在内存或磁盘上，队列存储消息直到它们被应用程序读走。通过消息队列，应用程序可独立地执行——它们不需要知道彼此的位置、或在继续执行前不需要等待接收程序接收此消息。

在分布式计算环境中，为了集成分布式应用，开发者需要对异构网络环境下的分布式应用提供有效的通信手段。为了管理需要共享的信息，对应用提供公共的信息交换机制是非常重要的。

设计分布式应用的方法主要有：远程过程调用（RPC）——分布式计算环境（DCE）的基础标准成分之一；对象事务监控（OTM）——基于 CORBA 的面向对象工业标准与事务处理（TP）监控技术的组合；消息队列（Message Queue）——构造分布式应用的松耦合方法。

【知识点3】 分布计算环境/远程过程调用（DCE/RPC）

RPC 是 DCE 的成分，是一个由开放软件基金会（OSF）发布的应用集成的软件标准。RPC 模仿一个程序用函数引用来引用另一程序的传统程序设计方法，此引用是过程调用的形式，一旦被调用，程序的控制则转向被调用程序。

在 RPC 实现时，被调用过程可在本地或远程地的另一系统中驻留并执行。当被调用程序完成处理输入数据后，结果放在过程调用的返回变量中返回到调用程序。RPC 完成后程序控制立即返回到调用程序。因此 RPC 模仿子程序的调用/返回结构，它仅提供 Client（调用程序）和 Server（被调用过程）间的同步数据交换。

【知识点4】 对象事务监控（OTM）

对象事务监控（OTM）是基于 CORBA 的面向对象工业标准与事务处理（TP）监控技术的组合。在 CORBA 规范中定义了：使用面向对象技术和方法的体系结构；公共的 Client/Server 程序设计接口；多平台间传输和翻译数据的指导方针；开发分布式应用接口的语言（IDL）等，并为构造分布的 Client/Server 应用提供了广泛及一致的模式。

【知识点5】 消息队列（Message Queue）

消息队列为构造以同步或异步方式实现的分布式应用提供了松耦合方法。消息队列的 API 调用被嵌入新的或现存的应用中，通过消息发送到内存或基于磁盘的队列或从它读出而提供信息交换。消息队列可用在应用中以执行多种功能，如要求服务、交换信息或异步处理等。

如果没有消息中间件完成信息交换，应用开发者为了传输数据，必须学会如何用网络和操作系统软件的功能编写相应的应用程序来发送和接收信息；由于交换信息没有标准方法，每个应用必须进行特定的编程，从而和多平台、不同环境下的一个或多个应用通信。例如，为了实现网络上不同主机系统间的通信，就要求具备在网络上如何交换信息的知识（如用 TCP/IP 的 Socket 程序设计）；为了实现同一主机内不同进程之间的通信，就要求具备操作系统的消息队列或命名管道（Pipes）等知识。

IBM 消息中间件 MQ 以其独特的安全机制、简便快速的编程风格、卓越不凡的稳定性、可扩展性和跨平台性，以及强大的事务处理能力和消息通信能力，成为业界市场占有率最高的消息中间件产品。MQ 具有强大的跨平台性，它支持的平台数多达 35 种。

五、WebLogic

【知识点 1】 WebLogic 概述

WebLogic 是用于开发、集成、部署和管理大型分布式 Web 应用、网络应用和数据库应用的 J2EE 应用服务器。WebLogic Server 拥有处理关键 Web 应用系统问题所需的性能、安全、可扩展性和高可用性，同时又易于安装、部署和管理。

WebLogic 是目前主流 J2EE 服务器之一，支持符合 J2EE 标准的各类应用程序（Application），其主要类型有以下几种。

（1）Web 模块。HTML 网页、Servlet、JSP 网页、有关的 Java 类、标准的 J2EE Web 配置文件、WebLogic 有关的配置文件，如 weblogic.xml 以及其他文件，如 XML 文件、图像文件等。

（2）EJB 模块。包括 session bean、entity bean、message-driven bean 等。

（3）连接器模块（Connector Modules）。用于和 EIS 交互的 Java 类，可能还有 NativeModules。

（4）企业应用（Enterprise Application）。作为一个整体，包含上述一个或者几个模块。

WebLogic 支持分布式异构体系，能利用多种数据库平台并支持运行于多种操作的系统。

WebLogic Server 拥有处理关键 Web 应用系统问题所需的多种特色和优势，具体体现在以下几方面：

（1）高扩展性。当系统的整体性能不能满足业务压力要求时，为了提高吞吐量，不需要作应用代码的修改，只要作系统横向或纵向的扩展，在集群中动态地添加新的 WebLogic Server 实例，部署相应的应用。这样可以充分利用现有设备，并保证系统具有良好的扩展性。

（2）高可靠性。同样的服务可由集群中的多个 Server 来提供。

（3）高可用性。集群中不管是管理服务器还是被管服务器，在出现故障时都能保证应用的继续运行。

（4）高性能。支持分布异构，可以处理大量的并发访问。

WebLogic 功能很强大，全面支持 J2EE 规范，有自己独到的核心技术，是一款十分强大的服务器软件，提供高可靠性、稳定性、可用性和高性能，安装、调试、配置优于 WebSphere，远程管理比较方便，是目前市场上占有率很高的产品，在电力、电信、银行等大型企业中有着广泛的应用。

【知识点 2】 域 （Domain）

1. 域的概念。

"域"就是逻辑上相关的一组 WebLogic Server 资源，可以作为一个单元进行管理。新建域默认端口号 7001。

2. 域的类型。

域的类型含有受管服务器的域和独立服务器的域。

3. 域的特点。

（1）对应用程序是透明的。

（2）根据技术或者是业务需要对其进行配置和管理，即使是在部署应用程序之后或在生产使用中。

（3）WebLogic Server 域可用于区分：开发应用程序、测试应用程序和生产应用程序；管理和运营职责；组织或业务划分。

（4）域的优势：一个企业可能有多种不同的应用程序，它们在地理上可能是分散的，也可能被组织到不同的职责领域中，因此可能有多个独立的域；每个域都是一个单独的管理单元；企业可能要求其多个域中的应用程序能够进行互相操作。

【知识点 3】 线程 （thread）

1. 进程的概念。

进程是操作系统结构的基础，是一个正在执行的程序，计算机中正在运行的程序实例，可以分配给处理器并由处理器执行的一个实体，由一个当前状态和一组相关的系统资源所描述的活动单元。简单地说，启动一个应用程序，就会有一个进程。可以通过任务管理器查看到当前系统的进程有哪些，系统给每个进程都分配了独立的内存空间。

2. 线程的概念。

线程有时被称为轻量级进程（Lightweight Process，LWP），是程序执行流的最小单元。一个标准的线程由线程 ID、当前指令指针（PC）、寄存器集合和堆栈组成。另外，线程是进程中的一个实体,是被系统独立调度和分派的基本单位,线程自己不拥有系统资源,只拥有在运行中必不可少的资源,但它可与同属一个进程的其他线程共享进程所拥有的全部资源。一个线程可以创建和撤销另一个线程,同一进程中的多个线程之间可以并发执行。但由于线程之间相互制约,线程在运行中会出现出间断性。

每一个程序都至少有一个线程,那就是程序本身。线程是程序中一个单一的顺序控制流程。在单个程序中同时运行多个线程以完成不同的工作称为多线程。

3. 线程的状态。

(1) 新建状态 (new);

(2) 就绪状态 (runnable);

(3) 运行状态 (running);

(4) 阻塞状态 (blocked);

(5) 死亡状态 (dead)。

4. 线程的作用。

如果能合理地使用线程,将会减少开发和维护成本,甚至可以改善复杂应用程序的性能。如在 GUI 应用程序中,还以通过线程的异步特性来更好地处理事件;在应用服务器程序中可以通过建立多个线程来处理客户端的请求。线程甚至还可以简化虚拟机的实现,如 Java 虚拟机 (JVM) 的垃圾回收器 (garbage collector) 通常运行在一个或多个线程中。

使用线程可以从以下四个方面来改善应用程序:充分利用 CPU 资源;简化编程模型;简化异步事件的处理;节约成本。

5. Web 线程池的概念。

线程池能够减少创建的线程个数。通常,线程池所允许的并发线程是有上限的,如果同时需要并发的线程数超过上限,那么一部分线程将会等待。线程池采用预创建的技术,在应用程序启动之后,立即创建一定数目的线程,放入空闲队列中。这些线程都是处于阻塞(挂起)状态,不消耗 CPU,只占用较小的内存空间。当任务到来后,缓冲池选择一个空闲线程,把任务传入此线程中运行。如果线程池中的线程都在处理任务,则线程池会自动创建一定数量的新线程,用于处理更多的任务。在任务执行完毕后线程也不退出,而是继续保持在线程池中等待下一次的任务。当系统比较空闲时,大部分线程都一直处于暂停状态,线程池会自动销毁一部分线程,回收系统资源。

【知识点 4】 WebLogic 服务器

服务器是一个在 JVM 中执行的 WebLogic Server 实例。WebLogic Server 只是在执行一个 WebLogic Server 类的 Java 虚拟机。WebLogic Server 类包含有 main() 方法,用于启动 WebLogic 系统。由于服务器在单个 Java 虚拟机中执行,它占用专用的 RAM 容量,该容量是在系统引导时确定的。一个服务器仅可以与一台计算机相关联，但一台计算机可以与多台服务器相关联。

1. 管理服务器。

管理服务器是域的中央控制点，存储域的配置信息和日志运行 WebLogic 管理控制台。管理服务器是用做配置整个域的中央控制实体。

WebLogic Server 管理控制台：用来配置域的基于浏览器的图形界面（GUI）。

WebLogic Server 应用程序编程接口（API）：可以使用 WebLogic Server 提供的 API 编写 Java 类来修改配置特性口。

WebLogic Server 命令行实用工具（WebLogic. Admin）：创建脚本，实现自动化的域管理。

SNMP：可以实现简单的网络管理协议来监视 WebLogic Server 域。

2. 受管服务器。

受管服务器指域中任何不属于管理服务器的服务器，与管理服务器联系以获得配置信息，在生产环境中运行业务程序。

受管服务器是一个 WebLogic Server 实例，它从管理服务器中检索域配置数据。域中可以有多个受管服务器，但是只有一个管理服务器。通常，在创建并启动作为受管服务器的服务器实例时，在生产环境中要运行业务应用程序。在该标准场景中，作为管理服务器启动的服务器实例不会运行业务应用程序，它仅管理域中的资源。

3. 节点管理器。

节点管理器是一个 Java 应用程序。借助该应用程序，可以从管理控制台远程地启动或关闭 WebLogic 管理服务器和受管服务器实例。

为了能远程启动受管服务器，首先要在受管服务器所在的机器上配置并运行节点管理器。一个节点管理器进行可以负责一台机器上所有受管服务器的远程启动与关闭。为了保证节点管理器的可用性，应该把节点管理器配置为 UNIX 机器的守护程序或 Windows Server 机器的 Windows NT 服务。这保证了机器上的管理服务器可以用来启动受管服务器。

【知识点 5】 WebLogic 常用的管理操作

1. BEA WebLogic Server 包含了许多相关联的资源。对这些资源的管理包括服务器的启动及终止，服务器以及连接池的负载平衡，资源配置的监控、诊断并修改问题，监控并评估系统性能，分发 Web 应用、EJB 以及其他资源。WebLogic 服务器提供了一个健壮易用的基于 Web 的工具——管理控制台，它是执行上述任务的主要工具。通过管理控制台可以访问 WebLogic 管理服务。

2. 管理控制台是一个 Web 应用，它使用 JSP 来访问管理服务器所管理的资源。管理服务器启动以后，在浏览器中使用以下 URL 启动管理控制台：http：//hostname：port/console 输入用户名和密码，就可以进入控制台进行常用的管理了。

（1）添加删除服务。

使用管理控制台可以配置很多服务，其中 JDBC 服务是最常用的。

（2）消息传送。

WebLogic JMS 是一种企业级的消息传送系统，完全支持 JMS 规范，还可提供很多超出标准 JMS API 的扩展。它紧密集成在 WebLogic Server 平台中，从而使用户可以生成高度安全的 J2EE 应用程序，可通过 WebLogic Server 控制台轻松地对其进行监视和管理。除了完全支持 XA 事务处理，通过 WebLogic JMS 的集群和服务迁移功能也可以得到高可用性，同时还具有 WebLogic Server 和第三方消息传送供应商的其他版本的无缝互操作性。

（3）JDBC。

通过 WebLogic JDBC 服务，用户可以在 WebLogic 域中通过数据源和多数据源配置数据库连接。数据源提供数据库连接池和连接管理。多数据源提供数据源之间的负载平衡和故障转移，它可以连接不同的后端资源。

第七章
计算与存储

第七章 计算与存储

>> 知识架构

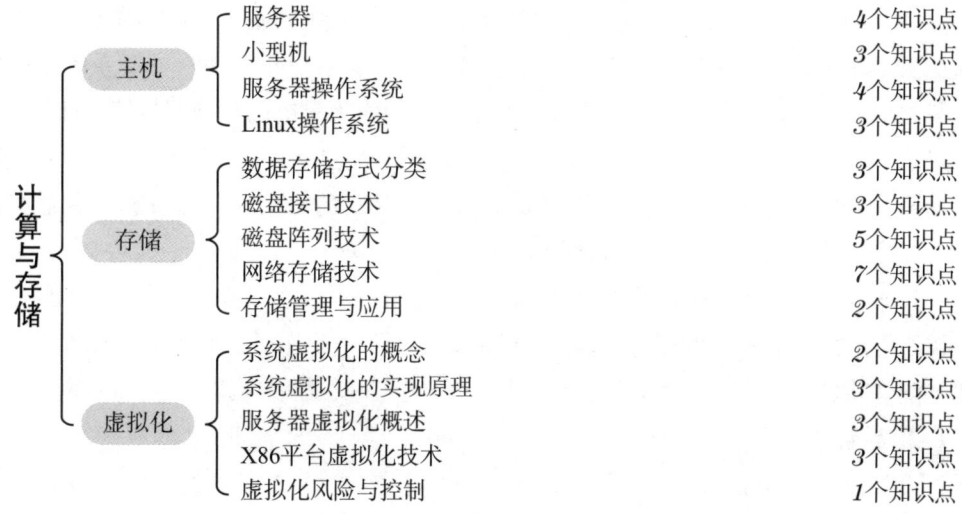

>> 第一节
主机

一 服务器

【知识点 1】 服务器简介

服务器,是指一个管理资源并为用户提供服务的计算机,根据用途不同可分为文件服务器、数据库服务器和应用程序服务器等。相对于普通 PC 机来说,服务器在稳定性、安全性、性能等方面都要求更高,因此,CPU、芯片组、内存、磁盘系统、网络等硬件和普通 PC 机有所不同。

服务器主要特点如下:

(1) 可扩展性。

为了适应不断变化的网络环境,保持前期投资为后期充分利用,服务器必须具有一定的可扩展性,为了保持可扩展性,通常需要服务器具备一定的可扩展空间和冗余件（如磁盘阵列架位、PCI 和内存条插槽位等）。扩展性具体体现在硬盘是否可扩充，CPU 是否可升级或扩展，系统是否支持 Windows、Linux 或 UNIX 等多种可选主流操作系统等方面。

（2）易使用性。

服务器的功能相对于 PC 机来说复杂许多，不仅指其硬件配置，更多的是指其软件系统配置。服务器的易使用性主要体现在服务器是否容易操作，用户导航系统是否完善，机箱设计是否人性化，有无关键恢复功能，以及有无足够的培训支持等方面。

（3）可用性。

对于一台服务器而言，一个非常重要的方面就是它的可用性，即所选服务器能满足长期稳定工作的要求，不能经常出问题。

一般来说，专门的服务器都要 7×24 小时不间断地工作，特别像一些大型的网络服务器，以及提供公众服务的 Web 服务器等更是如此。为了确保服务器具有高可用性，除了要求各配件质量过关外，还可采取必要的技术和配置措施，如硬件冗余、在线诊断等。

（4）易管理性。

冗余技术、系统备份、在线诊断技术、内存纠错技术、热插拔技术和远程诊断技术等，使绝大多数故障能够在不停机的情况下得到及时修复。

服务器的易管理性还体现在服务器有无智能管理系统，有无自动报警功能，是否有独立于操作系统的管理系统，有无液晶监视器等方面。

【知识点 2】 按体系架构分类

按体系架构划分，服务器可分为非 X86 服务器和 X86 服务器。

1. 非 X86 服务器。

非 X86 服务器（精简指令集服务器），是使用 RISC（精简指令集）或 EPIC（并行指令代码）处理器，并且主要采用 UNIX 和其他专用操作系统的服务器。精简指令集处理器主要有 IBM 公司的 Power 和 PowerPC 处理器，Sun 与富士通公司合作研发的 SPARC 处理器、EPIC 处理器（主要是由 Intel 研发的安腾处理器）等。非 X86 架构的 RISC 型 CPU 与 X86 架构的 Intel 和 AMD 的 CPU 在软件和硬件上都不兼容。这种服务器价格昂贵、体系封闭，但是稳定性好、性能强，主要用在金融、电信等大型企业的核心系统中。

2. X86 服务器。

X86 服务器，又称 CISC（复杂指令集）架构服务器，即通常所讲的 PC 服务器，它是指基于 PC 机体系结构，使用 Intel 或其他兼容 X86 指令集的处理器芯片的服务器，主要采用 Windows 和 Linux 操作系统，具有一定的稳定性，主要用在中小企业和非关键业务中。CISC 型 CPU 目前主要有 Intel 的服务器 CPU 和 AMD 的服务器 CPU 两类。

【知识点 3】 按应用层次分类

按应用层次划分通常也称为"按服务器档次划分",是服务器最为普遍的一种划分方法,它主要根据服务器在网络中应用的层次(或服务器的档次)来划分。服务器档次是依据整个服务器的综合性能,特别是所采用的一些服务器专用技术来衡量的。按这种划分方法,服务器可分为入门级服务器、工作组级服务器、部门级服务器、企业级服务器。

1. 入门级服务器。

入门级服务器是最基础的一类服务器,也是最低档的服务器。随着 PC 技术的日益提高,现在许多入门级服务器与 PC 机的配置差不多,所以目前也有部分人认为入门级服务器与 PC 服务器等同。

2. 工作组级服务器。

工作组级服务器是一个比入门级服务器高一个层次的服务器。从这个名字可以看出,它只能连接一个工作组(50 台左右)数量的用户,网络规模较小,服务器的稳定性也不像企业级服务器那样高。

3. 部门级服务器。

部门级服务器属于中档服务器,其具备比较完全的硬件配置,如磁盘阵列、存储托架等。部门级服务器的最大特点是集成了大量的监测及管理电路,具有全面的服务器管理能力,可监测如温度、电压、风扇、机箱等状态参数,结合标准服务器管理软件,使管理人员及时了解服务器的工作状况。大多数部门级服务器具有优良的系统扩展性,能够在用户业务量迅速增大时及时在线升级系统,充分保护用户投资。它是企业网络中分散的各基层数据采集单位与最高层的数据中心保持顺利连通的必要环节,一般为中型企业的首选,也可用于金融、电信等行业。

4. 企业级服务器。

企业级服务器属于高档服务器行列,最大的特点就是它具有高度的容错能力、优良的扩展性能、故障预报警功能、在线诊断,以及热插拔性能。有的企业级服务器还引入了大型计算机的许多优良特性。这类服务器所采用的芯片也都是几大服务器开发、生产厂商独有的 CPU 芯片,所采用的操作系统一般是 UNIX。

【知识点 4】 按服务器的机箱结构分类

按服务器的机箱结构划分,服务器可分为台式服务器、机架式服务器、刀片式服务器、机柜式服务器。

1. 台式服务器。

台式服务器也称"塔式服务器"。有的台式服务器采用大小与普通立式计算机大致相当的机箱，有的采用大容量的机箱，像个硕大的柜子。低档服务器由于功能较弱，整个服务器的内部结构比较简单，所以机箱不大，都采用台式机箱结构。这里所介绍的台式不是平时普通计算机使用的台式，立式机箱也属于台式机范围。

2. 机架式服务器。

机架式服务器的外形看来不像计算机，而像交换机，有 1U（1U = 1.75in = 4.45cm）、2U、4U 等规格。机架式服务器安装在标准的 19in 机柜里面。这种结构的多为功能型服务器。

机架式服务器也有多种规格，例如，1U（高 4.45cm）、2U、4U、6U、8U 等。通常 1U 的机架式服务器最节省空间，但性能和可扩展性较差，适用于一些业务相对固定的使用领域。4U 以上的产品性能较高，可扩展性好，一般支持 4 个以上的高性能处理器和大量的标准热插拔部件，管理也十分方便，厂商通常会提供相应的管理和监控工具，适用于大访问量的关键应用，但体积较大，空间利用率不高。

3. 刀片式服务器。

刀片式服务器，是指在标准高度的机架式机箱内插装多个卡式的服务器单元，以实现高可用和高密度。每一块"刀片"实际上就是一块系统主板。它们可以启动自己的操作系统，如 Windows、Linux 等，类似于一个个独立的服务器，在这种模式下，每一块母板运行自己的系统，服务于指定的不同用户群，相互之间没有关联。不过，管理员可以使用系统软件将这些母板集合成一个服务器集群。在集群模式下，所有的母板可以连接起来提供高速的网络环境，并同时共享资源，为相同的用户群服务。在集群中插入新的"刀片"就可以提高整体性能。同时由于每块刀片都是热插拔的，所以，系统可以轻松地进行替换，并且将维护时间减少到最小。

4. 机柜式服务器。

一些高档企业服务器内部结构复杂，内部设备较多，有的还具有许多不同的设备单元或需将几个服务器都放在一个机柜中，这种服务器就是机柜式服务器。

对于证券、银行、邮电等重要企业，应采用具有完备的故障自修复能力的系统，关键部件应采用冗余措施，对于关键业务使用的服务器也可以采用双机热备份高可用系统或者是高性能计算机，这样系统的可用性就可以得到很好的保证。

二、小型机

【知识点 1】 小型机的概念和特点

1. 小型机的概念最初是由 DEC 公司提出来的，是相对于大型机而言。一般小型机都是基于 RISC 指令集。每一个小型机上都有着不同的体系架构。在特性上小型机跟普通的服务器（也就是常说的 PC-SERVER）有很大差别，最重要的一点就是小型机的

RAS 特性。

2. RAS 是 Reliability、Availability、Serviceability 三个英文单词的缩写，它们反映了计算机的高可靠性、高可用性、高服务性三个特点。

（1）高可靠性（Reliability）：计算机能够持续运转，从来不停机。

（2）高可用性（Availability）：重要资源都有备份；能够检测到潜在要发生的问题，并且能够转移其上正在运行的任务到其他资源，以减少停机时间，保持生产的持续运转；具有实时在线维护和延迟性维护功能。

（3）高服务性（Serviceability）：能够实时在线诊断，精确定位出根本问题所在，做到准确无误地快速修复。

【知识点2】 CPU 指令集

常见的 CPU 指令集分为 CISC、RISC 和 EPIC。

1. CISC 指令集。复杂指令集，常见的处理器品牌有 Intel、AMD、VIA 等。可以安装 Windows、Linux、UNIX 操作系统。

2. RISC 指令集。精简指令集，常见的品牌有 IBM 的 Power 系列、HP 的 PA-RISC、ARM、MIPS 等。可以安装 UNIX、Linux 操作系统。

3. EPIC 指令集。显式并行指令集，由 HP 和 Intel 共同开发。Windows、Linux、UNIX（AIX）纯 64 位 CPU，如果安装 32 位的操作系统，必须安装 Intel 的模拟软件，且执行效率不高。

【知识点3】 小型机的操作系统

IBM 的小型机采用的是 AIX 操作系统（IBM 的 UNIX）；HP 小型机采用的是 HP-UX；当然也可以采用其他厂商的操作系统，如 RedHat、SuSe、SCO 等，但必须是 For 某一处理器的，如 RedHat Advanced Server 4 for Power。

三 服务器操作系统

【知识点1】 操作系统

1. 操作系统英文原称为 Operating System（OS），主要功能是实现计算机硬件与软件的直接控制，并进行管理协调。

2. 操作系统主要分为两部分：内核（Kernel）和壳（Shell）。顾名思义，内核主要实现计算机硬件与壳之间的信息传递与沟通，是操作系统最核心技术的体现；壳主要负责内核与应用程序之间的信息传递，利用底层语言将内核与软件的内外部命令进行相互转译，实现每一个操作请求。对于 Windows 系统来说，内核与壳之间相互联系，是类似管理与被管理的关系；对于 UNIX 与 Linux 来说，由于内核与壳完全分离，类似代理与被代理的关系，两者互相协作。

3. 服务器操作系统也称网络操作系统，相比个人版操作系统，它要承担额外的管理、配置、稳定、安全等功能。服务器操作系统主要分为三类：Linux、UNIX、Windows。目前国产服务器操作系统多为基于 Linux 系统的二次开发，有中标麒麟高级服务器操作系统、深度服务器操作系统（Deepin）、银河麒麟服务器操作系统、华为欧拉服务器操作系统等。

【知识点 2】 Linux

1. Linux 是一个用 C 语言和汇编语言写成，符合 POSIX 标准的类 UNIX 操作系统。Linux 是一款免费的操作系统，用户可以通过网络或其他途径免费获得，并可以任意修改其源代码。

2. 主要的 Linux 系统有：Redhat，包括 RHEL（Redhat Enterprise Linux，也就是所谓的 Redhat Advance Server 收费版本）；Fedora Core（由原来的 Redhat 桌面版本发展而来，免费版本）；CentOS（RHEL 的社区克隆版本，免费）。Fedora Core 的稳定性较差，最好只用于桌面应用。

【知识点 3】 UNIX

1. UNIX 是一个功能强大、性能全面的多用户、多任务操作系统，可以应用在从巨型计算机到普通 PC 机等多种不同的平台上，是应用面最广、影响力最大的操作系统。

2. 主要的 UNIX 系统有：AIX（Advanced Interactive eXecutive），IBM 开发的一套 UNIX 操作系统，可以在所有的 IBM Power 系列和 IBM RS/6000 工作站、服务器和大型并行超级计算机上运行；Solaris，SUN 公司研制的类 UNIX 操作系统；HP-UX，取自 Hewlett Packard UniX，是惠普公司（HP, Hewlett-Packard）以 SystemV 为基础所研发而成的类 UNIX 操作系统；Xenix：一种 UNIX 操作系统，可在个人计算机及微型计算机上使用。

【知识点 4】 Windows Server

Windows Server 是 Microsoft Windows Server System（WSS）的核心，是 Windows 的服务器操作系统。每个 Windows Server 都与其家用（工作站）版对应（2003 R2 除外）。

四　Linux 操作系统

【知识点1】 Linux 的层次结构、内核、Shell 与文件系统

1. 内核、Shell 和文件系统一起形成了基本的操作系统结构，它们使得用户可以运行程序、管理文件并使用系统。

2. 内核是操作系统的核心，具有很多最基本功能，它负责管理系统的进程、内存、设备驱动程序、文件和网络系统，决定着系统的性能和稳定性。Linux 内核由如下几部分组成：内存管理、进程管理、设备驱动程序、文件系统和网络管理等。

3. Shell 是系统的用户界面，提供了用户与内核进行交互操作的一种接口。它接收用户输入的命令并把它送入内核去执行，是一个命令解释器。另外，shell 编程语言具有普通编程语言的很多特点，用这种编程语言编写的 shell 程序与其他应用程序具有同样的效果。

4. Linux 操作系统将独立的文件系统组合成了一个层次化的树形结构，并且由一个单独的实体代表这一文件系统。Linux 操作系统支持许多不同类型的文件系统，最普遍使用的文件系统是 Ext2，也能够支持 FAT、VFAT、FAT32、MINIX 等不同类型的文件系统，并且将它们组织成了一个统一的虚拟文件系统。

【知识点2】 Linux 下的磁盘分区和逻辑卷管理器（LVM）

1. Linux 中主要有两种分区类型：MBR（Master Boot Record）和 GPT（GUID Partition Table）。

MBR 是存在于驱动器开始部分的一个特殊的启动扇区。这个扇区包含了已安装的操作系统的启动加载器和驱动器的逻辑分区信息。MBR 支持最大 2TB 磁盘，它无法处理大于 2TB 容量的磁盘。MBR 格式的磁盘分区主要分为基本分区（primary partion）和扩展分区（extension partion）两种主分区和扩展分区下的逻辑分区。主分区总数不能大于 4 个，其中最多只能有一个扩展分区。且基本分区可以马上被挂载使用但不能再分区，扩展分区必须再进行二次分区后才能挂载。扩展分区下的二次分区被称为逻辑分区，逻辑分区数量限制视磁盘类型而定。

GPT 意为 GUID 分区表，驱动器上的每个分区都有一个全局唯一的标识符（Globally Unique Identifier，GUID）。支持的最大磁盘可达 18EB，它没有主分区和逻辑分区之分，每个硬盘最多可以有 128 个分区，具有更强的健壮性与更大的兼容性，并且将逐步取代 MBR 分区方式。GPT 分区的命名和 MBR 类似，只不过没有主分区、扩展分区和逻辑分区之分，分区号直接从 1 开始累加一直到 128。

在 Linux 下对 SCSI 和 SATA 接口设备是以 sd 命名的，第一个 SCSI 接口设备是 sda，

第二个是 sdb，依此类推。一般主板上有两个 SCSI 接口，因此一共可以安装 4 个 SCSI 设备。主 SCSI 上的两个设备分别对应 sda 和 sdb，第二个 SCSI 口上的两个设备对应 sdc 和 sdd。一般硬盘安装在主 SCSI 的主接口上，命名为 sda 或者 sdb，而光驱一般安装在第二个 SCSI 的主接口上，命名为 sdc。IDE 接口设备是用 hd 命名的，第一个设备是 hda，第二个设备是 hdb，依此类推。分区是用设备名称加数字命名的，sda1 就表示第一个分区。

2. LVM（Logical Volume Manager）逻辑卷管理是在 Linux 2.4 内核以上实现的磁盘管理技术。它是 Linux 环境下对磁盘分区进行弹性调整文件系统的容量管理的一种机制。LVM 整合多个物理分区在一起，让这些分区看起来就像是一个磁盘，而且，还可以在将来添加其他的物理分区或者删除其中的分区。现在不仅 Linux 系统上可以使用 LVM 这种磁盘管理机制，对于其他的类 UNIX 操作系统，以及 Windows 操作系统都有类似于 LVM 的磁盘管理软件。

【知识点3】 Linux 日志文件系统

1. 日志文件系统是在传统文件系统的基础上，加入文件系统更改的日志记录。它的设计思想是：跟踪记录文件系统的变化，并将变化内容记录入日志。

2. JFS 提供了基于日志的字节级文件系统，该文件系统是为面向事务的高性能系统而开发的。JFS 能够在几秒或几分钟内就把文件系统恢复到一致状态。JFS 能够保证数据在任何意外宕机的情况下，不会造成磁盘数据的丢失与损坏。JFS 文件系统特点有：存储空间更大，所有 JFS 文件系统结构化字段都是 64 位大小；动态磁盘"索引节点"分配，JFS 按需为磁盘"索引节点"动态地分配空间，释放不再需要的空间；基于盘区的寻址结构，JFS 分配尝试通过分配最小数量的盘区策略，而使每个盘区尽可能大；块尺寸可变，JFS 支持 512B、1024B、2048B 和 4096B 的块尺寸，允许用户根据应用环境优化空间利用率。

>> 第二节
存储

一 数据存储方式分类

【知识点1】 以服务器为中心的架构

直接附加存储（Direct Attached Storage，DAS）的服务器结构如同 PC 机架构，外部数据存储设备（如磁盘阵列、光盘机、磁带机等）都直接挂接在服务器内部总线上，数据存储设备是整个服务器结构的一部分；同样地，服务器也担负着整个网络的数据存储职责。在网络中各服务器的数据存储设备都是独立的。DAS 存储方式只在一些小型网络中应用。

【知识点2】 以存储为中心的架构

1. 网络附加存储（Network Attached Storage，NAS）方式全面改进了以前低效的 DAS 存储方式。它采用独立于服务器、单独为网络数据存储而开发的一种文件服务器来连接所有存储设备，独自形成一个网络。这样，数据存储就不再是服务器的附属，而是作为独立网络节点存在于网络之中，可由所有网络用户共享。

2. NAS 优点：适用于那些需要通过网络将文件数据传送到多台客户机上的用户；NAS 设备非常易于部署；NAS 应用于高效的文件共享任务中。

3. NAS 缺点：NAS 设备数据备份或存储过程中会占用网络的带宽；NAS 的可扩展性受到设备大小的限制；NAS 访问需要经过文件系统格式转换，是以文件级来访问；前期安装和设备成本较高。

【知识点3】 以网络为中心的架构

1. SAN 的支撑技术是光纤通道——Fibre Channel（FC）技术。它是 ANSI（美国国家标准学会）为网络和通道 I/O 接口建立的一个标准集成。FC 技术支持 HIPPI、IPI、SCSI、IP 和 ATM 等多种高级协议，其最大的特性是将网络和设备的通信协议与传输物理介质隔离开，这样多种协议可在同一个物理连接上同时传送，使得系统建设的成本和复杂程度大大降低。

2. SAN 的特点：适合传输块级数据，尤其是多个服务器共同向大型存储设备进行读取；可以实现远程灾难恢复；实现集中高效的管理功能。

二 磁盘接口技术

【知识点1】 SCSI 磁盘接口

SCSI 的英文全称为"Small Computer System Interface"，中文含义为"小型计算机系统接口"。顾名思义，一开始 SCSI 只是应用在小型机上。它是一种外设接口，目前主要应用于服务器磁盘中。除此之外，CD/DVD-ROM、CD-R/RW、扫描仪和磁带机等也有采用 SCSI 接口的。

【知识点2】 SATA 磁盘接口

SATA 是一种基于行业标准的串行硬件驱动器接口。SATA 的优点有：支持热插拔；传输速度快；执行效率高。SATA 的技术特性主要体现在接口、指令传输方式、数据传输速率和冗余校验等方面。

【知识点3】 SAS 接口

1. SAS（Serial Attached SCSI）即串行连接 SCSI，是新一代的 SCSI 技术，和 SATA 硬盘相同，都是采用串行技术以获得更高的传输速率，并通过缩短连接线改善内部空间等。SAS 是并行 SCSI 接口之后开发出的全新接口。此接口的设计是为了改善存储系统的效能、可用性和扩充性，并且提供与 SATA 硬盘的兼容性。与并行 SCSI 接口相比，SAS 在接口速度上得到显著提升，而且由于采用了串行线缆，不仅可以实现更长的连接距离（最长为 6 米），还能够提高抗干扰能力，并且这种细细的线缆还可以显著改善机箱内部的散热情况。

2. SAS 接口的优点。

（1）SAS 具备目前磁盘通道技术里面的最高接口速率，通过采用通道合并技术，SAS 支持将多个 port 合入一个 port，可提供高达几十吉字节的通道带宽，比如常用的 4*SAS 宽端口带宽可达 12Gbit/s。

（2）SAS 的交换构架支持多个设备的扩展，一个 SAS 域理论上最多可接 16128 个设备，同时 SAS 设备支持 24×7 的多线程设计，可满足多任务的应用。

（3）SAS 设备基于目前存储领域成熟的 SCSI 技术可兼容 SATA，这使得 SAS 通道技术具备广泛的适用范围和良好的兼容性。

3. SAS 作为磁盘通道技术，在接口带宽、工作性能、可扩展性、组网应用、可靠性等方面，有着突出的优势，尤其适合应用于企业级系统。

三 磁盘阵列技术

【知识点1】 RAID 概述

1. 磁盘冗余阵列（RAID，简称磁盘阵列）技术是最基础，也是应用最为普遍的数据存储技术，早已成为服务器的标准配置。随着磁盘阵列技术的发展，基于 SATA 和 SAS 接口的 RAID 应用更加广泛了。

2. RAID 的英文全称是 "Redundant Array of Independent Disk"，中文含义是 "独立冗余磁盘阵列"，简称磁盘阵列。它是美国加州大学伯克利分校 Patterson 教授于 1988 年首先提出的。它的原理是将若干个小型磁盘驱动器与控制系统组成一个整体，在使用者看来像一个大磁盘。由于有多个驱动器并行工作，大大提高了存储容量和数据传输速率。某些模式的 RAID 可以把速度提高到单个磁盘驱动器的 4 倍，而且采用了纠错技术，提高了可靠性。

3. RAID 技术主要有以下三个基本功能：

（1）通过对磁盘上的数据进行条带化，实现对数据成块存取，减少磁盘的机械寻道时间，提高了数据存取速度。

（2）通过对一个阵列中的几块磁盘同时读取，减少了磁盘的机械寻道时间，提高了数据存取速度。

（3）通过镜像或者存储奇偶校验信息的方式，实现了对数据的冗余保护。

4. 目前，经常应用的 RAID 阵列主要分为 RAID 0、RAID 1、RAID 5 和 RAID 0+1 方式。随着 RAID 技术的逐渐普及，RAID 技术的各方面都得到了很大的发展。现在，在最初的 RAID 0～RAID 5 的基础上，又增加了 RAID 0+1、RAID 0+3 和 RAID 0+5 等几种不同的阵列组合方式，可以根据不同的需要实现不同的功能，如扩大磁盘容量，提供数据冗余，或者大幅度提高磁盘系统的 I/O 吞吐能力。

5. RAID 的实现可以有硬件和软件两种不同的方式：硬件方式就是通过 RAID 控制器实现；软件方式则是通过软件把服务器中的多个磁盘组合起来，实现条带化快速数据存储和安全冗余。根据磁盘和 RAID 卡之间不同的组合方式可配置不同的 RAID 模式，实现不同磁盘性能的改变。

【知识点2】 主要 RAID 模式

1. RAID 0（无差错控制的条带化阵列）。

RAID 0 又称为 Stripe（条带化）或 Striping（带区集），是所有 RAID 规格中速度最快但可靠性最差的磁盘阵列模式。RAID 0 不仅可以将多块磁盘连接起来形成一个容量更大的存储设备，而且还可以获得呈倍数级增长的性能提升。如果连接的是两块磁盘，则性能为单磁盘的 2 倍，如果连接的是 3 块磁盘，则性能是单磁盘的 3 倍，但一般最多只能连接 4 块磁盘，所以最多可提高磁盘读写性能到单磁盘的 4 倍。

2. RAID 1（镜像结构）。

RAID 1 采取了 100% 的数据冗余，把阵列中的一个磁盘上的数据全部动态复制下来，这样即使其中一个磁盘发生故障，仍能完整地进行数据恢复。但它却不能提高磁盘容量，也不能提高磁盘读写性能，因为数据在同一时刻仍只是写入一个磁盘中。

RAID 1 的优点是可以提供 100% 的数据冗余，数据安全比较有保障。RAID 1 的缺点是不能提高磁盘的读写性能，而且磁盘利用率低，只有 50%。RAID 1 可以由软件或硬件方式实现，需要两块磁盘。

3. RAID 5（分布式奇偶校验的独立磁盘结构）。

RAID 5 被称为"带分布式奇偶位的条带"，是目前应用最广的一种磁盘阵列模式。它与 RAID 3 比较类似，每个条带上也都有相当于一个"块"那么大的地方被用来存放奇偶位。但与 RAID 3 不同的是，RAID 5 把奇偶位信息随机地分布在所有的磁盘上，而并非单独用一个磁盘来存储，这样可大大减轻奇偶校验盘的负担。

RAID 5 级别尽管有一些容量上的损失，但却能提供较为完美的整体性能，既可有相当程度上的磁盘读写性能和容量的提高，又提供了一定程度上的数据安全冗余，因而是被广泛采用的一种磁盘阵列方案。它适用于输入/输出密集、高读/写比率的应用程序，如事务处理等。配置 RAID 5 必须至少有 3 块磁盘。

4. RAID 6（带有两种分布存储的奇偶校验码的独立磁盘结构）。

RAID 6 是带有两种分布存储的奇偶校验码的独立磁盘结构，是使用了分配在不同的磁盘上的第二种奇偶校验的增强型 RAID 5。不过由于它的配置过于复杂，所增加的第二种奇偶校验并不是很实用，所以实际应用很少。

5. RAID 10（RAID 0+1）（高可靠性与高效磁盘结构）。

前面介绍的 RAID 0 虽然有高性能，但安全性差，而 RAID 1 刚好相反，把两者结合起来便产生了综合体：RAID 0+1 模式（也被称为"镜像阵列条带"）。

RAID 0+1 模式既具有 RAID 0 的高性能，又具有 RAID 1 的安全性，而实现 RAID 0+1 模式的方法是将两组 RAID 0 的磁盘阵列互为镜像，形成一个 RAID 1 阵列，这样每次写入数据时，RAID 控制器会将数据同时写入两组 RAID 0 阵列中。尽管 RAID 0+1 兼具 RAID 0 的高性能和 RAID 1 的高安全性的优点，但它至少需要 4 个磁盘，成本较高，而且容量利用率也只有 50%，目前多见于既要求高性能又要求安全性的视频服务器系统中。

【知识点3】 主要阵列模式比较

1. RAID 0。

特点：用于平行存储，即条带。其原理是把连续的数据分成几份，然后分散存储到阵列中的各个硬盘上。任何一个磁盘故障，都将导致数据丢失。

硬盘数：一个或更多。

容量：总的磁盘容量。

性能：读写性能高。

安全：无冗余，无热备盘，无容错性，安全性低。

典型应用：无故障地迅速读写，要求安全性不高，如图形工作站等。

2. RAID 1。

特点：镜像存储。其原理是把相同的数据分别写入阵列中的每一块磁盘中，最大限度地保证用户数据的可用性和可修复性。缺点是存储成本高。

硬盘数：2个或2N个。

容量：总磁盘容量的50%。

性能：读写性能低。

安全：利用复制进行冗余，有热备盘，可容错，安全性高。

典型应用：随机数据写入，要求安全性高，如服务器、数据库存储领域。

3. RAID 5。

特点：分布奇偶位条带，是一种存储性能、数据安全和存储成本兼顾的存储方案，也可理解为是RAID 0和RAID 1的折中方案。其原理是把数据和相对应的奇偶校验信息存储到组成RAID 5的各个磁盘上，并且奇偶校验信息和相对应的数据分别存储于不同的磁盘上。当RAID 5的一个磁盘数据发生损坏后，可利用剩下的数据和相应的奇偶校验信息恢复被损坏的数据。相对于RAID 0，只是多了一个奇偶校验信息。多个数据可对应一个奇偶校验信息。

硬盘数：3个或更多。

容量：$(N-1)/N$的总磁盘容量（N为磁盘数）。

性能：写性能低，读性能高。

安全：利用奇偶校验进行冗余，可容错，安全性高。

典型应用：随机数据传输要求安全性高，如金融、数据库、存储等。

4. RAID 6。

特点：RAID 6级别是在RAID 5的基础上发展而成，因此它的工作模式与RAID 5有异曲同工之妙，不同的是RAID 5将校验码写入一个驱动器里面，而RAID 6将校验码写入两个驱动器里面，这样就增强了磁盘的容错能力，同时RAID 6阵列中允许出现故障的磁盘也就达到了两个，但相应的阵列磁盘数量最少也要4个。

硬盘数：4个或更多。

容量：$N-2$块盘容量之和。

性能：写性能低，读性能高。

安全：数据的可靠性非常高，即使两块磁盘同时失效，也不会影响数据的使用。

典型应用：数据中心、信息中心等对数据安全级别要求比较高的应用。

5. RAID 10。

特点：镜像阵列条带。兼顾存储性能和数据安全，提供了与RAID 1一样的数据安全保障，同时具备与RAID 0近似的存储性能。缺点是存储成本高。

硬盘数：4个或4N个。

容量：总磁盘容量的50%。

性能：读写性能适中。

安全：利用复制进行冗余，可容错，安全性高。

典型应用：银行、金融等要求存取数据量大、安全性高的领域。

【知识点4】 IDE RAID 与 SCSI RAID 的比较

1. SCSI RAID 是 100% 的硬 RAID 方案，而且接口速率比 IDE 更快。

2. SCSI RAID 的等级较高，IDE RAID 通常使用 RAID 0 或 RAID 1 模式，而 SCSI RAID 则更常用到 RAID 0 + 1、RAID 3、RAID 5 等更高等级的 RAID 模式和更多的磁盘。

3. SCSI RAID 的 CPU 占用率很低，这是由于控制卡中有独立的 SCSI RAID 控制芯片，CPU 只需要负担发送数据传输指令的工作而无须全程监控。这一特性对于像 Web/邮件/数据库等要求数据频繁读取的服务器来说至关重要，低 CPU 占用率可以使 CPU 有更充裕的性能完成各项计算任务。相比之下，IDE RAID 的 CPU 资源占用率就远高于 SCSI。

4. SCSI RAID 可支持热插拔、在线扩展、后台初始化等功能，这些都是 IDE RAID 所不具有的，这是由 IDE 和 SCSI 两种磁盘接口本身的区别决定的。

5. IDE 和 SCSI 本身就是定位在不同层次上的磁盘驱动器。IDE 主要针对桌面用户，而 SCSI 却是针对企业级的应用。

【知识点5】 SATA RAID 的选型考虑

SATA 具备 SCSI 及 Fiber Channel 的优点以及低成本特点，搭配 RAID 控制芯片，可提供存储界中最佳性价比的选择。相比 IDE RAID，SATA RAID 要优于 IDE RAID，一方面是磁盘读写性能，另一方面是它所支持的阵列模式比 IDE RAID 多，除了可以支持 IDE RAID 的 RAID 0、RAID 1 外，还支持 RAID 5、RAID 10 等一些高级的阵列模式（不是所有主板都支持这些高级的 RAID）。还有一个重要的改进就是，有些 SATA 控制芯片还支持类似 SCSI 芯片 "Tag 命令队列" 的本地指令队列（Native Command Queuing，NCQ），使得磁盘读写性能明显提高，而且同样支持热插拔。

尽管 SATA RAID 较 IDE RAID 有了较大的提高，而且在价格上与 IDE RAID 一样比 SCSI RAID 要便宜许多。但就目前来说，它还是不可能与 SCSI RAID 相提并论，特别是磁盘读写性能。所以 SATA RAID 仍主要适用于中小型企业服务器和磁盘读写负荷不是很大的应用上。

四 网络存储技术

【知识点1】 NAS 存储技术

1. NAS（Network Attached Storage）即网络附加存储。在 NAS 存储结构中，存储系统不再通过 I/O 总线附属于某个特定的服务器或客户机，而是直接通过网络接口与网络直接相连，由用户通过网络来访问。

2. NAS 存储方式具有以下几个方面的明显优点：真正的即插即用；存储系统部署简单；存储设备位置非常灵活；管理容易且成本低。

3. NAS 数据存储方式是基于以太局域网设计的，按照传统的 TCP/IP 协议进行通信，面向消息传递，以文件的 I/O 方式进行数据传输。一个 NAS 系统包括处理器、文件服务管理模块和多个硬盘驱动器（用于数据的存储）。它可以应用在任何的网络环境当中，主服务器和客户端可以非常方便地在 NAS 上存取任意格式的文件，其中包括 SMB 格式（Windows）、NFS 格式（UNIX，Linux）和 CIFS（Common Internet File System）格式等。NAS 应用广泛的领域主要有 ISP/ASP、CAD/CAM、中小型企业、视频制作、政府、医疗、教育等。

【知识点2】 SAN 存储技术

1. SAN 的概念。

存储区域网络（Storage Area Network，SAN）将存储设备单独通过光纤交换机连接起来，形成一个光纤通道的存储子网，然后再与现有局域网进行连接。SAN 是一个由存储设备和系统部件构成的网络，包括用于管理存储的服务器、用于连接各存储设备的主机总线适配器卡（Host Bus Adapter，HBA）和 SAN 交换机等。

2. 光纤交换机与光纤通道。

在 SAN 解决方案中，除存储设备外，其关键部件就是网络连接部件——光纤交换机。SAN 不是建立在现有 IP 网络基础上的，而是采用全新的 FC 通信协议，需要专业的技术支持。光纤通道协议的最大特性是将网络和设备的通信协议与传输物理介质隔离开，这样多种协议可在同一个物理连接上同时传送，高性能存储系统和宽带网络使用单 I/O 接口，使得系统的构建成本和复杂程度大大降低。

SAN 一开始是被定义为互联存储设备和服务器的专用光纤通道（Fibre Channel，FC）网络，所以最初的 SAN 实际上就是基于光纤通道的 FC-SAN。它在这些设备之间提供端到端的通信，并允许多台服务器独立地访问同一个存储设备。SAN 是以数据块（block）的方式进行传输的。光纤通道是一个连接异构系统和外设的可扩展数据通道，它支持几乎不限量的设备互相连接，并允许基于不同协议的传输操作同时进行。光纤通道支持的速度目前可以达到 32Gbit/s，系统与外设之间的距离最大达到 10 千米，而 SCSI 只支持 25 米。

3. SAN 特点。

SAN 方案简化了管理和集中控制，将企业的存储和服务器平台分开，可以实现 7×24 小时不间断的系统可用性和集中管理。在这个平台的基础上，它还可以应用一套统一的灾难恢复解决方案，同时可以经济高效地扩展存储环境。因此，SAN 非常适用于非线性编辑、服务器集群、远程灾难恢复、因特网数据服务等多个领域，具体表现如下：

（1）强大的扩展性能。SAN 改变了服务器与存储设备的单一连接方式，可以无缝添加更多的存储设备和服务器。SAN 网络具有出色的可扩展性，理论上最多可以连接上万个设备。

（2）高可用性。SAN 消除了单点故障，可以在不停机的情况下扩展存储设备和服务器。

（3）高效率。SAN 通过整合和提高磁带或磁盘设备的利用率，显著提高了存储投资回报率。

（4）开放的连接。SAN 可以将多操作系统和多厂商存储设备作为统一的存储池进行管理，客户可以继续使用原有设备，避免更换现有的所有存储设备。

（5）节约成本。使用 SAN，可以通过共享磁带驱动器降低企业的设备投入，同样对于需要从多台服务器高速访问大量数据的企业，SAN 也可帮助其节约成本。

（6）支持虚拟化。通过 SAN 的虚拟化性创建一个或多个磁盘或存储系统池，并根据需要从存储池中分配给主机，可使容量管理的复杂性降至最低。

（7）更容易管理。SAN 不必宕机或中断与服务器的连接即可增加存储。SAN 还可以集中管理数据，从而降低总体拥有成本。

【知识点 3】 FC SAN

1. 光纤通道（Fibre Channel，FC）其实是对一组标准的称呼，这组标准用以定义通过铜缆或光缆进行串行通信从而将网络上各节点相连接所采用的机制。光纤通道尤适用于服务器共享存储设备的连接及存储控制器和驱动器之间的内部连接。光纤通道要比 SCSI 快 3 倍，已经开始代替 SCSI 在服务器和集群存储设备之间充当传输接口。光纤通道更加灵活，如果用光纤做传输介质，设备间距可远至 10 千米。近距离传输不需要光纤，因为使用同轴电缆和普通双绞线光纤通道也可以工作。

2. 与传统的 SCSI 通道相比，光纤通道所具有的优势主要体现在以下几个方面。

（1）高速。光纤通道具有很高的吞吐量。

（2）低成本。在光纤通道中，这些管理功能被一些存在于光纤结构中的特殊服务器处理，并不是必须由每一个节点来处理。另外，光纤通道可以使用现有的系统和软件，只需添加一个光纤通道 HBA。

（3）点对点连接。它采用线路转换建立多重连接，从而解决了当前网络连接的拥挤问题。由于传输与控制协议被隔离开，一个混合的拓扑结构（点对点连接、环路、交叉点转换）得以实现，而 SCSI 通道属于并行连接。

（4）分布式设备连接。通过光纤通道，计算机和存储系统可以更高效地分离和分布，而不需要添加额外的支持服务器。当支持分布式配置时，光纤通道提高了灾难恢复和规划能力，更快的速度和更长的传输距离使其可以应用于远程备份系统。

（5）电缆易连接。由于光纤通道电缆比 SCSI 电缆更小且更轻便，因此它可以铺设到墙壁的管道中。

（6）传输距离更远。光纤通道传递数据的距离比铜缆远，并且不易受到电磁干扰。

（7）寻址能力更强。提供了更多数目的地址：1600 万个光纤网络节点或 127 个 FC 环路。光纤通道可检测地址冲突，在发生冲突时可以自动分配新地址。可通过 WWN（全球编号）跟踪设备或节点。

3. 光纤通道支持三种架构：点对点连接、仲裁环连接和交换结构。

（1）点对点连接。点对点连接是一个简单的 100Mbps 带宽的连接方式，通常用于光纤卡和存储系统之间的直接连接。

（2）光纤通道仲裁环（FC Arbitrated Loop，FC-AL）连接。FC-AL 拓扑结构允许用户在一个环路中配置 126 个设备。在环路中的任何设备以仲裁的方式进行设备间的通信。当环路中的 2 个设备之间通信时，其他设备无法进行通信。在一个由单一环路连接而成的光纤通道仲裁环路中，如果某个节点或设备失效，将会引起整个环路的失效。

（3）交换结构（Switch Frame）。交换结构是利用光纤通道交换机为主干建成的交织网络系统。交换机中的每一个端口都拥有独立的带宽。光纤最重要的特点就是能够让多个传输同时进行，整个光纤的有效带宽就是可同时建立的链接（Links）带宽的总和。

4. FC-SAN 主要设备。

（1）光纤集线器。光纤集线器上的光纤通道端口以串行方式连接，一个端口的输出与下一个端口的输入相连，形成一个环路。为了与环路建立连接，每个光纤通道设备都与光纤集线器上的单个端口相连。要组建更大的环路，可以把不同光纤集线器上的端口连接起来。这种方案被称为"级联光纤集线器"。光纤集线器的不足之处是性能方面的局限性。在仲裁环路中，只有两个设备可以同时通信，因此，每个设备最大的平均吞吐量也仅仅是该环路所有带宽的一小部分。

（2）光纤交换机。光纤交换机上的所有端口都可以互相连接，而不需要任何中介端口。交换机也可以再生数据信号，这样就避免了级联带来的问题。对于光纤交换机，则需要多个连接以维持光纤网络的全部带宽。光纤交换机可以有允许连接的"分区"。

分区是一种管理方法，用于控制光纤集线器或交换机上的哪些端口可以和其他端口通信。分区操作由系统管理员和主机应用程序控制。磁带库在分区系统和非分区系统上执行的功能相同。对于光纤交换机，分区可以限制允许访问的端口。

【知识点 4】 IP SAN

1. IP 存储就是使用 IP 把服务器与存储设备连接起来的技术。IP 存储是基于 IP 网络来实现数据块级存储的方式。除了标准已获通过的 iSCSI，还有 FCIP、iFCP 等标准。而 iSCSI 发展最快，已经成为 IP 存储一个有力的代表。

IP-SAN 存储是指不同 SAN 之间的互联是采用 IP 通道进行的。各 SAN 内部仍是以 FC 通道协议进行数据通信的，也就是说它并不是一个纯 IP 网络。

2. IP 存储的优势：构建和维护的成本低、时间短；数据存取没有空间限制。

3. IP 存储存在的主要问题。

（1）TCP 负载空闲。将 FC 转换成 IP 协议下的数据，这些数据就可以通过传统 IP 协议网络传输。由于 IP 协议无法确保提交到对方，因此将 TCP 作为底层传输的三种 IP 存储协议就需要在拥挤的、远距离的 IP 空间中确保传输的可靠性。与典型的 FC 或 SCSI 块传输相比，IP 传输需要更多的 I/O 处理。

（2）安全性。窃听是 IP 协议存在的安全漏洞，而这正是 IESG（IETF 的互联网工程指导小组）坚持加密能力的原因。尽管 IPSec 可以保护在 IP 网络上传输的存储数据的安全，正如它保护 IP VPN 上传输的数据那样，但是它没有采取任何保护存储设备上数据的措施。保护存储设备上的数据需要使用采用 3DES 或高级加密标准（AES）的加密芯片。

4. IP 存储除了标准 iSCSI 外，还有 iFCP、FCIP 等标准。

【知识点 5】 iSCSI 协议

iSCSI 方案提供基于 TCP 传输，将数据驻留于 SCSI 设备的方法。在支持 iSCSI 的系统中，用户在一台 SCSI 存储设备上发出保存或索取数据命令，操作系统对这个请求进行处理，并将这个请求转换为一条或多条 SCSI 命令，再传送给目标 SCSI 控制卡。命令和数据被封装起来，形成一条由 iSCSI 包头开头的字节串，封装起来的数据被传送到 TCP/IP 层后，由 TCP/IP 将封装起来的数据分为适于网络传输的包。

1. iSCSI 协议栈和数据包封装。

iSCSI 协议位于 TCP/IP 协议和 SCSI 协议的中间，可以起到连接这两种协议网络的作用。在物理层，iSCSI 实现了对千兆位以太网接口的支持，这就使所有支持 iSCSI 接口的系统都可以方便地直接连接到千兆位以太网的交换机或路由器上。iSCSI 位于物理层和数据链路层之上，直接面向操作系统的标准 SCSI 命令集。

2. 基于 iSCSI 的 IP 存储。

本地 IP 存储技术是直接将现有的存储协议集成在 IP 协议中，使存储和企业 IP 网络无缝融合。在传统的 FC-SAN 结构中，以 IP 协议替代光纤通道协议，以便在构建结构上与 LAN 隔离，而在技术上与 LAN 一致的新型 IP-SAN 系统。在这种 IP-SAN 中，用户不仅可以在保证性能的同时有效地降低成本；而且以往用户在 IP 网络的维护技术都可以直接应用在 IP-SAN 上。丰富的 IP 网络维护和管理工具，使得对 IP-SAN 的网络的维护像对企业 LAN 一样方便。

3. iSCSI 协议的优点。

传输距离远。与光纤通道相比，在连接距离上比 FC-SAN 远，它可突破 FC-SAN 目前的 10 千米极限，扩展到整个 WAN 上。

带宽高。该协议得到 IBM、Cisco、Intel、Brocade 和 Adaptec 等业界巨头的支持，发展前景良好。

可用性强。在技术实施方面，iSCSI 以 IP 及以太网架构为基础，使网络的可用性大大增强。

投资成本低。iSCSI 是基于 IP 协议的技术标准，它实现了 SCSI 和 TCP/IP 协议的连接，对于以局域网为网络环境的用户，只需要不多的投资，就可以方便、快捷地对信息和数据进行交互式传输及管理。

功能强。完全解决了数据远程复制（Data Replication）及灾难恢复（Disaster Recovery）的难题。

安全性高。iSCSI 让存储的数据在互联网内流通，令用户感到需要提升安全要求。而 iSCSI 已内建了支持 IPSEL 的机制，并且在芯片层面执行有关指令，确保了安全性。

4. iSCSI 的不足。

从广域网来说，速度仍不理想。如果 iSCSI 能够解决在 IP 网络上占用带宽的限制问题，并有效实施差错控制，则 IP 存储将成为存储领域最具希望的发展方向。

【知识点6】FCIP

1. FCIP 的概念。

FCIP 即"Fiber Channel over IP"，是基于 IP 的光纤通道方案，光纤骨干网方案相对基于 IP 的光纤方案而言，支持地域更广，性能也更高。

FCIP 技术的核心是把光纤通道协议帧包裹在 IP 数据包中，在千兆位以太网、SONET 或 ATM LAN、WAN 或城域网（MAN）中传递。网络中的其他设备接收后，由专用设备进行解包还原。FCIP 协议实质上就是采用存储隧道技术的 IP-SAN 方案。采用 FCIP 这种模式可利用目前的 IP 协议和设施来连接异地两个光纤 SAN 隧道，用以解决两个 SAN 环境的互联问题。这一隧道传输技术是使用 FCIP 网关来实现的。

2. FCIP 的优点。

FCIP 协议的优点就是相对在两个 SAN 孤岛之间采用专用的光纤连接，IP 隧道由于利用了公用 IP 网络，因此成本大大降低。

FCIP 为一类简单的隧道协议，它可将两个光纤通道网连接起来，形成更大的光纤交换网。FCIP 类似于用于扩展第二层网络的桥接解决方案，但它不具备 iFCP 标准特有的故障隔离功能。

3. FCIP 的缺点。

仅仅是将孤立的 SAN 孤岛通过 IP 网络连接起来，没有解决单个 FC-SAN 设备的互操作性问题和管理问题。本地的 SAN 仍是采用 FC 技术。

采用 FCIP 技术使得数据对管理系统不可见，因此传统的管理工具和技术不可用，必须采用单独的工具和方法来管理。

IP 通道的带宽远低于 FC。

【知识点 7】 iFCP

1. iFCP 的概念。

互联网光纤通道（Internet Fibre Channel Protocol，iFCP）协议，也是一种基于 TCP/IP 网络运行光纤通道（Fibre Channel）通信的标准。iFCP 协议具备网关功能，可将光纤通道 RAID 阵列、交换机及服务器连接到 IP 存储网络，而不需要额外的基础架构投资。

2. 基于 iFCP 的 IP 存储。

iFCP 的工作原理是，将光纤通道数据以 IP 包形式封装，并将 IP 地址映射到分离光纤通道设备。由于在 IP 网中每类光纤通道设备都有其独特标识，因而能够与位于 IP 网其他节点的设备单独进行存储数据收发。光纤通道信号在 iFCP 网关处终止，信号转换后存储通信在 IP 网中进行，这样 iFCP 就打破了传统光纤通道网的距离（约为 10 千米）限制。

iFCP 的典型应用与 FCIP 类似，也是用于 SAN 对 SAN 互联。这时光纤通道网连接到 iFCP 网关，通信依次透过城域网（MAN）或 WAN 进行。iSNS 易于实现对 TCP/IP 网中的 iSCSI 和光纤通道设备的自动识别、管理和配置。

五 存储管理与应用

【知识点 1】 SAN 交换机

1. 在基于 IP（iSCSI、iFCP、FCIP、NAS）存储系统的网络中，可以选择传统的局域网交换机，如以太网交换机；而在支持光纤通道的 SAN 存储网络中，应当使用基于光纤通道的 SAN 交换机。

2. SAN 是连接存储设备和服务器的专用光纤通道网络（与以太网不同），但它和以太网有类似的架构，也是由支持光纤通道的服务器、光纤通道卡（网卡）、光纤通道集线器/交换机和光纤通道存储装置所组成。从技术上来讲，SAN 网络最重要的三个组成部分包括：设备接口（如 SCSI、光纤通道等）、连接设备（如交换机、网关、路由器等）和通信控制协议（如 IP 和 SCSI 等）。这三个组件再加上附加的存储设备和服务器，构成一个 SAN 系统。

3. 由于交换机是构造存储区域网络 SAN 的核心构件，所以选择最合适的交换机至关重要。只有正确选择对存储区域网络最合适的光纤交换机才能提高信息管理的效率，满足最具挑战性的需求。

【知识点2】 存储空间管理 （LUN 管理）

1. LUN（Logical Unit Number），中文名称是 iSCSI 磁盘驱动器子系统上的逻辑单元号。LUN 是对存储子系统某一部分的逻辑引用。LUN 可以包含磁盘、磁盘扇区、整个磁盘阵列或子系统中某个磁盘阵列的一部分。

2. Storage Manager for SANs，中文名称是 SAN 存储管理器，是一个通用的存储设备管理工具，只要满足以下要求，SAN 存储管理器就可以对存储子系统进行管理：在服务器上安装有相应存储子系统的硬件提供程序，目前基本上所有的存储设备厂商都可以提供存储子系统的硬件提供程序。使用 LUN 可简化 SAN 存储管理器，因为它们用作逻辑标识符，可以通过这些标识符分配访问和控制权限。

>> 第三节
虚拟化

一 系统虚拟化的概念

【知识点1】 系统虚拟化

1. 系统虚拟化，是指在一台物理计算机系统上虚拟出一台或多台虚拟计算机系统。虚拟计算机系统（以下简称虚拟机）是指使用虚拟化技术运行在一个隔离环境中的具有完整硬件功能的逻辑计算机系统，包括操作系统和应用程序。一台虚拟机中可以安装多个不同的操作系统，并且这些操作系统之间相互独立虚拟机和物理计算机系统可以有不同的指令集架构，这样会使得虚拟机上的每一条指令都要在物理计算机上模拟执行。

2. 虚拟化技术是一种调配计算资源的方法，它将应用系统的不同层面：硬件、软件、数据、网络、存储等隔离开来，打破数据中心、服务器、存储、网络、数据和应用中的物理设备之间的划分，实现架构动态化，并达到集中管理和动态使用物理资源及虚拟资源，以提高系统结构的弹性和灵活性，降低成本、改进服务、减少管理风险等目的。简言之，虚拟化是将物理IT资源转换为虚拟IT资源的过程。

【知识点2】 创建虚拟服务器

1. 用虚拟化软件创建新的虚拟服务器时，首先是分配物理IT资源，然后是安装操作系统。虚拟服务器使用自己的客户操作系统，它独立于创建虚拟服务器的操作系统。在虚拟服务器上运行的客户操作系统和应用软件都不会感知到虚拟化的过程，程序在物理系统上执行和在虚拟系统上执行就是一样的，这种执行上的一致性是虚拟化的关键特性。

2. 计算机的虚拟化使单个计算机看起来像多个完全不同的计算机，从而提高资源利用率并降低IT成本。虚拟化技术后来发展到了多台计算机看起来像一台计算机以实现统一的管理、调配和监控。现在，虚拟化技术已经发展到实现包括资源、网络、应用和桌面在内的全系统虚拟化。

二、系统虚拟化的实现原理

【知识点1】 虚拟化运行机制

虚拟化是一个转换的过程，它对某种IT硬件进行仿真，将其标准化基于软件的版本。依靠硬件无关性，虚拟服务器能够自动解决软硬件不兼容的问题，很容易地迁移到另一个虚拟主机上。虚拟化软件提供的协调功能可以在一个虚拟主机上同时创建多个虚拟服务器，虚拟化技术允许不同的虚拟服务器共享同一个物理服务器。这种服务器整合有利于提高硬件利用率、均衡负载以及对可用IT资源的优化。服务器整合带来了灵活性，使得不同的虚拟服务器可以在同一台主机上运行不同的客户操作系统。创建虚拟服务器就是生产虚拟磁盘映像，它是硬盘内容的二进制文件副本。主机操作系统可访问这些虚拟磁盘映像，因此，简单的文件操作可用于实现虚拟服务器的复制、迁移和备份。它有助于实现以下功能：创建标准化虚拟机映像，包含标准化的软硬件环境，支持瞬时部署；方便迁移部署虚拟机实例；快速创建VM快照；可以高效备份和恢复程序。

第七章 | 计算与存储

【知识点2】 系统虚拟化原理

一般来说，虚拟环境由三部分组成：硬件、虚拟化管理器（VMM）、虚拟机。VMM对物理资源的虚拟需要完成三个任务：处理器虚拟化、内存虚拟化、I/O虚拟化。

处理器虚拟化是VMM中最核心的部分。在虚拟化环境下，客户操作系统没有管理物理处理器的权利，客户操作系统管理虚拟处理器。VMM管理物理处理器，负责虚拟处理器的调度和切换。虚拟处理器的功能由物理处理器和VMM共同完成。对于非敏感指令，物理处理器直接解码处理其请求，并将相关的效果直接反映到物理寄存器上。对于敏感指令，VMM负责陷入再模拟，从程序的角度就是一组数据结构与相关处理代码的集合。数据结构用于存储虚拟寄存器的内容，而相关的处理代码负责按照物理处理器的行为将效果反映到虚拟寄存器上。

内存虚拟化的核心，在于引入新的地址空间——客户机物理地址空间。给定一个虚拟机，维护客户机物理地址到宿主机物理地址之间的映射关系。截获虚拟机对客户机物理地址的访问，并根据所记录的映射关系，将其转换成宿主机物理地址。

【知识点3】 虚拟化技术按系统层级分类

按系统层级划分，虚拟化可分为服务器虚拟化、存储虚拟化、网络虚拟化、桌面虚拟化。

1. 服务器虚拟化。将服务器物理资源抽象成逻辑资源，让一台服务器变成几台甚至上百台相互隔离的虚拟服务器，用户不再受限于物理上的界限，而是让CPU、内存、磁盘、I/O等硬件变成可以动态管理的"资源池"。

2. 存储虚拟化。将存储资源统一集中到一个大容量的资源池，通过将一个（或多个）目标（Target）服务或功能与其他附加的功能集成，统一提供有用的全面功能服务。无须终端应用即可改变存储系统，实现数据移动。

3. 网络虚拟化。在一个物理网络上模拟出多个逻辑网络来。例如，将一个物理网络节点虚拟成多个节点增加连接数量，或将多台交换机整合成一台虚拟的交换机来降低网络复杂度。

4. 桌面虚拟化。将计算机的终端系统（也称桌面）进行虚拟化，以达到桌面使用的安全性和灵活性。可以通过任何设备，在任何地点、任何时间通过网络访问属于个人的桌面系统。

三、服务器虚拟化概述

【知识点1】 服务器虚拟化技术的概念

在同一独立的计算机硬件平台上，同时安装多种操作系统，并同时运行这些操作系统的系统结构被设计出来，这一技术称为计算机虚拟化技术。

【知识点2】 服务器虚拟化的实现

1. 宿主操作系统（Host OS）。

宿主操作系统是与硬件直接进行数据通信的最底层的操作系统，虚拟化管理器作为一个应用程序运行在其中。

2. 虚拟化管理器（Virtual Machine Monitor，Hypervisor）。

虚拟化管理器位于宿主操作系统之上，是负责配置、管理虚拟系统和调度、管理资源的一个系统级应用程序。

3. 客户系统（Guest System）。

客户系统位于虚拟化管理器之上，是由虚拟化管理器配置、管理的。如 Microsoft Windows 或 Linux 标准操作系统或虚拟环境（Virtual Environment）。服务器虚拟化的目的，就是要通过使用 VMM 在一台物理机上虚拟和运行一台或多台虚拟机（VM）。VMM 主要有以下两种形式：

（1）Hypervisor VM。它直接运行在硬件（Bare Metal）上面，提供接近于物理机的性能，并在 I/O 上面做了特别多的优化，主要用于服务器类的应用，也被称为"Type 1"。

（2）Hosted VM。它运行在物理机的操作系统上，虽然其本身性能不如 Hypervisor（因为它和硬件之间隔了一层 OS），但是其安装和使用非常方便，而且功能丰富，如支持三维加速等特性，常用于桌面应用，也被称为"Type 2"。

【知识点3】 服务器虚拟化缺点

虚拟化软件本身是软件产品；如果一个硬件故障会被放大到多个 VM；每个 VM 一套操作系统，管理工作量较大；不适用负载高的应用部署；软件费用本身相对较高。

四、X86 平台虚拟化技术

【知识点1】 X86 平台虚拟化技术分类

1. 全硬件仿真虚拟化技术。

全硬件仿真虚拟化技术最本质的特点是，虚拟化管理器将所有的真实硬件设备以软件形式仿真出来，在客户操作系统看来，仿真出来的硬件无异于真实硬件，即虚拟化管理器采用仿真的手段，骗过了作为客户操作系统的标准操作系统，使其以为安装在真实的硬件设备之上。在这一技术中，虚拟化管理器是虚拟机监视器（Virtual Machine Monitor，VMM）概念的外延。作为标准的操作系统，客户操作系统（Guest OS）通过被设计成直接向 CPU 发出专有指令来控制硬件，但在虚拟机中，执行这些指令是非常危险的操作，会造成错误结果，甚至死机。为此，VMM 需要采用"动态指令重写"技术捕获这些来自虚拟机中客户操作系统的专有指令，并作相应处理。显然，这些操作在解决"虚拟化漏洞"的同时，必然会带来性能上的损失。测试结果显示，这一损失在 5%～20%，损耗的高低与宿主操作系统的选择有关。

全硬件仿真无须修改代码，就能成功地安装支持 X86 平台的任何操作系统（如 Microsoft Windows 系列、Linux 系列）。

2. 半虚拟化技术。

与全硬件仿真技术相似的半虚拟化技术也是基于硬件仿真的，不同的是，半虚拟化技术不是采用"动态指令重写"技术捕获这些来自虚拟机中客户操作系统的专有指令来避免"虚拟化漏洞"，而是通过修改客户操作系统与体系相关的那部分内核模块，将虚拟机上的客户操作系统发出的专有指令重定向到虚拟化管理器（VMM）上。目的是让客户操作系统知道它不是安装在硬件上，而是安装在虚拟管理器之上。这样，可以避免"动态指令重写"带来的性能损耗，得到一个更高效的虚拟化平台。

测试结果显示，基于半虚拟化技术的性能损耗在 3% 左右。尽管有将半虚拟化管理器与 Linux 操作系统进行代码级或二进制程序的捆绑方式，但修改操作系统内核，即使是很小的一部分，毕竟也不是一件容易的事情。这是半虚拟化技术的一个主要缺点。

3. 操作系统级虚拟化技术。

操作系统级虚拟化技术又称内核级虚拟化技术，是一种有别于硬件仿真的虚拟化技术。操作系统级虚拟化技术采用的不是虚拟化硬件的技术思路，而是利用宿主操作系统的内核，通过开辟独享文件系统和内核服务抽象层创建多个虚拟环境，每个虚拟环境对用户来讲就相当于一个虚拟的客户操作系统。

操作系统级虚拟化技术性能损耗极小，甚至超过半虚拟化技术。测试结果显示，CPU 性能损耗在 1%～3%。此外，操作和管理上的易用性也是操作系统级虚拟化技术的优势。如果不需要最高级别的安全隔离和架设虚拟化基础架构，在中小规模的业务应用中，操作系统级虚拟化是较好的选择。

【知识点2】 X86 平台虚拟化产品

1. 全硬件仿真虚拟化产品。

采用全硬件仿真虚拟化技术的虚拟化软件产品的供应商中以 VMware、Microsoft 最具代表性。

VMware Server/VMware ESX/VMware Infrastructure：VMware 是 X86 平台最早的虚拟化产品创造者，也是当今 X86 平台虚拟化市场的领导者，占有绝对优势的市场份额。为应对 Microsoft 进入 X86 虚拟化市场带来的威胁，2006 年该公司将 VMware Server 免费发布。

Microsoft Virtual Server/Microsoft Virtual PC：在看到虚拟化的需求和趋势后，Microsoft 开始大力投入对虚拟化软件产品的研发。2003 年收购了设计 Virtual PC（面向台式机）和 Virtual Server（面向多 CPU 服务器）两款虚拟化产品的 Connectix 公司，开始全力推进虚拟化研发工作。为了摆脱竞争的劣势地位，Microsoft 于 2005 年将两款产品全部免费发布。

2. 半虚拟化的软件产品。

Xen/XenSource：Xen 是英国剑桥大学于 2001 年启动的一个开源项目，旨在开发出一套高性能的虚拟化软件。其后由于 Xen 优秀的结构设计和开源的项目开发方式，得到了各方的高度关注，特别是来自如 IBM、Microsoft、Intel 和 Novell 等业界巨头的大力扶持。为加强推广和支持力度，2004 年成立了 XenSource 公司。Xen 得到了操作系统厂商的广泛支持，已经被集成到 RedHat Linux、SuSE Linux、Solaris 中。

Virtual Iron：Virtual Iron 是一家基于 Xen 技术开发类似于 VMware VI3 企业级虚拟化架构的虚拟化软件开发商。它以 Xen 项目、嵌入 Intel-VT 与 AMD-V 的 CPU 硬件，以及一些开源的虚拟化软件管理工具为基础构建起来一套完整的虚拟化架构，在提供与 VMware VI3 相当功能的同时，收费仅为其的 1/5。

3. 操作系统级虚拟化软件产品。

SWSoft Virtuozzo Linux/Virtuozzo Windows：SWSoft 的 Virtuozzo 是 X86 平台操作系统级虚拟化软件中的领跑者，由这一技术的独特性带来的优势，使其占有相当的市场份额，特别是在 IDC 机房的主机托管领域。

Linux-VServer：Linux-VServer 是开源的操作系统级虚拟化软件产品，没有提供商业化支持。所以，应用范围小，影响力不大。

【知识点3】 VM 虚拟机与迁移

虚拟机（Virtual Machine），是指通过软件模拟的具有完整硬件系统功能的、运行在一个完全隔离环境中的完整计算机系统。

迁移，是指将虚拟机从一个主机或存储位置移至另一个主机或存储位置的过程。复制虚拟机，是指创建新的虚拟机，并不是迁移形式。迁移虚拟机分为主机之间迁移和存储之间迁移。以 VMware 为例，在 vCenter Server 中有以下迁移选项。

1. 冷迁移。

冷迁移就是将已关闭电源的虚拟机移至新的主机。通过冷迁移,可以选择将关联的磁盘从一个数据存储移动到另一个数据存储。在开始冷迁移过程前,必须关闭要迁移的虚拟机的电源。

2. 迁移已挂起的虚拟机。

迁移已挂起的虚拟机是将已挂起的虚拟机移至新的主机。通过迁移已挂起的虚拟机,也可以选择将关联的磁盘从一个数据存储移至另一个数据存储。虚拟机不需要位于共享存储器上。新主机必须符合 CPU 兼容性要求,因为虚拟机必须能够在新主机上恢复执行指令。

3. 通过 vMotion 迁移。

通过 vMotion 迁移可以将已打开电源的虚拟机移至新的主机。通过 vMotion 迁移,可以在不中断虚拟机可用性的情况下将虚拟机移至新的主机,但无法使用 vMotion 将虚拟机从一个数据中心移至另一个数据中心。

4. 通过 Storage vMotion 迁移。

通过 Storage vMotion 迁移,可将已打开电源的虚拟机的虚拟磁盘或配置文件移动到新数据存储。通过 Storage vMotion 迁移,可以在不中断虚拟机可用性的情况下,移动虚拟机的存储器。

五、虚拟化风险与控制

【知识点】 常见虚拟化风险与控制

1. 系统额外开销。

X86 虚拟化技术最大的不足就是虚拟化本身会带来系统开销,同时也要消耗部分资源。这个开销主要集中在 CPU 资源消耗、内存资源消耗和硬盘存储资源消耗上,其中,CPU 资源消耗是衡量一种虚拟化技术性能优劣的最重要的指标。针对 CPU 资源消耗,不同的虚拟化实现技术,会有不同规模的开销,在 1% ~ 55%。

2. 硬件风险。

多个系统整合在一台服务器中,在节省资源的同时,也面临一个严重的问题,即一旦服务器出现硬件故障,其上运行的多个系统都将停止运行。虚拟化的服务器合并程度越高,此风险越大。另外,共享存储网络(Storage Area Network,SAN)一旦出现故障,整个平台将面临灾难。

3. 平台系统维护复杂度提高。

采用虚拟化技术后,由于涉及 CPU 内核管理和虚拟化软件与操作系统间兼容性等问题,无论是宿主操作系统的升级,还是虚拟操作系统的升级,都需要慎重处理,即存在维护难度。其中，有些技术实现方式甚至要由虚拟化产品提供商提供专门的升级工具包。

4. 硬件配置的提高。

虚拟化技术是要在一台服务器上运行尽可能多的系统和应用，但虚拟化平台不是为廉价的低配置机器准备的。应用虚拟化平台时，单台服务器的成本投入需要适当增加，即高配置的单台机器要比低配置的单台机器更适于部署虚拟化系统，同时，也能获得更显著的效益。

5. 标准不一致的风险。

从原来的物理机将系统迁移到虚拟机平台上，或是将虚拟机从一个虚拟平台迁移到另一个虚拟平台上并不可靠，成功迁移的前提条件是迁移前后的物理机必须拥有类似甚至完全相同的硬件。特别要注意的是，CPU 配置是 AMD 还是 Intel，是 8 路还是 32 路。由于至今尚无虚拟化格式标准出现，各虚拟化产品厂商的产品间也无法互通或转移，一旦某一产品停止研发或其厂商倒闭，用户系统的持续运行、迁移和升级将会极其困难。

6. 成本考量。

虚拟化产品可能并不便宜。虚拟化产品按照 CPU 数量购买许可证（License），如果要实现多虚拟机资源的统一管理，还需要附加费用。

7. 任性滥用。

由于创建一个虚拟机太容易了，可能导致虚拟机的数量急剧增加。如何统筹规划和使用虚拟机是一个新问题。

第八章 云技术与云平台管理

>> 知识架构

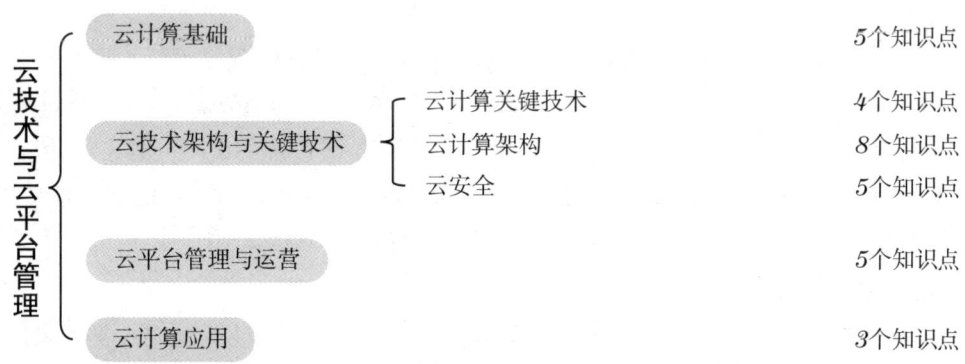

>> 第一节
云计算基础

【知识点1】 云计算的定义

1. 维基百科上的定义是：云计算是一种能够将动态伸缩的虚拟化资源通过互联网以服务的方式提供给用户的计算模式，用户不需要知道如何管理这些支持云计算的基础设施。

2. 美国国家标准与技术研究院（NIST）对云计算的定义是：云计算是一种模型，可以实现随时随地、便捷地、按需地从可配置计算资源共享池中获取所需资源（如网络、服务器、存储、应用程序及服务），资源可以快速地获取和释放，使管理的工作量和服务提供者的介入降到最少。

3. 云计算不是一种全新的网络技术，而是一种全新的网络应用概念，云计算的核心概念就是以互联网为中心，在网络上提供快速且安全的云计算服务与数据存储，让每一个使用互联网的人都可以使用网络上的庞大计算资源与数据中心。

4. 云计算是并行计算（Parallel Computing）、分布式计算（Distributed Computing）和网格计算（Grid Computing）的融合和发展，也是虚拟化（Virtualization）、效用计算（Utility Computing）、面向服务的架构（SOA）等概念混合演进的结果。

【知识点2】 云计算的基本概念

1. IT 资源（IT resource），是指一个与 IT 相关的物理的或虚拟的事务，它既可以是基于软件的，如虚拟服务器或定制软件程序，也可以是基于硬件的，如物理服务器或网络设备。

2. 云（Cloud），是指一个独特的 IT 环境，其设计目的是远程提供可扩展和可测量的 IT 资源。作为远程供给 IT 资源的特殊环境，云具有有限的边界。通过 Internet 可以访问到许多单个的云。云通常是私有的，而且对提供的 IT 资源的访问也是需要计量的。

3. 云平台（Cloud Platform），是指基于硬件的服务，提供计算、网络和存储能力。这种平台允许开发者们将写好的程序放在"云"里运行，或是使用"云"里提供的服务，或二者皆是。

4. 云服务（Cloud Service），是指任何可以通过云远程访问的 IT 资源，是基于抽象的底层基础设施且可以弹性扩展的服务，是基于互联网的相关服务的增加、使用和交互模式，通常涉及通过互联网来提供动态易扩展且经常是虚拟化的资源。云服务未必基于云平台。云服务可以是一个简单的基于 Web 的软件程序，使用消息协议就可以调用其技术接口，也可以是管理工具或更大的环境和其他 IT 资源的一个远程接入点。

5. 云提供者（Cloud Provider）是提供基于云的 IT 资源的一方。云用户（cloud consumer）是使用基于云的 IT 资源的一方。

【知识点3】 云计算的分类

1. 云计算可以按照各种维度来分类，按照是否公开发布服务可以分为公有云（Public Cloud）、私有云（Private Cloud）和混合云（Hybrid Cloud）。

（1）公有云通常指第三方提供商为用户提供的能够使用的云，公有云一般可通过 Internet 使用，可能是免费或成本低廉的，公有云的核心属性是共享资源服务。在这种方式下，企业通过自己的基础设施直接向外部用户提供服务，外部用户通过互联网访问服务，并不拥有云计算资源。

（2）私有云是为一个客户单独使用而构建的，因而提供对数据、安全性和服务质量的最有效控制。该公司拥有基础设施，并可以控制在此基础设施上部署应用程序的方式。私有云可部署在企业数据中心的防火墙内，也可以将它们部署在一个安全的主机托管场所，私有云的核心属性是专有资源。

（3）混合云融合了公有云和私有云，是近年来云计算的主要模式和发展方向。因为私有云主要是面向企业用户，出于安全考虑，企业更愿意将数据存放在私有云中，但是同时又希望可以获得公有云的计算资源，在这种情况下，混合云被越来越多地采用，它将公有云和私有云进行混合和匹配，以获得最佳的效果，这种个性化的解决方案，达到了既省钱又安全的目的。

2. 对于不同类型云的选择，一般需要考虑以下因素：数据安全与合规性；业务服务质量；综合使用成本。

3. 按照服务类型（XaaS）可以分为：基础机构即服务（Infrastructure as a Service，IaaS）、平台即服务（Platform as a Service，PaaS）、软件即服务（Software as s Service，SaaS）。这三种模型是相互关联的，一个的范围可以包含另一个。目前已经出现了许多这三种基本云模式的变种，每种都是由不同的IT资源组合而成。

【知识点4】 云计算的特点和优势

1. 云计算的特点。

弹性服务。服务的规模可快速伸缩，以自动适应业务负载的动态变化。用户使用的资源同业务的需求相一致，避免了由于服务器性能过载或冗余而导致的服务质量下降或资源浪费。

资源池化。资源以共享资源池的方式统一管理。利用虚拟化技术，将资源分享给不同用户，资源的放置、管理与分配策略对用户透明。

按需服务。以服务的形式为用户提供应用程序、数据存储、基础设施等资源，并可以根据用户需求，自动分配资源，而不需要系统管理员干预。

计费服务。监控用户的资源使用量，并根据资源的使用情况对服务计费。

广泛的网络访问。用户可以利用各种终端设备（如PC电脑、笔记本电脑、智能手机等）随时随地通过互联网访问云计算服务。

2. 云计算的优势。

（1）云计算能提高生产效率。企业通过云计算能快速地部署企业级应用，省去了烦琐的购买硬件设备时间，并将主要的精力用于业务方面，省去了维护基础设施的时间。

（2）云计算可以节省成本。云计算降低了构建和维护计算基础设施的资本成本，企业可以通过云计算轻松访问任何资源，而不用去维护数据中心及基础设施。

（3）云计算有助于企业业务灵活扩展。如果企业的业务需求增加，则可以轻松地从远程服务器扩展自己的云计算资源。

（4）云计算提供良好的安全性能。云提供了许多高级安全功能，可确保安全地存储和处理数据。云存储提供商对其平台和所处理的数据实施基线保护，例如：身份验证，访问控制和加密。

【知识点5】 云计算的发展目标、价值、任务

1. 云计算的最终目标是将计算、服务和应用作为一种公共设施提供给公众，使人们能够像使用水、电、煤气和电话那样使用计算机资源。

2. 云计算给用户带来了众多的价值。不同的用户对这些价值的认知是不同的。云计算本身带来的价值如云计算实现按需计费，降低公司成本，提高工作效率，云计算还改变了很多企业的商业运作模式。

3. 发展云计算的主要任务有增强云计算服务能力、提升云计算自主创新能力、探索电子政务云计算发展新模式、加强大数据开发与利用、统筹布局云计算基础设施、提升安全保障能力等。

>> 第二节
云技术架构与关键技术

一 云计算关键技术

【知识点1】 虚拟化技术

详见本书第七章第三节。

【知识点2】 分布式资源管理

1. 云计算采用了分布式存储技术存储数据，那么自然要引入分布式资源管理技术。在多节点的并发执行环境中，各个节点的状态需要同步，在单个节点出现故障时，系统需要有效的机制保证其他节点不受影响。关键节点出现故障时需要迁移服务，分布式资源管理技术通过锁机制协调多任务对于资源的使用，从而保证数据操作的一致性。而分布式资源管理系统就是这样的技术，它是保证系统状态的关键。

2. Google 的 Chubby 是最著名的分布式资源管理系统。Chubby 针对松耦合的分布式系统，提出了锁服务（lock service）。通过 Chubby，分布式系统中的客户端都能够对某项资源进行"加锁"或"解锁"。Chubby 通过文件来实现锁的功能，创建文件就是进行"加锁"操作，创建文件成功的那个 server 就是抢占到了"锁"。用户通过打开、关闭和读取文件，获取共享锁或者独占锁；并且通过通信机制，向用户发送更新信息。

【知识点3】 数据中心相关技术

1. 数据中心是云计算的核心，其资源规模与可靠性对上层的云计算服务有着重要影响。现代数据中心是指一种特殊的 IT 基础设施，用于集中放置 IT 资源，包括服务器、数据库、网络与通信设备以及软件系统。

2. 与传统的企业数据中心不同，云计算数据中心具有以下特点：

（1）自治性。相较传统的数据中心需要人工维护，云计算数据中心的大规模性要求系统在发生异常时能自动重新配置，并从异常中恢复，而不影响服务的正常使用。

（2）规模经济。通过对大规模集群的统一化标准化管理，使单位设备的管理成本大幅降低。

（3）规模可扩展。考虑到建设成本及设备更新换代，云计算数据中心往往采用大规模高性价比的设备组成硬件资源，并提供扩展规模的空间。

3. 数据中心相关技术如下：

（1）存储硬件。数据中心有专门的存储系统保存庞大的数字信息，包含了以阵列形式组织的大量硬盘。

硬盘阵列（hard disk array）：这些阵列本身进行了划分，在多个物理硬盘间进行数据复制，利用备用磁盘提升性能和冗余度。

I/O 高速缓存（I/O caching）：通常由硬盘阵列控制器完成，通过数据缓存来降低磁盘访问时间，提高性能。

存储虚拟化（storage virtualization）：通过虚拟化硬盘和存储共享来实现。

快速数据复制机制（fast data replication mechanism）：包括快照（snapshotting）和卷克隆（volume cloning）。快照，是指将虚拟机内存保存到一个管理程序可读的文件中，以备将来重新装载。卷克隆，是指复制虚拟或物理硬盘的卷和分区。

（2）网络硬件。数据中心需要大量网络硬件来实现多层次互联。

Web 层负载均衡和加速：包括 Web 加速设备，如 XML 于处理器、加密/解密设备以及进行内容感知路由的第七层交换设备。

LAN 光网络：为数据中心所有联网的 IT 资源提供高性能的冗余连接。LAN 结构包含多个网络交换机，同时这些先进的网络交换机还可以实现多个虚拟化功能。

SAN 光网络：与提供服务器和存储系统互联的存储区域网络（SAN）相关，它通常由光线通道（FC）、以太网光纤通道（FCoE）和 InfiniBand 网络交换机来实现。

NAS 网关：基于 NAS 的存储设备提供连接点，提供实现协议转换的硬件，以便实现 SAN 和 NAS 设备之间的数据传输。

（3）数据中心节能技术。云计算数据中心规模庞大，为了保证设备正常工作，需要消耗大量的电能。

蒸发冷却技术：通过液体蒸发获取冷量。与一般常规机械制冷相比，这种方式节能效果好，特别是在干燥地区更为明显，可以大幅降低空调制冷能耗。

自适应能耗管理：针对 IT 设备能耗和制冷系统进行研究，以优化数据中心的能耗总量或在性能与能耗之间寻求最佳的折中。针对 IT 设备能耗优化问题，该系统通过集成虚拟化平台自身具备的能耗管理策略，以虚拟机为单位为数据中心提供一种在线能耗管理能力。

【知识点4】 边缘计算

1. 边缘计算概念。

在靠近物或数据源的网络边缘侧，融合网络、计算、存储、应用核心能力的分布式开放平台，就近提供边缘智能服务，满足行业数字化在敏捷连接、实时业务、数据优化、应用智能、安全与隐私保护等方面的关键需求。边缘计算可以作为连接物理和数字世界的桥梁，使用智能资产、智能网关、智能系统和智能服务。边缘计算的参考架构的定义，包含了设备、网络、数据与应用，平台提供者主要提供网络互联（包括总线）、计算能力、数据存储与应用方面的软硬件基础设施。

2. 边缘计算应用。

对物联网而言，边缘计算技术取得突破，意味着许多控制将通过本地设备实现而无须交由云端，处理过程将在本地边缘计算层完成。这无疑将大大提升处理效率，减轻云端的负荷。由于更加靠近用户，还可以为用户提供更快的响应，将需求在边缘端解决。

3. 边缘计算与云计算。

云计算是人和计算设备的互动，而边缘计算则属于设备与设备之间的互动，最后再间接服务于人。边缘计算可以处理大量的即时数据，而云计算可以访问这些即时数据的历史或者处理结果并作汇总分析。

二、云计算架构

【知识点1】 云计算体系架构

云计算可以按需提供弹性资源，它的表现形式是一系列服务的集合。结合当前云计算的应用与研究，其体系架构可分为核心服务、服务管理、用户访问接口三层。核心服务层将硬件基础设施、软件运行环境、应用程序抽象成服务，这些服务具有可靠性强、可用性高、规模可伸缩等特点，满足多样化的应用需求。服务管理层为核心服务提供支持，进一步确保核心服务的可靠性、可用性与安全性。用户访问接口层实现端到云的访问。

1. 核心服务层。

云计算核心服务通常可以分为三个子层：基础设施即服务层（Infrastructure as a Service，IaaS）、平台即服务层（Platform as a Service，PaaS）、软件即服务层（Software as a Service，SaaS）。

2. 服务管理层。

对核心服务层的可用性、可靠性和安全性提供保障。服务管理包括服务质量

（Quality of Service，QoS）保证和安全管理等。云计算服务提供商需要和用户进行协商，并制定服务水平协议（Service Level Agreement，SLA），使得双方对服务质量的需求达成一致。除了 QoS 保证、安全管理外，服务管理层还包括计费管理、资源监控、账号管理、负载均衡、运维管理等管理内容，这些管理措施对云计算的稳定运行同样起到重要作用。

3. 用户访问接口层。

用户访问接口实现了云计算服务的泛在访问，通常包括命令行、Web 服务、Web 门户等形式。命令行和 Web 服务的访问模式既可为终端设备提供应用程序开发接口，又便于多种服务的组合。Web 门户是访问接口的另一种模式。通过 Web 门户，云计算将用户的桌面应用迁移到互联网，从而使用户随时随地通过浏览器就可以访问数据和程序，提高工作效率。虽然用户通过访问接口使用便利的云计算服务，但是由于不同云计算服务商提供的接口标准不同，导致用户数据不能在不同服务商之间迁移。

【知识点 2】 IaaS 层

1. 基础架构，或称基础设施（infrastructure）是云的基础。它由服务器、网络设备、存储磁盘等物理资产组成。在使用 IaaS 时，用户并不实际控制底层基础架构，而是控制操作系统、存储和部署应用程序，还在有限的程度上控制网络组件的选择。IaaS 层是云计算的基础。通过建立大规模数据中心，IaaS 层为上层云计算服务提供海量硬件资源。同时，在虚拟化技术的支持下，IaaS 层可以实现硬件资源的按需配置，并提供个性化的基础设施服务。

2. IaaS 的主要特征：

（1）可伸缩性。由于 IaaS 底层采用了分布式存储系统，可以方便地对服务器进行扩展，称为可伸缩的集群（elastic clustering）。

（2）虚拟化。IaaS 由一个硬件和软件资源组合组成。IaaS 软件是低级代码，独立于操作系统运行。虚拟机监控程序负责管理硬件资源的库存并根据需要分配上述资源，这个过程称为资源共用。虚拟机监控程序实现的资源共用使得虚拟化成为可能，虚拟化使多租户计算（multi-tenant computing）成为可能。

3. IaaS 服务和传统的企业数据中心相比，在很多方面都存在一定的优势：

（1）免维护。主要的维护工作都有 IaaS 云供应商负责，所以不必用户操心。

（2）非常经济。首先免去了用户前期的硬件购置成本，而且由于 IaaS 云大都采用虚拟化技术，所以在应用和服务器的整合率普遍在 10 以上，这样能有效降低使用成本。

（3）开放标准。虽然很多 IaaS 平台都存在一定的私有功能，但是由于 OVF 等应用发布协议的诞生，使得 IaaS 在跨平台方面稳步前进，从而使得应用能在多个 IaaS 云上灵活地迁移，而不会被固定在某个企业数据中心内。

（4）支持的应用。因为 IaaS 主要是提供虚拟机，而且普通的虚拟机能支持多种操作系统，所以 IaaS 所支持应用的范围是非常广泛的。

（5）伸缩性强。IaaS 云只需几分钟就能提供给用户一个新的计算资源。

4. IaaS 层主要技术：

（1）虚拟化技术。虚拟化是 IaaS 层的重要组成部分，也是云计算的最重要特点。虚拟化技术可以提供以下功能：①资源分享。通过虚拟机封装用户各自的运行环境，有效实现多用户分享数据中心资源。②资源定制。用户利用虚拟化技术，配置私有的服务器，指定所需的 CPU 数目、内存容量、磁盘空间，实现资源的按需分配。③细粒度资源管理。将物理服务器拆分成若干虚拟机，可以提高服务器的资源利用率，减少浪费，而且有助于服务器的负载均衡和节能。

（2）数据中心技术。云计算数据中心不同于传统的数据中心，传统的网络拓扑结构不适于有着大量服务器的云计算中心，目前已经有研究者在传统的树型结构中加入了类似 mesh 的构造，使得节点之间连通性与容错能力更高，易于负载均衡。同时，这些新型的拓扑结构利用小型交换机便可构建，使得网络建设成本降低，节点更容易扩展。此外，还有以下数据中心的优化技术：

①数据中心高温化。通过有效的控制设备临界点和精确的温度控制，数据中心在高温下工作，这样既经济，又安全。

②服务器整合。利用虚拟化技术高效地完成服务器整合，从空间和能源方面都有很大的降低。

③非关系型数据库（NoSQL）。对于关系数据库不能处理的非结构化数据，具有数据量大，种类繁多的特点。NoSQL 数据库专为处理非结构化数据而生，可以方便地处理海量的非结构化数据。

5. IaaS 的应用场合。

在应用或服务有性能或扩展性的需求，要求开发者管理内存、配置数据库服务器和应用服务器，以最大化吞吐量、明确数据如何在磁盘锭（disk spindle）之间分布和控制操作系统等时，应该选择 IaaS。另外，当数据规模巨大时，PaaS 会变得极为昂贵，随着时间的推移，IaaS 的成本会变得非常低。在降低故障风险方面 IaaS 的客户能够对故障进行架构设计，跨越多个物理或虚拟数据中心构建冗余服务，有效规避 IaaS 发生故障造成的影响。

【知识点 3】 PaaS 层

PaaS 层作为三层核心服务的中间层，既为上层应用提供简单、可靠的分布式编程框架，又需要基于底层的资源信息调度作业、管理数据，屏蔽底层系统的复杂性。随着数据密集型应用的普及和数据规模的日益庞大，PaaS 层需要具备存储与处理海量数据的能力。

1. PaaS 的主要特点。

（1）平台即服务。PaaS 所提供的服务与其他的服务最根本的区别是 PaaS 提供的是一个基础平台，而不是某种应用。

（2）平台及服务。PaaS 运营商所需提供的服务，不仅是单纯的基础平台，而且包括针对该平台的技术支持服务，甚至针对该平台而进行的应用系统开发、优化等服务。

（3）平台级服务。PaaS 运营商对外提供的服务不同于其他的服务，这种服务的背后是强大而稳定的基础运营平台，以及专业的技术支持队伍。

2. PaaS 层的主要技术。

（1）分布式存储技术。云计算采用分布式存储的方式来存储数据，采用冗余存储的方式来保证存储数据的可靠性。云计算的数据存储系统主要有 GFS（Google File System）和 HDFS（Hadoop Distributed File System）。

（2）数据处理技术与编程模型。PaaS 平台不仅要实现海量数据的存储，而且要提供面向海量数据的分析处理功能。MapReduce 是 Google 提出的并行程序编程模型，运行于 GFS 之上，一个 MapReduce 作业由大量 Map 和 Reduce 任务组成，MapReduce 可以简化大规模数据处理的难度。

（3）资源管理与调度技术。海量数据处理平台的大规模性给资源管理与调度带来挑战。研究有效的资源管理与调度技术可以提高 MapReduce、Dryad 等 PaaS 层海量数据处理平台的性能。

①副本管理技术。副本机制是 PaaS 层保证数据可靠性的基础，有效的副本策略不但可以降低数据丢失的风险，而且能优化作业完成时间。

②任务调度算法。PaaS 层的海量数据处理以数据密集型作业为主，其执行性能受到 I/O 带宽的影响。为了减少任务执行过程中的网络传输开销，可以将任务调度到输入数据所在的计算节点，因此，需要研究面向数据本地性（data-locality）的任务调度算法。除了保证数据本地性，PaaS 层的作业调度器还需要考虑作业之间的公平调度。

③任务容错机制。为了使 PaaS 平台可以在任务发生异常时自动从异常状态恢复，需要研究任务容错机制。MapReduce 的容错机制在检测到异常任务时，会启动该任务的备份任务。备份任务和原任务同时进行，当其中一个任务顺利完成时，调度器立即结束另一个任务。

3. PaaS 的典型应用。

（1）Google App Engine。Google App Engine 提供 Google 的基础设施来让大家部署应用，它还提供一整套开发工具和 SDK 来加速应用的开发，并提供大量的免费额度来节省用户的开支。

（2）Windows Azure Platform。Windows Azure Platform 是微软公司推出的 PaaS 产品，并运行在微软数据中心的服务器和网络基础设施上的，通过公共互联网来对外提供服务，它由具有高扩展性云操作系统、数据存储网络和相关服务组成，而且服务都是通过物理或虚拟的 Windows Server 2019 实例提供。

4. PaaS 的应用场合。

PaaS 供应商的平台由多名用户共享，PaaS 供应商为了平衡每个用户的性能感受，会对用户进行节流。有对带宽进行节流避免网络冲突和拥堵，也有对 CPU 进行节流来减低数据中心的热量并实现节能。用户必须清楚所选择平台的限制，并做出相应的设计。由于供应商节流的存在，对于有海量数据的网站或处理大量数据的高度分布式应用而言，PaaS 不是一个好的选择。

【知识点 4】 SaaS 层

1. SaaS 层的概念。

SaaS 层面向的是云计算终端用户，提供基于互联网的软件应用服务。随着 Web 服务、HTML5、Ajax、Mashup 等技术的成熟与标准化，SaaS 应用近年来发展迅速。SaaS 软件厂商可以通过四个因素提高 ROI（投资回报）：提高部署的速度、增加用户接受率、减少支持的需要、降低实现和升级的成本。

2. SaaS 层中最主要技术。

（1）HTML。标准的 Web 页面技术，现在主要以 HTML4 为主，HTML5 也获得了广泛的应用。

（2）JavaScript。一种用于 Web 页面的动态语言，通过 JavaScript，能够极大地丰富 Web 页面的功能，最流行的 JS 框架有 jQuery 和 Prototype。

（3）CSS。主要用于控制 Web 页面的外观，而且能使页面的内容与其表现形式之间进行优雅的分离。

（4）Flash。业界最常用的富网络应用（Rich Internet Applications，RIA）技术，能够提供基于 Web 的富应用，而且在用户体验方面，非常不错。

（5）Silverlight。来自微软的 RIA 技术。

3. 典型的 SaaS 应用。

典型的 SaaS 应用包括 Google Apps、Salesforce CRM 等。

Google Apps 包括 Google Docs、GMail 等一系列 SaaS 应用。Google 将传统的桌面应用程序（如文字处理软件、电子邮件服务等）迁移到互联网，并托管这些应用程序。用户通过 Web 浏览器便可随时随地访问 Google Apps，而不需要下载、安装或维护任何硬件或软件。Google Apps 为每个应用提供了编程接口，使各应用之间可以随意组合。

Google Apps 的用户既可以是个人用户，也可以是服务提供商。

Salesforce CRM 部署于 Force.com 云计算平台，为企业提供客户关系管理服务，包括销售云、服务云、数据云等部分。通过租用 CRM 的服务，企业可以拥有完整的企业管理系统，用以管理内部员工、生产销售、客户业务等。

4. SaaS 的应用场合。

SaaS 是云服务模式中最成熟的一种类型。提供商完全掌控了基础设施、性能、安全、扩展性、隐私等各种事项。如果能够满足需求并且在可负担范围内，企业应该通过使用 SaaS 来将所有非核心竞争力的应用、功能和服务外包出去。由于 SaaS 供应商一般提供的都是通用的功能，满足许多用户的需求，通常情况下不会像定制软件那样的灵活。然而企业自己开发软件，也要考虑成本以及日新月异的技术冲击下，现有的应用能否跟得上技术的发展。

【知识点5】 云管理层

1. 为了使云计算核心服务高效、安全地运行，需要服务管理技术加以支持。服务管理技术包括 QoS 保证机制、安全与隐私保护技术、资源监控技术、服务计费模型等。其中，QoS 保证机制和安全与隐私保护技术是保证云计算可靠性、可用性、安全性的基础。

QoS 保证机制。云计算不仅要为用户提供满足应用功能需求的资源和服务，同时还需要提供优质的 QoS（如可用性、可靠性、可扩展、性能等），以保证应用顺利高效地执行。这是云计算得以被广泛采纳的基础。首先，用户从自身应用的业务逻辑层面提出相应的 QoS 需求；其次，为了能够在使用相应服务的过程中始终满足用户的需求，云计算服务提供商需要对 QoS 水平进行匹配并且与用户协商制定服务水平协议；最后，根据 SLA 内容进行资源分配以达到 QoS 保证的目的。

2. 服务管理。大多数云都在一定程度上遵守 SOA（Service-Oriented Architecture，面向服务的架构）的设计规范。服务管理主要有以下五个功能。

（1）管理接口。提供完善的关于服务的 Web 管理界面和 API 接口。

（2）自定义服务。能让用户对服务进行自定义和扩展。

（3）服务调度。配备强健的机制来负责服务的调度，以使服务能在合理的时间内被系统调用和处理。

（4）监控服务。利用底层的监控系统来观测服务实际的运行情况。

（5）流程管理。提供一个工具来让用户将多个服务整合为一个流程，并对它进行管理以提升运行效率。

3. 运维管理。云的运行是否出色，往往取决于其运维系统的强健和自动化程度。而和运维管理相关的功能主要包括三个方面。①自动维护：运维操作应尽可能专业化和自动化，从而降低云计算中心的运维成本。②能源管理：包括自动关闭闲置的资源，根据负载来调节 CPU 的频率以降低功耗并提供关于数据中心整体功耗的统计图与机房温度的分布图等来提升能源的管理，并相应地降低浪费。③事件监控：通过对在数据中心发生的各项事件进行监控，确保在云中发生的任何异常事件都会被管理系统捕捉到。

4. 资源管理。这个模块和物理节点的管理相关，如服务器、存储设备和网络设备等，它涉及以下三个功能。①资源池：通过使用资源池这种资源抽象方法，能将具有庞大数量的物理资源集中到一个虚拟池中，以便于管理。②自动部署：也就是将资源从创建到使用的整个流程自动化。③资源调度：它不仅能更好地利用系统资源，而且能自动调整云中资源来帮助运行于其上的应用更好地应对突发流量，从而起到负载均衡的作用。

【知识点6】 云原生

1. 云原生（cloud native）是一种基于云的基础之上的软件架构思想，以及基于云进行软件开发实践的一组方法论。云原生属于云计算的平台即服务（Platform as a Service，PaaS）技术体系，云原生应用也就是面向"云"而设计的应用，在使用云原生技术后，开发者无须考虑底层的技术实现，可以充分发挥云平台的弹性和分布式优势，实现快速部署、按需伸缩、不停机交付等。

2. 云原生特点：容器化封装，以容器为基础，提高整体开发水平，形成代码和组件重用，并作为应用程序部署的独立单元；动态和自动化管理，通过集中式的编排调度系统来动态地管理和调度；面向微服务，明确服务间的依赖，互相解耦。

【知识点7】 容器

1. 构建一个云原生从计算的角度来看主要有两个方面：一个是容器，另一个是函数计算。容器可以看作是经过封装的，可以被独立部署的一个组件，这个组件通过系统级别的虚拟化技术使其可以作为一个独立的实例来运行并和其他实例共享同一个系统内核。

2. 容器使用写时复制的文件系统策略，允许多个容器实例可以共享数据。只有当容器需要修改或者写入数据时，操作系统才会复制一个数据的副本。因此，容器可以非常快地启动，此外还有部署的一致性、在多环境下的可移植性、隔离性和更高的部署密度等。对于现代的云原生应用而言，容器已经成为集应用服务代码的封装、运行环境、依赖项和系统库等于一体的部署单元。

【知识点8】 微服务

1. 微服务架构是一种面向服务的架构体系，其中应用程序按功能分解为小型的、松耦合的各种服务。其重点在于，单个服务被划分得足够小，相互间耦合度很低，并围绕业务功能进行分解。

2. 微服务架构有助于提升大型应用的发布频率，使得企业能够更快地为客户提供更可靠的服务。微服务架构具有以下优点：敏捷性高，通过把一个应用拆分成多个小服务，那么改动所需的验证时间会被缩短，发布速度可以得到提高，同时也会更可靠。持续创新，微服务架构可以帮助企业更容易和可靠地交付新功能和服务。渐进式设计，通过把应用按功能拆分成小的、松耦合的服务，可以更轻松地更改单个服务而避免对整个应用程序的影响。更快的团队建设，小的敏捷开发团队可以聚焦在更小的功能上，并快速行动。故障隔离，通过把应用拆分成小的服务，开发团队可以把故障限定在这个服务中，避免对其他服务的影响。更好地扩容和资源利用能力，通过把这些功能拆分成独立的服务，开发人员可以把服务放在最合适的环境中运行，以满足每个服务的扩容和资源使用的需求。改善可观察性，通过把应用拆分成独立的服务，团队可以使用工具深入了解各个功能的运行状况以及其他服务的交互情况。

三 云安全

【知识点1】 云安全的概念

云安全，是指通过法规政策与安全技术手段对政府、企业的云计算平台、业务应用等多层面采取预防、监控、恢复、评估等机制，以抵御来自外部网络的恶意攻击，同时防止云平台中核心资源遭到破坏、用户隐私被泄露。

【知识点2】 云计算的安全威胁

1. 数据层次威胁。对用户而言，数据安全性和隐私保护是其最为关注的问题。数据丢失和泄露是云计算最大的安全威胁，云中存储的敏感数据因为具有高密度聚合，因而具有很大价值，对攻击者有很大的诱惑力。

（1）云服务模式造成的数据风险。在公有云服务模式下，供应商在底层对用户数据有访问权。

（2）数据明文导致信息泄露的风险。用户数据以静态和动态存放于云服务器中。静态数据可以方便地进行加密，而动态数据通常不好加密。

（3）加密数据的密钥管理导致的数据风险。数据的密钥丢失将会给数据带来泄露的风险。

(4)用户数据存储没有容灾备份导致的数据风险。

2. 网络层次威胁。在云计算环境下，应用操作和数据传输都依赖于网络，云计算的安全涉及整个网络安全问题，同时又有其自身特点。

(1)用户账户被攻击。攻击者通过技术手段获得用户的账户信息，那就可以通过该账户登录云计算系统。账户被劫持常伴随证书盗窃，窃取证书后，攻击者可以进入云计算系统的关键性领域。

(2)不安全的接口。云计算服务供应商提供大量的网络接口和应用程序接口。攻击者通过接口漏洞，对云计算系统进行各种攻击。

(3)拒绝服务攻击。拒绝服务攻击是指攻击者阻止用户正常访问云计算服务的一种攻击手段，通过发起一些关键性操作来消耗大量的系统资源，如进程、内存、硬盘空间、网络带宽等，导致用户的正常登录应用无法得到满足。

3. 虚拟层次的威胁。云计算利用虚拟化技术实现多租户与资源共享，如果没有针对多租户、多应用程序的有效隔离机制，将会有整个云计算系统的安全风险。另外，传统的基于物理安全边界的防护机制难以有效保护基于共享虚拟机环境下的用户及信息安全。攻击者可以利用虚拟机管理系统自身的漏洞，入侵到宿主机或同个宿主机上的其他虚拟机。若物理主机受到破坏，其所管理的虚拟服务器由于存在和物理主机的交流，有可能被攻克，若物理主机和虚拟机不交流，则可能存在虚拟机逃逸。

4. 认证层次的威胁。在传统的网络安全模型中，网络终端用户的安全接入和访问控制都有成熟的解决方案。在云计算环境下，对云端的安全接入和访问控制有新的要求，动态的云计算资源及访问资源的海量用户和服务，为身份基础设施服务的可扩展性、自动化和可用性需求带来挑战。

【知识点3】 IaaS 安全

1. 虚拟机安全。

虚拟技术广泛应用于各种云计算中，虚拟技术的安全问题影响到云计算基础设施层的安全。虚拟机逃逸：用虚拟机软件或者虚拟机中运行的软件的漏洞进行攻击，以达到攻击或控制虚拟机宿主操作系统的目的。虚拟机嗅探：同一物理服务器上虚拟机之间不需要经过物理防火墙与交换机设备相互访问，攻击者可以利用简单的数据分组探测器，很轻松地读取虚拟机网络上所有的明文传输信息。下面介绍三种虚拟机防护机制。

(1)虚拟机自身安全。虚拟化系统中通常启用一个或多个独立的具有防火墙、入侵检测等安全功能的虚拟机，为其他业务逻辑虚拟机进行安全保护，也可以在虚拟检测器中部署虚拟防火墙。虚拟化系统需要对虚拟机进行全面的监控，并对单个虚拟机消耗的内存和 CPU 时间进行限制，避免任何一个虚拟机过度消耗物理硬件的资源。

（2）虚拟机隔离技术。虚拟机之间的有效隔离，可以保证未授权的虚拟机不能访问其他虚拟机的资源。为了实现虚拟机之间的隔离，可以根据资源池、文件夹、容器等颗粒度对虚拟机进行隔离，也可以按照源 IP 地址、目的 IP 地址、源端口、目的端口、协议等对虚拟机进行隔离，还可以在更小的隔离度对虚拟机进行隔离。

（3）虚拟机迁移技术。当物理机发生故障时，可以将业务切换到网络其他相同环境的虚拟服务器中，从而达到业务连续性。具体可以按以下步骤进行：通过管理中心提取迁移消息中的有效信息，并通过内部维护的网络拓扑关系等技术定位到新的防火墙；对与迁出服务器对应的防火墙产品的安全策略重新标记，使迁出虚拟机的相关安全策略不再处于激活状态；对于迁入的防火墙，将虚拟机所绑定或对应的安全策略组进行配置下发，保证该虚拟机仍然可以得到和迁移前相同的访问控制权限；最后，需要保证虚拟机与服务器之间的认证、授权信息同步迁移。

2. 虚拟化软件安全。

虚拟化软件直接部署在物理机裸机上，提供能创建、运行和删除虚拟服务器的能力。Hypervisor，又称虚拟机监视器（VMM），是虚拟化软件层的核心。Hypervisor 可以控制在服务器上运行的虚拟机，因而其成为黑客攻击的对象。对 Hypervisor 的攻击可以通过向 Hypervisor 发出请求所涉及的 API 调用，以及 HTTP、Telent、SSH 等管理接口。针对上述安全威胁，下面介绍三种虚拟化软件保护机制。

（1）虚拟防火墙。虚拟防火墙对虚拟机网络中的数据分组进行过滤和监控，可以是主机 Hypervisor 中的一个内核进程，也可以是一个带有安全功能的虚拟交换机。虚拟机通常通过虚拟交换机与物理网络适配器连接，每个虚拟机共享物理网络适配器和虚拟交换机，两台虚拟机的通信就不被硬件防火墙所监控。建立虚拟防火墙可以有效保障 Hypervisor 的安全。

（2）访问控制。访问控制是实现既定安全策略的系统安全技术，通过某种途径显示管理所有资源的访问请求。在 Hypervisor 中设置访问控制机制，可以有效管理虚拟机对物理资源的访问，控制虚拟机之间的通信。

（3）漏洞扫描。虚拟化漏洞扫描主要包括：Hypervisor 的安全漏洞扫描和安全配置管理、对虚拟化环境中多个操作系统的安全漏洞扫描、虚拟化环境中第三方应用软件的安全漏洞扫描、云计算环境下的远程漏洞扫描。

【知识点4】PaaS 安全

1. 平台安全。

用户可以在 PaaS 上部署其创建的应用，这些应用可以使用云服务商支持的编程语言或工具进行开发，用户可以控制部署的应用及应用主机的环境配置，无法管理控制底层云基础设施。云服务商应为 PaaS 平台提供安全防护措施。具体有：对 PaaS 平台所使用的应用、组件或 Web 服务进行风险评估，及时发现应用、组件或 Web 服务存在的安全漏洞，部署补丁修复方案，尽可能增加信息透明度以利于风险评估和安全管理，防止被黑客攻击。

2. 接口安全。

PaaS 允许客户端对应用程序及其计算环境配置通过各类接口进行控制，提供的接口范围包括提供代码库、编程模型、编程接口、开发环境等。来自客户端的代码可以通过接口攻击 PaaS 或其他用户。因此，PaaS 层平台的接口安全问题值得重点关注。

云平台接口安全是指如何保证用户可以安全地访问各种业务应用，同时避免来自网络的攻击造成的破坏。当用户或第三方访问云平台时，需要与云平台认证服务器进行交互。需要提供 SSL 保护机制和防止 DDoS 关键安全技术。

3. 应用安全。

PaaS 应用安全，是指保护用户部署在 PaaS 平台上应用的安全，在多租户 PaaS 的服务模式中，核心的安全原则就是要对多租户应用进行隔离。

4. 非关系型数据库安全。

由于用户数据种类的多样性，云计算平台使用非关系型数据库（NoSQL）来存储视频、图片、文本文件等非结构化数据，NoSQL 数据库具有分布式的特点，可以拥有多个服务节点。对 NoSQL 数据库的安全主要关注以下两个方面：一方面，考虑数据内部存储及服务节点之间的安全，如数据库内部的服务间访问、交互及数据库存储的安全问题；另一方面，考虑数据库客户端与服务端之间的安全，主要考虑客户端到服务端之间的访问及交互过程中涉及的安全问题，包括外部用户的访问控制、访问数据的加密传输、数据传输的完整性以及数据可用性等方面。

【知识点5】 SaaS 安全

1. 物理部署安全

在 SaaS 模式下，用户的数据和资料都保存在 SaaS 服务器端，物理部署安全是保证用户数据安全的前提。物理部署安全包括管理和技术两个方面。管理方面的安全主要是数据中心的制度落实，如 7×24 小时值班、每日的巡检、网络设备带宽冗余等。技术方面有：服务器数据存储加密，网络传输采用安全的通信协议，服务器和防火墙的负载均衡，数据的容灾备份等。

2. 多用户隔离。

在多用户共享应用的情况下解决多用户之间的隔离问题，可以在不同层次实现：物理层隔离、平台层隔离、应用层隔离。

（1）物理层隔离。就是为用户配置单独的物理资源，但是支持的用户数量少。

（2）平台层隔离。平台层封装了物理层所提供的服务，在这一层上实现隔离，需要平台层响应不同用户的不同需求，把属于不同用户的数据反馈给不同的用户。这种方法会消耗较多平台的资源，硬件成本比物理层隔离低，支持的用户数也比物理层多。

（3）应用层隔离。主要包括隔离沙箱和共享应用实例方式。每个沙箱形成一个应用池，池中应用与其他池中应用相互隔离，每个池都有一系列后台程序来处理应用请求。通过设定池中进程数目达到控制系统最大资源利用率的目的。共享应用实例要求应用本身支持多用户，用户之间是隔离的，大量的用户使用同一个应用实例，用户可以用配置的方式对应用进行定制。这种方式具有较高的资源利用率和配置灵活性。

3. SaaS 业务授权访问。

云计算环境下，用户通过云服务器商颁发的凭证直接访问云计算服务商。根据用户获取凭证内容的不同，用户有两种获取资源的方法。

（1）用户从业务服务商获取的访问凭证包括业务资源信息、业务逻辑信息和访问控制信息。用户可以通过此凭证来访问云服务商。

（2）用户从业务服务商获取的访问凭证包括业务资源信息，不包括业务逻辑信息和访问控制信息。当用户通过此凭证直接访问云计算服务商，云计算服务商需要首先根据此凭证向业务服务商获取业务逻辑信息和访问控制信息，然后根据业务逻辑信息和访问控制信息向用户提供业务资源。

>> 第三节
云平台管理与运营

【知识点1】 云平台日常运营管理

1. 云平台运营主要有以下运营模式：企业建设，企业运营；企业建设，运维外包；服务商建设，企业租用。

2. 云管理。对云计算环境的虚拟化平台以及涉及的硬件环境进行管理的软硬件解决方案的总和。

3. 云平台硬件管理。云计算正在改变传统的硬件管理模式，传统数据中心硬件资源利用率低，存在资源浪费严重情况。云数据中心可将硬件资源很好地利用起来，两者的资源利用率有很大差异。传统数据中心要靠强大的运维团队人员来支撑其运行，在数据中心运维方面资金投入很大，而云数据中心采用云平台自动化管理硬件资源，通过云平台完成自动化运维。

4. 云平台软件研发。云平台提供面向开发者提供研发工具服务，让软件开发简单高效。公有云资源上搭建私有云的软件工具主要有 OpenStack、CloudStack、Eucalyptus、

OpenNubela 等。OpenSack 是一个用来管理数据中心级别资源池包括计算资源、网络资源、存储资源的云操作系统，OpenStack 的应用领域是针对所有类型的云平台，发布一个简单、易扩展、功能丰富的解决方案。CloudStack 主要被设计用来发布和管理大型虚拟机网络，支持大部分主流的虚拟化技术，既适用于构建公有云服务，也可搭建私有云和混合云。

5. 产品管理。自动化部署应用程序和所有支持的软件和软件包，然后通过生命周期阶段操作维护和管理应用程序，如自动扩展事件和进行软件更新等一系列的操作。利用工具在云中快速部署和管理应用程序，同时可以自动处理容量预配置、负载均衡和应用程序状况监控。

【知识点2】 云数据中心自动化运维

1. 云计算技术大幅提升了数据中心的运行效率，同时，云数据中心需要管理对象的数量、规模及复杂度均呈现指数级增长，传统人工干预、保姆式管理监控与故障处理的方式无法满足要求。

2. 自动化人工故障修复机制。建立一个故障模式库，将曾经或者可能会出现的故障预判、识别，故障库内容实时保持更新，不断将一些新的故障类型和经验输入进去。将故障判断的方法输入软件设备，由软件自动完成判断，软件根据从数据中心各个设备收集上来的运行参数，与故障库里保存的参数进行对比。

3. 日志和监控信息集中管理与控制。运维管理云平台将各软硬件系统的日志监控数据统一处理，通过提前设定判断条件，发现不符合常规的日志及时进行告警。运维管理云平台还可以主动从数据中心的任何一个环节采集监控信息，从而发现异常的参数告警。

4. 大数据的机器学习机制。云数据中心运维引入机器学习技术，通过对数据中心运维海量数据的分析，利用大数据建模，自动化地、智能化地挖掘出更多高价值的、运维人员认知范围外的故障模式与系统优化模式，从而进一步提升系统运维的效率。

5. 云数据中心自动化运维技术特点主要是：自动化、自学习。由机器自我学习，自动完成数据中心的运维和故障修复。

【知识点3】 云资源弹性调度管理

利用云平台的弹性服务来自动应对系统工作负载的变化，可以提高资源的利用率。弹性就是云平台随着系统应用工作负载变化来自动扩展和回收底层云资源。一个合适的云端资源购买方案对上层云应用而言是至关重要的，它包括选择怎样的弹性水平和购买多少云端资源。可以根据业务需求和策略设置伸缩规则，在业务需求增长时自动增加实例以保证计算能力，在业务需求下降时自动减少实例以节约成本。弹性伸缩不仅适合业务量不断波动的应用程序，同时也适合业务量稳定的应用程序。

【知识点4】 云计算技术标准

云标准应该包括三层含义：云计算显性标准、云计算潜性标准、云计算隐性标准。

1. 云计算显性标准。针对云计算技术开发所作出的标准，例如，云计算软件开发的标准、云计算硬件设备的标准、云计算操作系统的标准、数据中心建设的标准等。

2. 云计算潜性标准。针对云计算应用所作出的标准，例如，云办公、云游戏、云医疗、云教育、云政务等。

3. 云计算隐性标准。针对云计算理论研究与分析的标准，例如，云发展、云经济、云整合、云评测等。

【知识点5】 "上云" 基本标准

一般来说，当企业或单位遇到下述问题，可以考虑"上云"：业务上线慢，业务系统管理复杂；业务系统部署、上线时间长，业务故障恢复时间长；IT资源利用率低，功耗效率差；IT资源扩容困难，不能弹性扩容；关键应用性能受限于磁盘性能瓶颈。

>> 第四节
云计算应用

【知识点1】 云计算应用发展的现状和趋势

云计算应用发展正在向产品细分阶段发展，开源软件和商业服务协同发展，形成以 Hadoop 为代表的分布式计算类，以 OpenStack 等为代表的虚拟化类云，以及良性循环的应用生态。容器技术发展迅猛，对传统虚拟化技术形成补充的同时，已成为创建、发布和运行分布式应用、实现业务逻辑和物理资源解耦的事实标准，是云计算应用生态的新兴增长点。

基础软硬件发展无法有效应对云计算和大数据应用快速增长的需求。云平台的存储、计算能力的提高全面落后于数据、服务和用户的增长，大数据的大容量、高并发和稀疏访问特征，改变了传统以计算为核心的架构。

云计算目前正向"软件定义"的方向发展，将转变为按需管理的软件定义的系统，将出现可与大数据深度耦合、互动发展的实时处理新型计算架构，以满足大数据对时效性、扩展性和可用性等要求。目前处于形成工具系统和服务业转型并重的云计算3.0升级转型期，混合结构、软件定义等技术将会快速发展。云计算、大数据、人工智能的融合发展已成为云计算向全新的智能化计算发展的必然趋势。

【知识点2】 云计算与数字化转型

数字化就是要把物理系统在计算机系统中仿真虚拟出来,在计算机系统里体现物理世界,利用数字技术驱动组织商业模式创新,驱动商业生态系统重构,驱动企业服务大变革。数字化转型就是通过云计算、大数据、人工智能技术的深入运用,构建一个数字世界,进而优化再造物理世界的业务,对传统管理模式、业务模式、商业模式进行创新和重塑,实现业务成功。

【知识点3】 云计算在智慧税务中的应用

充分运用大数据、云计算、人工智能、移动互联网等现代信息技术,着力推进内外部涉税数据汇聚联通、线上线下有机贯通,驱动税务执法、服务、监管制度创新和业务变革,进一步优化组织体系和资源配置。

2020年8月,税务总局依托阿里云打造的智慧税务大数据平台已建设完成。由于采用了分布式海量计算技术,计算速度提高了2000倍。税务系统借助新平台可实现30多个省级机关核心税务数据的当日汇总、计算。通过数据可视化分析和算法模型,税收大数据平台可提供税务风险分析并为省级税务部门提供纳税服务优化建议、税收征管改革支持。以大数据平台为基础,税务总局还实现了基于数据的风控分析,减税降费等实际效果。

第九章
基础设施保障

第九章 基础设施保障

>> 知识架构

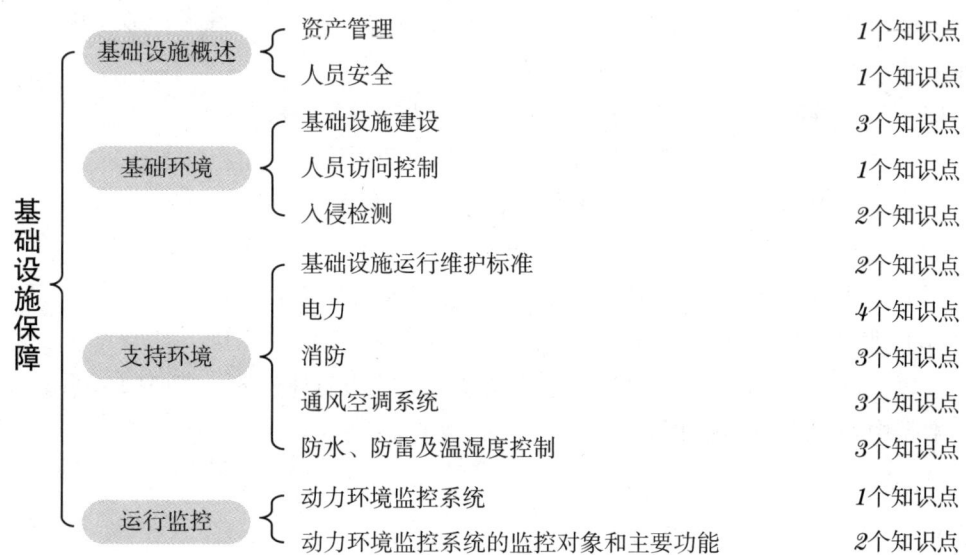

>> 第一节
基础设施概述

一、资产管理

【知识点】 资产管理的概念

1. 传统数据中心资产管理主要依靠人工采集录入资产信息，依靠 Excle 或者小型资产管理软件，资产变更依赖人工审核，还不能做到流程化、标准化。

2. 智能化资产管理主要有：资产条码扫描技术、机柜级资产识别技术、设备自动识别技术。

二 人员安全

【知识点】 人员安全保障措施

数据中心被人们认为是安全的工作地点，但仍有故障发生，在考虑数据中心人员安全方面，可采取以下措施保障人员安全：

（1）控制数据中心的人员数量，保持维持运维的最少人数。
（2）数据中心的工作人员，须经过健康和安全意识培训。
（3）数据中心的工作人员配备防护设备。
（4）当灾难来临时，工作人员能够快速通过安全通道离开危险源或建筑物。
（5）灭火器和急救包标注清晰，按规定放置在指定位置上。
（6）使用符合数据中心使用的灭火系统，如七氟丙烷（FM200）灭火系统、水雾系统。氧气还原的灭火系统会对数据中心工作人员造成身体伤害，消防喷淋系统可能会对数据中心的设备造成损害。

>> 第二节 基础环境

一 基础设施建设

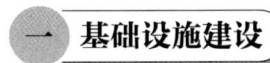

【知识点1】 基础设施分类

机房基础设施包括供电系统、冷却系统、机架和物理结构、安全和火灾防护系统、布线等子系统以及这些构成元素的管理和服务系统。

【知识点2】 基础设施设计原则

基础设施在规划设计、设备选型、施工安装、运行维护四个阶段中，规划设计是最关键的一环。

1. 业务定位。

数据中心根据其使用的独立性划分为自用型数据中心、商业化数据中心。根据企业不同业务应用需求，数据中心的使用功能也不尽相同，主要有IT生产中心、IT开发和测试中心、灾难备份中心。根据客户类型、业务领域分为高性能计算中心、互联网数据中心、云计算数据中心、政务级数据中心。

2. 建设规模。

设计和建设数据中心时，预测数据中心规模被看作一个首先进行的程序。首先对未来数据中心机架的数量进行适当预估，初步确定机房的面积需求。同时，根据未来数据中心的供电密度和冗余等级，对其需要提供的配电设施和空调设施区域面积作出合理的预估，最终可以确定数据中心的建设规模。

3. 数据中心选址。

数据中心选址是数据中心建设的一项重要的基础性工作，是保持业务连续运行的前提条件，是长期可持续发展的要求，最核心、最基础的要素包括自然环境条件、成本因素和地方配套条件。

4. 可持续发展能力规划。

在数据中心运行期间，在保持业务连续性的同时，具有较高的灵活性，满足按需建设、后期升级扩容等要求；外部资源有限供应时，能做到资源合理使用，数据中心可靠性、维护性不受影响。

5. 数据中心的可用性规划。

数据中心的可用性，主要指全面考察供电、空调、通信、消防安全、设备性能等因素对数据中心正常运行的影响。

6. 数据中心的经济性规划。

在数据中心保证先进性、可用性和适用性的前提下，降低运行维护费用获得最大的经济利益。

7. 数据中心的可服务性规划。

数据中心的可服务性，是指可以提供多元化、高效率、专业化、可持续等高质量服务的能力，主要体现在可维护性、服务可控性和运营服务能力三个方面。

8. 规划实施与评估。

规划评估是为了验证规划实施的可行性和效果，在建设实施前应由专家或专业公司对规划设计进行全面的审查评估，主要进行风险分析和方案论证。

【知识点3】 基础设施功能分类等级

1. GB 50174—2017 分级及功能要求。

（1）数据中心应划分为 A、B、C 三级。设计时应根据数据中心的使用性质、数据丢失或网络中断在经济或社会上造成的损失或影响程度确定所属级别。

符合下列情况之一的数据中心应为 A 级：电子信息系统运行中断将造成重大的经济损失；电子信息系统运行中断将造成公共场所秩序严重混乱。

符合下列情况之一的数据中心应为 B 级：电子信息系统运行中断将造成较大的经

济损失；电子信息系统运行中断将造成公共场所秩序混乱。

不属于 A 级或 B 级的数据中心应为 C 级。

在同城或异地建立的灾备数据中心，设计时宜与主用数据中心等级相同。

数据中心基础设施各组成部分宜按照相同等级的技术要求进行设计，也可按照不同等级的技术要求进行设计。当各组成部分按照不同等级进行设计时，数据中心的等级按照其中最低等级部分确定。

（2）性能要求：

A 级数据中心的基础设施宜按容错系统配置，在电子信息系统运行期间，基础设施应在一次意外事故后或单系统设备维护或检修时仍能保证电子信息系统正常运行。

当两个或两个以上地处不同区域的数据中心同时建设，互为备份，且数据实时传输、业务满足连续性要求时，数据中心的基础设施可按容错系统配置，也可按冗余系统配置。

B 级数据中心的基础设施应按冗余要求配置，在电子信息系统运行期间，基础设施在冗余能力范围内，不应因设备故障而导致电子信息系统运行中断。

C 级数据中心的基础设施应按基本需求配置，在基础设施正常运行的情况下，应保证电子信息系统运行不中断。

A 级数据中心涵盖 B 级和 C 级数据中心的性能要求，且比 B 级和 C 级数据中心的性能要求更高。B 级数据中心涵盖 C 级数据中心的性能要求，且比 C 级数据中心的性能要求更高。

（3）国家标准数据中心分级与性能要求的说明：

A 级为"容错"系统，可靠性和可用性等级最高；B 级为"冗余"系统，可靠性和可用性等级居中；C 级为满足基本需要，可靠性和可用性等级最低。

A 级数据中心举例：金融行业、国家气象台、国家级信息中心、重要的军事部门、交通指挥调度中心、广播电台、电视台、应急指挥中心、邮政、电信等行业的数据中心及企业认为重要的数据中心。

B 级数据中心举例：科研院所、高等院校、博物馆、档案馆、会展中心、政府办公楼等的数据中心。

基础设施由建筑、结构、空调、电气、网络、布线、给水排水等部分组成。

2. ANSI/TIA-942 分级及功能要求。

（1）T1 数据中心基础设施：最基本的数据中心。

T1 的数据中心是基本型的数据中心配置，有计划和无计划的运营中断都会影响它的正常运行。数据中心机房配有供配电系统和空调冷却系统，但是它可以或不定有架高的活动地板、UPS 或者发电机设备。如果系统配置了 UPS 或者发电机，但这些设备是单个模块的系统并且有很多单路径故障点。基于一个年度内进行预防性检修和维护的需要，机房内的这些基础设施需要完全关闭停运。当发生机房内的设备故障、操作错误，以及外部因素或自然原因等紧急情况时，将引起数据中心运营的中断。T1机房基础设施没有冗余的组成部分，可提供99.671%的可用性。

（2）T2数据中心基础设施：部件冗余。

T2的数据中心与T1的主要区别是基础设施系统中的关键设备采用了部件冗余配置（$N+1$）。机房内有架高的活动地板、UPS和发电机，但仍然是单模块系统。关键的供电线路的维修和场地内其他基础设施的维修维护都需要关闭中断。T2的供配电系统和冷却分配虽然仍是单通路组成，但由于关键设备是冗余配置，所以可提供99.741%的可用性。

（3）T3数据中心基础设施：可在线维修。

T3数据中心的功能考虑到了任何有计划的机房基础设施活动安排，而不应使设备硬件系统运行中断。有计划的活动安排包括预防性和程序性的维护修理、零部件更换、新设备的增加（扩容）或调整部件的容量、部件和系统的测试等。对使用冷冻水系统的大型机房来说，这表示要配置两套独立的管路，在进行维修或者在一条管路上测试时，另一条管路要保证要有足够的容量维持系统正常运行。无计划的活动，例如，基础设施的零部件发生故障，仍然会造成数据中心的运行中断。T3由多条有效的电力和冷却分配路径组成，通常只一条路径正常运行，有多余的备用组成部分，所以可在系统正常运行的情况下进行有计划的工作安排，具有可在线维修功能。系统的可用性可达到99.982%。

（4）T4数据中心基础设施：故障容错。

T4数据中心基础设施最重要的功能是具备故障容错功能，对于机房有计划的活动安排，包括预防性和程序性的维护修理、零部件更换、新设备的增加（扩容）或调整部件的容量、部件和系统的测试和意外的事件，都要保证系统关键负荷不中断运行。在系统结构上需要同时有两路在线运行，供电系统应该是两个独立的（$N+1$）UPS系统冗余。关键负载的最大负荷不应超过每一个系统的最大输出容量90%。"T4"要求全部设备硬件有故障容错的双电源输入。严格的故障容错能力使数据中心具有维持意外故障发生或者运行错误时，不发生运行中断的能力。T4由多条有效的电力和冷却分配路径组成，并且有故障容错功能，可提供99.995%的可用性。

一般来说，同规模B级机房的造价是C级机房的1.5~2倍；A级机房的造价是C级机房的3~4倍甚至更高。运维成本随着级别的增加会有更大的增加。因此，在选择数据中心机房建设等级时，一定要根据应用对连续运行的要求来选择，而不是级别越高越好。否则既浪费投资，又增加了运维的难度和工作量。

二 人员访问控制

【知识点】 人员访问控制功能和工作流程

1. 人员访问控制的主要功能是实现"何人、何地、何时、什么事件"的管理，即对什么人在什么时间进出哪个区域的门进行控制。是通过计算机、网络型门禁系统、电子锁、IC 卡等设备及相关软件的协同，实现对数据中心重要区域人员进出统一管理的系统。

2. 工作流程：通过管理软件，在控制器内设置人员的出入权限；然后将设置参数通过网络自动下载到现场控制器，控制器按设置的权限对出入的人员进行有效的控制。

三 入侵检测

【知识点 1】 入侵检测系统

1. 入侵检测系统（Intrusion Detection System，IDS）是一种对网络传输进行即时监视，在发现可疑传输时发出警报或者采取主动反应措施的网络安全设备。入侵检测系统是一种主动安全防护技术。

2. IETF 将一个入侵检测系统分为四个组件：

（1）事件产生器。从整个计算环境中获得事件，并向系统的其他部分提供此事件。

（2）事件分析器。经过分析得到数据，并产生分析结果。

（3）响应单元。对分析结果作出反应的功能单元，它可以作出切断连接、改变文件属性等强烈反应，也可以只是简单地报警。

（4）事件数据库。存放各种中间和最终数据的地方的统称，它可以是复杂的数据库，也可以是简单的文本文件。

3. 对各种事件进行分析，从中发现违反安全策略的行为是入侵检测系统的核心功能。从技术上，入侵检测分为两类：一种基于标志，另一种基于异常情况。对于基于标志的检测技术来说，首先要定义违背安全策略的事件的特征，检测主要判别这类特征是否在所收集到的数据中出现。而基于异常的检测技术则是先定义一组系统"正常"情况的数值，如 CPU 利用率、内存利用率、文件校验和等，然后将系统运行时的数值与所定义的"正常"情况比较，得出是否有被攻击的迹象。

【知识点 2】 入侵检测的检测方法

在异常入侵检测系统中通常采用以下几种方法：

（1）基于贝叶斯推理检测法；

(2）基于特征选择检测法；
(3）基于贝叶斯网络检测法；
(4）基于模式预测的检测法；
(5）基于统计的异常检测法；
(6）基于机器学习检测法；
(7）数据挖掘检测法；
(8）基于应用模式的异常检测法；
(9）基于文本分类的异常检测法。

>> 第三节
支持环境

一 基础设施运行维护标准

【知识点1】 基础设施运行维护对象

数据中心基础设施运行维护对象应包括电气系统、通风空调系统、消防系统、智能化系统。

（1）电气系统的运行维护范围应包括供配电系统、不间断电源和后备电源系统、照明系统、配电线路布线系统、防雷与接地系统。

（2）通风空调系统的运行维护范围应包括冷源和水系统、机房空调和风系统。

（3）消防系统的运行维护范围应包括火灾自动报警系统、消防联动系统、自动灭火系统。

（4）智能化系统的运行维护范围应包括环境和设备监控系统、安全防范系统。

【知识点2】 运行和维护

1. 运行。

对数据中心基础设施系统和设备进行的日常巡检、启停控制、参数设置、状态监控和优化调节。基础设施系统与设备运行应包括值班、监控、日常巡检、运行操作、报警和事件处理等内容。

A级数据中心应24小时值班，B级和C级数据中心宜按照电子信息设备负载的重要性确定值班时间。消防系统和安全防范系统应24小时保持正常工作状态，不得随意中断。运行人员应按照巡检计划、周期、规定路线对基础设施系统和设备及运行环境进行巡检，巡检记录应及时、完整、真实、清晰。A级数据中心每日现场巡检次数不应少于2次，B级和C级数据中心每日现场巡检次数不应少于1次。有能耗计量系统的数据中心，应保证能耗计量装置正常工作，数据完整有效。数据中心能耗数据应定期进行综合分析，合理优化电气与通风空调系统的运行控制策略，提高整体电能使用效率。设备有备用或冗余的，应轮换使用。

2. 维护。

（1）预防性维护。为降低数据中心基础设施系统和设备发生失效或功能退化的概率，按预定的时间间隔或既定的准则实施的维护。

（2）预测性维护。通过各种技术手段进行数据和信号的采集、分析，同时结合设备运行的寿命期统计规律或历史数据，预测可能后果，采取有针对性的维护活动。

【知识点1】 机房常用供电方式

1. 直接供电。将变电所送来的工频交流电直接送给计算机设备配电柜，然后再分配给计算机设备。

2. 隔离供电。在交流进线后面加一个隔离变压器，然后再送给计算机。

3. 交流稳压器供电。50赫兹的工频电源经交流稳压器后，再供计算机使用，可以衰减许多暂态冲击、幅度波动和电压脉冲，但无法纠正电源频率波动。

4. 发电机组供电。在某些电网电压不稳定时或在特定环境下需要外电网交流输入，经整流后驱动直流电机，再带动发电机产生交流输出。

5. 不间断电源（UPS）供电。外电网一旦停电，UPS能在设备所允许的极短时间内（微秒至毫秒级）自动从备用能源经逆变器变换成电压、频率和相位都与原供电电源相同的电能继续向计算机供电。UPS提供的电源具有较高的电压和频率稳定性，波形失真也较小，干扰更优于外电网，是计算机系统最理想的供电方式。

【知识点2】 发电机工作模式

1. 备用模式。该模式采用交流市电作为主要的供电电源，本地发电只是作为计划中的断电或交流主电源出现故障时的后备电源。

2. 持续模式。该模式采用本地发电作为主要的供电方式，而将市电作为断电或本地发电出现故障时的后备电源。负载由本地发电机供电，并在系统切换过程中采用UPS作为延时的过渡。

3. 市电交互模式。该模式采用本地发电作为主要的供电方式，而将市电作为断电或本地发电出现故障时的后备电源。本地发电机与市电并联，这样可以将产生的超出关键负载功率的电能反馈给市电。

【知识点3】 UPS电源

1. UPS电源应具备的特点。

对各种复杂电网环境的适应能力；在运行中不应对电网产生干扰污染；高度智能化的管理和网络保护功能，包括运行状态显示、报警、状态记录、通信和网络保护功能，甚至还有环境监测功能；UPS的系统配置功能，主要包括UPS冗余并机能力，模块化可插拔结构设计，容量和不停电运行时间的可扩充能力，智能管理和网络通信功能；对物理环境的适应能力。

此外，UPS还应具有全面、高质量的输出电性能指标、满足负载要求以及高效、可靠、输出能力强、快速修复等特点。

2. 主要UPS电路结构形式。

（1）后备式。在市电正常时，后备式的逆变器是不工作的，当市电掉电时它才启动逆变器向负载供电。后备式UPS是静止型UPS的最初形式，应用广泛，技术成熟，一般只用于小功率供电的范围。其特点是电路简单、可靠性高、价格低廉，电性能指标能满足一般负载要求。

（2）线交互式。逆变器一直在工作，但逆变器不输出功率，处于热备份状态，这是它与后备式UPS的根本区别。

（3）双转换（在线）式。大功率UPS多采用传统双变换在线式电路结构，它属于串联功率调整传输方式。

（4）Delta变换UPS。其具备两个可双向流动的变换器，一个串联变换器，一个并联变换器。Delta变换技术UPS正是在串、并联有源滤波电路工作原理和电路形式基础上发展起来的新技术，它从根本上打破了传统UPS的设计思路和电路模式，使得这种UPS能从根本上消除了传统双变换UPS的固有缺点，代表着UPS电路技术的发展方向。

3. UPS电源系组构成。

UPS电源系统主要分两大部分：主机和储能电池。

【知识点4】 配电设备安装及线路敷设

1. 设备安装。

机房配电柜、UPS电源柜落地安装；照明配电箱底边距地1.4米，墙上安装；根据机房内设备负荷容量和分布情况，机柜（箱）内元器件配置做到排列有序、安装牢固、理线整齐、接线正确、标志明显、外观良好、内外清洁；分设单相、三相回路，配用小型真空断路器；箱内设置辅助等电位接地母排；电源柜及其他电气装置的底座应与建筑楼地面牢靠固定；电气接线盒内无残留物，盖板整齐、严密、紧贴墙面；同类电气设备安装高度应一致；吊顶内电气装置应安装在便于维修处；特种电源配电装置有明显标志，并注明频率、电压；照明箱或开关面板安装在机房出入口附近墙面的位置；分体空调插座设置在机房内墙面上距地1.8米处。

2. 线路敷设。

供电距离应尽量短，主要是从供电安全考虑，电子计算机电源间门应靠近主机房设备。主机房内活动地板下部的低压配电线路应采用铜芯屏蔽导线或钎芯屏蔽电缆。机房内的电源线、信号线和通信线应分别敷设，排列整齐，捆扎固定并留有余量。UPS电源配电箱（柜）引出的配电线路应穿薄皮钢管或阻燃PVC管，沿机房活动地板下敷设至各排设备桌、机柜和配线架的背面，经带穿线孔的活动地板引上穿管保护进入金属导轨式插座线槽、机柜或配线架。控制台或设备后的敷线用金属导轨式插座线槽并用螺栓固定，安装在设备桌背面距活动地板0.1~0.3米处。

3. 可靠接地。

总配电柜、UPS电源柜、动力配电箱、照明配电箱的金属框架及基础型钢必须接地（PE）或接零（PEN）可靠。门和框架的接地端子间用裸编铜线连接。柜、箱内配线整齐。照明配电箱内的漏电保护器的动作电流不大于30毫安，动作时间不大于0.1秒。接地（PE）或接零（PEN）支线必须单独与接地（PE）或接零（PEN）干线相连接，不得串联连接。UPS电源柜输出端的中性线（N极）必须与由接地装置直接引来的接地干线连接，进行重复接地，接地电阻小于4欧姆。

4. 消防系统要求。

消防系统的设备动力电缆及控制电缆、电线应按规范要求选用耐火型电缆、电线。其他弱电系统所用电缆、电线均应采用阻燃型。在设备选择及线路铺设时应充分考虑电磁兼容问题。

5. 空调监控。

通过实时监控，能够全面诊断空调运行状况，监控空调各部件（如压缩机、风机、加热器、加湿器、去湿器、滤网等）的运行状态与参数，并能够通过管理软件远程修改空调设置参数（温度、湿度、温度上下限、湿度上下限等），以及对精密空调的重启。监控系统一旦监测到有报警或参数超出范围，将自动切换到相关的运行画面，并伴随报警声音和相关处理提示。对重要参数可作曲线记录，用户能够通过曲线记录直观地看到空调机组的运行情况。空调机组即使有微小的故障也可以通过系统检测出来，及时采取措施防止空调机组进一步损坏。

 消防

【知识点1】 气体灭火系统

气体灭火系统是将某些具有灭火能力的气态化合物（常温下）储存于常温高压或低温低压容器中，在火灾发生时通过自动或手动控制设备施放到火灾发生区域，从而达到灭火目的。它具有干净、无污渍及灭火迅速等优点，广泛应用于档案室、电子设备室及贵重库房等。目前广泛应用的仅有卤代烷（1211、1301）、二氧化碳以及近几年从国外引进的 INERGEN 和 FM200 等。

【知识点2】 机房火灾成因

1. 设计不完善。

机房电气的消防安全必须在设计时就充分考虑。机房建设公司在装修方面是很专业的，但对消防系统科学都很陌生，使很多项目估价不足，最终导致消防工程的性能有很大程度上的下降。

2. 电气线缆故障。

电气线路短路、过载、接触电阻过大等引发火灾事故。

3. 静电产生火灾。

通信设备的运行及工作人员所穿的衣服等都能产生静电。如果机房接地处理不当，产生的静电负荷不能很快导入大地而是越积越多，一旦形成高电位，就会发生静电导电现象，产生火花并引燃周围可燃物发生火灾。

4. 雷击。

雷击等强电流侵入导致火灾。雷电放电时所产生的电效应能产生高达数万伏甚至数十万伏的冲击电压，足以烧毁电力线路和设备，引发绝缘击穿，发生短路从而引发火灾。

5. 其他设备故障。

机房内计算机、空调等用电设备长时间通电、设备故障引发火灾。由于机房内的用电设备（非负载设备）始终处于24小时的工作状态，容易疲劳和老化。

6. 可燃材料。

机房内使用或存在可燃材料，例如，装修中使用的材料易燃或没有进行防火处理，尤其是空调隔热层和风管隔热材料容易被人们疏忽。

7. 消防意识。

对国家规定的一些使用和维护办法是否心中明了，消防意识是否时念于心，是做好消防工作的关键所在。

【知识点3】 灭火系统

1. 火灾探测方式的选择。

目前在机房消防设计中，吊顶内一般采用点型定温和点型感烟探测器。

机房最理想的办法：探测烟雾采用主动吸气式感烟探测装置，并对通风口做重要监视；探温采用差定温缆式感温探测器，除对通信电缆做"S"状布置外，还应对通风口做同样重要的布置。

吊顶内和吊顶下都采用吸气式感烟探测方式，要探测速度更快还可直接将吸气管深入机柜内进行探测；吊顶内和吊顶下采用缆式线性探测不太美观，此时可在吊顶内和吊顶下安装点型定温，而机柜内应该布置差定温缆式感温探测器。此方法虽然复杂而且造价高，但探测速度和确认火灾速度是最快的。

2. 灭火系统的选择。

目前在有人值守机房主要采用七氟丙烷灭火系统。七氟丙烷灭火系统在机房消防设计中可以采用有管网全淹没灭火形式和无管网全淹没灭火形式。

3. 灭火剂储备装置数量计算。

七氟丙烷灭火系统的规范中有明确规定，防护区内的灭火浓度应校核设计最高环境温度下的最大灭火浓度，并应符合以下规定。

（1）对于经常有人工作的防护区，防护区内灭火剂最大浓度不应超过表中的 NOAEL 值。

（2）对于经常无人工作的防护区，或平时虽有人工作但能保证在系统报警后最长 30 秒延时结束前撤离的防护区，防护区内灭火剂最大浓度不宜超过表中的 NOAEL 值。

4. 火警信号集中管理的必要性。

机房气体灭火系统一般应与大楼的总火灾报警系统（报警中心）进行通信，气体灭火系统的控制器应该向报警中心提供火警、喷放、故障三种信号，以便报警中心对此区域有一定的了解。在高层建筑内的气体灭火系统必须与中央控制设备有火警、喷放、故障三种信号通信。由于报警中心并不控制气体灭火系统，就算机房有人 24 小时值班也要与报警中心通信。

5. 警报装置的安装位置和数量。

在机房内同时设置警铃和声光报警器，其中警铃是用来告知机房区域有火情，即两种探测器中一种已经动作，而声光报警器响时告知火灾已经被系统确认并且处在延时喷放阶段。在出口外并联一个警铃，里外同时响，并且在门外设置"放气指示灯"。这样一来既警告了机房内的人员又警告了机房外的人员，使得火情发展进度被准确认知，有利于整个机房的灭火和人员疏散工作。

6. 灭火控制器安装位置的选择。

有管网灭火系统一般都有专用房间放置灭火控制器，有时为方便操作也放置在工作人员比较多的值班位置。无管网灭火工程中应将控制器在最方便操作的位置单独设置，不要随箱体安装，这样一来无管网灭火系统工程的安全性就会有很大提高。

四 通风空调系统

【知识点1】 机房空调系统的特点

1. 显热量大。机房内安装的主机及外设、服务器、交换机、光端机等计算机设备以及动力保障设备，如UPS电源，均会以传热、对流、辐射的方式向机房内散发热量，这些热量仅造成机房内温度的升高，属于显热。

2. 潜热量小。不改变机房内的温度，而只改变机房内空气含湿量，这部分热量称为潜热。机房内没有散湿设备，潜热主要来自工作人员及室外空气。

3. 风量大、焓差小。设备的热量是通过传导、辐射的方式传递到机房内，设备密集的区域发热量集中，为使机房内各区域温湿度均匀，而且控制在允许的基数及波动范围内，就需要有较大的风量将热量带走。

4. 不间断运行、常年制冷。机房内设备散热属于稳态热源，全年不间断运行，这就需要有一套不间断的空调保障系统，在空调设备的电源供给方面也有较高的要求。

5. 送回风方式较多。空调房间的送风方式取决于房间内热量的发源及分布特点，针对机房内设备密集式排列，线缆、桥架较多以及走线方式等特点，空调的送风方式分为下送上回、上送上回、上送侧回、侧送侧回。

6. 静压箱送风。机房内空调送回风通常不采用管道，而是利用高架地板下部或天花板上部的空间作为静压箱送回风，静压箱内形成的稳压层可使送风均匀，使空间内各点静压相等。

7. 洁净度要求高。电子计算机机房有严格的空气洁净度要求。要求机房专用空调能按相关标准对流通空气进行除尘、过滤。

【知识点2】 机房建筑平面与机房空调

1. 空调系统划分原则。

机房在平面布局上一般包括主机房、基本工作间、第一类辅助房间、第二类辅助房间、第三类辅助房间，空调系统划分时要遵循以下原则：能保证室内要求的参数；对环境温湿度、洁净度工作时间要求一致的房间集中布置；初始投资和运行费用综合起来较为经济；便于管理且维护简单；尽量减少一个系统内的各房间相互的不利影响；要尽量减小送风距离。

2. 机房平面布局与空调系统。

机房分布在同一楼层：采用机房专用空调系统，专用空调机组宜布置在相邻的房间内并且靠近给排水接点。

机房分布在一个建筑物多层或一个建筑群：在机房布局时，宜将主机房设置在一个建筑物的较低楼层，采用机房专用空调系统，分层设置空调区，各层专用空调机组宜安装在建筑物的同一侧，便于冷媒管、给排水干管统一安装。

3. 机房建筑空间与机房空调。

机房建筑空间上应满足特殊气流组织形式的要求，机房净高（高架地板距天花板高度）应按机柜高度、线槽走线形式、通风要求确定。

【知识点3】 机房通风

机房内主机房、基本工作间以及一些辅助房间，均要求采用气体灭火，灭火时要保持一定的压力，围护结构、门和外窗均要求封闭，不能形成自然通风，要使用机械通风才能达到要求。机房通风系统分为机械通风和事故通风。

1. 机械通风。

机械通风方式：机械通风包括全面通风和置换通风，前者是送入新鲜空气与室内空气混合，将室内空气稀释后排出室外；后者是用新鲜空气直接替换污浊空气。

机房通风与风口设置：可采用全部通风的方式，换气次数可根据工艺要求确定。要求空气清洁的房间，室内应保持正压，即送风量大于排风量。送风机的正压端应安装过滤网，负压端即送风口宜设置在室外空气较清洁的地方，进风口的下缘距室外地坪不宜小于2米，应避免送、排风口形成短路。

通风设备：一般可选用轴流风机、混流风机、斜流风机、双速风机以及双向换气风机，在选择时要根据系统的风量、压力、噪声要求并结合风机的特点来选用。房间面积小、系统压力及风量小时可选用轴流风机；系统压力及风量大时应选用混流或斜流风机；如安装空间受限制，既要通风又有事故通风或消防排烟要求时，可选用双速风机，通过调节电机转速来改变风量；如室内设备对环境温湿度要求较高时，可选用双向换气机，既可满足通风换气的要求，又可以实现散热量回收，但要求送风量大于排风量，保证室内正压，此类风机适用于对正压要求不是很严格的房间。

2. 事故通风。

机房通风事故的特点：在有气体灭火的房间需设置事故通风设备，机房的事故通风设备是在火熄灭后，由消防控制中心远程控制或本地手动启动排风机，将残余有害气体排出室外，以便于工作人员尽快恢复机房工作。

换气次数与风口设置：根据大多数工程实例，事故通风换气的次数一般不少于5次/小时，可依据系统恢复的时间要求来确定。

通风设备：通风设备选用原则与机械通风相同，事故通风设备应尽量安装在消防保护区以外，确保事故发生后设备能正常工作，设备的本地控制装置应安装在消防保护区外，便于工作人员操作。

五 防水、防雷及温湿度控制

【知识点1】 防水

1. 在数据中心的选址、数据中心建筑物设计时，需要科学论证，有效保证数据中心远离水灾可能造成的事故。

若机房处于顶层，则对屋顶做好防水处理；使用暖气的机房，在暖气下设置防水槽；机房内有水管通过时，应采取保温措施，管道阀门不应设在机房内；有上下水的房间和卫生间应远离机房。

2. 为了防止精密空调机的加湿器漏水、冷凝水及非机房区域的其他水患从主入口侵入等，在精密空调设备的地板下应设置砖砌防水坎打防水胶处理，既保障精密空调的送风不受阻挡，又控制精密空调的漏水产生的危害；机房的入口缓冲区的地板下砌防水坎，防止机房外区域的水患浸入机房区，影响机房的正常运行。

3. 大多数机房设计采用的是地板下走线方式，强电、弱电、接地线、电缆通常纵横交错。一旦发生地板漏水，管理人员难以及时发现，漏水将威胁整个机房负载。

4. 漏水监测系统包括漏水控制器、漏水感应绳、引出线、固定胶贴和电源等。其工作原理是：采用耐腐蚀、强度高的漏水感应绳将可能会有水源产生的地方围起来，一旦有液体泄漏接触到感应绳，漏水控制器将信号传送给监控系统，及时通知技术人员排查问题。

5. 漏水检测系统不仅能够对水、油、酸、碱等各种液体进行泄漏检测定位和报警，而且当泄漏发生后能够控制继电器输出信号，关闭可控制阀门，切断液体供应，减小事故发生的可能。

【知识点2】 温湿度监控

1. 机房内安装的负载设备，其正常运行对环境温湿度有比较高的要求。良好的温湿度控制对充分发挥计算机系统的性能，延长机器使用寿命，确保数据安全性以及准确性是非常重要的。

2. 必须按照各种设备的要求，把温度控制在设定的范围之内（通常为21℃）。为了确保计算机安全可靠地运行，除严格控制温度之外，还需要把湿度控制在规定的范围之内。一般来说，相对湿度低于40%时，空气被认为是干燥的；而相对湿度高于80%时，则认为空气是潮湿的；相对湿度为100%时，空气处在饱和状态。

3. 一旦温湿度超出范围即刻启动报警，提醒管理人员及时调整空调的工作设置值或调整机房内的设备分布情况。另外，监控系统将记录下机房的温湿度曲线，供机房管理人员参考。管理人员能够根据当地各季节的温湿度状况进行适时的调整；及时防范因温湿度变化而造成不必要的设备损坏；在问题发生后可根据历史曲线轻松找到问题所在，快速解决问题。

4. 通过加装温湿度传感器，采集机房内各个区域的实时温湿度，提供机房关键位置准确的实时温湿度值。管理员应通过了解机房实时温湿度状态，调节送风口、合理设定空调的运行参数，尽可能让机房整体的温湿度趋向合理，以确保机房设备的安全稳定运行。

【知识点3】 防雷

为了对机房的通信系统、网络系统、电源系统以及控制系统等弱电电子设备采取有效实用的防雷保护措施，保障机房系统正常安全运行，减小雷电感应对电子信息设备的影响，首先应明确机房雷电防护的危害原理及危害途径。按甲方要求计算机机房应按建筑物电子信息系统的雷电防护等级划分为 A 级。凡是影响电子信息系统的雷电侵入通道和途径都必须预先考虑采取相应的防护措施。

1. 防雷区的划分。

根据 IEC1312-1 雷电电磁脉冲的防护标准，计算机系统的防雷保护区分为四个区域，各区交界处应作相应的防雷处理。各区划分如下：

（1）LPZ0A 区。直击雷作用区，处于建筑物避雷针系统保护区以外的区域，本区所有物体均处于雷电电磁场最强处，故对于雷电的感应最强。

（2）LPZ0B 区。感应雷主作用区，处于建筑物避雷针系统保护区内，但未经空间电磁屏蔽，雷电作用电磁场并不衰减，处于此空间的所用可导电物体均可感应较强雷电流的区域。

（3）LPZ1 区。建筑物屏蔽区，本区内各物体不可能遭受直击雷，流往各导体的雷电流比 LPZ0B 区进一步减小，本区内电磁场也可能会衰减，取决于建筑物的屏蔽措施。

（4）LPZ2 区。房间屏蔽区，对于计算机主机房所处空间应采用屏蔽措施，以进一步减小空间电磁场的干扰。

2. 常见误区。

对于直流开关电源尤其是基站的电源来说，防雷器是易损件。在巡检或电源维护作业中，都应检查防雷器状态与性能。由于一些维护人员对防雷器了解较少，存在一定的误区。

（1）压敏电阻窗口变红才表示损坏。

应及时更换压敏电阻。动力维护部门应每年组织防雷器的性能测试巡检，以降低雷击风险。测试工作可以选择具有专业维护服务资质的大公司进行。

（2）无雷击发生时设备工作状态与防雷器无关。

当无过电压存在时，防雷器工作时存在微安级漏电流。随着防雷片性能下降，漏电流增加。如果漏电流过大，可能引起零地电压升高，干扰下级设备工作。如果安装有漏电保护器，漏电流还可能触发保护器跳闸。

（3）防雷空开的作用就是防止电线着火。

在没有安装防雷空开的情况下，如果压敏电阻失效短路，产生的短路电流可使主输入电路中的断路器跳闸。

（4）只要安装了防雷器就符合防雷要求。

设备与防雷器之间的距离是很重要的，如果距离过长，周边雷电流变化的电磁场可能在电缆上感应，超过设备耐受电压，导致设备损坏。电源维护人员掌握系统防雷思想体系，对建设安全的通信动力保障系统有很大的意义。

3. 防雷监控。

如果采用的防雷系统具有智能监控接口，可以通过生产厂家提供的通信协议来实现完美的监控功能；如果采用的防雷系统仅支持开关信号输出，则需要通过开关量采集模块来实现对防雷模块工作情况的实时监测，通常只有开和关两种监测状态。

>> 第四节
运行监控

一 动力环境监控系统

【知识点】 动力环境监控系统的概念

动力环境监控系统是在机房或者机房设备内对机房的环境及动力环境进行监控的一套软硬件。动力环境监控系统监控的对象一般是机房内的温湿度、漏水、新风、空调、电力、UPS蓄电池、消防、网络环境、视频监控、安防监控、门禁等系统。

二 动力环境监控系统的监控对象和主要功能

【知识点1】 动力环境监控系统的监控对象

动力环境监控系统的监控对象分为以下几类：

1. 动力系统。

交流供电系统：高低压配电、列头柜、UPS、ATS、柴油发电机、稳压器、逆变器等。

直流供电系统：整流电源、逆变器、蓄电池组、DC/DC 变换电源、电操屏等。

2. 环境系统。

即温湿度、水浸、液位、消防等。

3. 空调及节能系统。

即普通空调、精密空调、大型冷水机组、新风系统、照明控制等。

4. 安保系统。

即门禁管理、视频监控、入侵防盗、IP 对讲等。

5. IT 系统。

即服务器、路由器、交换机、防火墙、操作系统等。

【知识点2】 动力环境监控系统的主要功能

1. 实时对机房重点部位或全方位进行 24 小时视频监控，并提供数字录像后期调用。

2. 运用大量的报警设备，如门磁开关、红外探头、烟感、玻璃破碎感应器等，能够集成在统一的系统中，系统捕获到异常信号后，将自动报警、上传报警信息并进行本地或远程数字录像。

3. 采用门禁系统，加强对机房进出人员的管理。

4. 通过使用音视频系统，使得机房管理人员能够随时随地查看并记录机房设备和现场工作人员的情况。

5. 结合专业的环境监测设备，及时反映精密空调系统、UPS 系统、电力分配系统、防雷系统、新风系统和漏水监测系统等机房环境保障设备的运行数据。

6. 对统一管理的基础环境设备，采用设置关键运行参数上下限的方式，一旦发生设备运行数据超出范围，系统将产生报警，提醒管理人员及时进行处理，并能够在一定程度上联动相应设备，如监控摄像机、后备发电机、灭火、新风机等，辅助管理人员对事故进行快速处理。

7. 监控中心可以设置在远离主机房的位置，避免管理人员的健康受到威胁。